职业教育城市轨道交通专业产教融合创新教材

城市轨道交通供变电技术

第 2 版

主　编　徐亚辉
副主编　冯　骥
参　编　詹思阳　林　捷

机械工业出版社

本书以城市轨道交通供电系统的构成为主线，分三个部分介绍了城市轨道交通的供变电技术：第一部分主要介绍了城市轨道交通供电系统的组成及城市轨道交通供电系统的一次系统（第一章~第四章）；第二部分主要介绍了城市轨道交通供电系统的接地与过电压保护及城市轨道交通供电系统二次系统的构成及基本原理（第五章~第十章）；第三部分主要介绍了城市轨道交通接触网的构成及分类（第十一章）。

本书是在第1版的基础上修订而成。在这次修订中参考了多家城市轨道交通公司的相关岗位职业要求，仍然侧重于基本知识和基本原理的介绍，删减了部分现场已淘汰设备的介绍，增加了一些新设备和先进技术的介绍。为方便学习，第三章增加了部分动画及视频，可扫二维码观看。

本书可以作为职业院校城市轨道交通相关专业教学用书及技能培训的教材，也可作为轨道交通运行、维护人员的普及读本及学习参考书。

为方便教学，本书配有电子课件、动画视频，凡选用本书作为授课教材的教师均可登录 www.cmpedu.com 以教师身份免费注册、下载。

图书在版编目（CIP）数据

城市轨道交通供变电技术/徐亚辉主编. —2版. —北京：机械工业出版社，2020.6（2025.1重印）
职业教育城市轨道交通专业产教融合创新教材
ISBN 978-7-111-65452-0

Ⅰ.①城… Ⅱ.①徐… Ⅲ.①城市铁路-供电装置-职业教育-教材 Ⅳ.①U239.5

中国版本图书馆 CIP 数据核字（2020）第 068515 号

机械工业出版社（北京市百万庄大街22号　邮政编码100037）
策划编辑：曹新宇　责任编辑：曹新宇　韩　静
责任校对：张晓蓉　封面设计：张　静
责任印制：张　博
北京建宏印刷有限公司印刷
2025年1月第2版第9次印刷
184mm×260mm·16印张·393千字
标准书号：ISBN 978-7-111-65452-0
定价：49.00元

电话服务　　　　　　　　　网络服务
客服电话：010-88361066　　机　工　官　网：www.cmpbook.com
　　　　　010-88379833　　机　工　官　博：weibo.com/cmp1952
　　　　　010-68326294　　金　书　网：www.golden-book.com
封底无防伪标均为盗版　　　机工教育服务网：www.cmpedu.com

第 2 版前言

随着科技的飞速发展，企业对高素质技能人才的培养和需求提出了更高的要求。在此背景下，国务院印发了《国家职业教育改革实施方案》，从七个方面提出 20 条措施（也被人们称之为"职教二十条"）。方案提出要大幅提升职业教育的现代化水平，推动办学模式向产教深度融合转变。

近年来，随着城市轨道交通的迅速发展，先进技术与新型设备不断涌现。而现有教材或多或少都存在理论与实际脱节、产学脱岗、教学内容滞后的问题，无法满足企业对人才培养的要求。本书的编者通过对多个城市轨道交通供电系统的考察、学习，根据当前各城市轨道交通公司轨道交通供电系统实际设备的应用、供变电技术的发展，参阅了大量新设备的技术文献和生产厂商的技术资料，以职业需求为导向，将课程内容与职业标准对接、教学过程与生产过程对接，以实践能力培养为重点，积极探索产学用相结合的教材开发，在第 1 版的基础上修订编写成本书。本书以职业需求为导向，将课程思政内容融入学习内容，将课程内容与职业标准对接、教学过程与生产过程对接，以实践能力培养为重点，在学习中强调精益求精的工匠精神以及严谨、守纪的职业素养的培养，注重学生安全、节约、环保意识、团队合作意识等综合素养的提升。

本书重点介绍了当前广泛采用的设备的原理及其应用、供变电技术，还增加了新型设备和先进技术的介绍，摒弃了当前城市轨道交通供电系统中已不再使用的设备及供变电技术知识。本书内容具有系统、全面，既有广度又有一定的深度的特点，特别适合于轨道交通类相关专业的职业院校学生作为教材使用，也可作为轨道交通运行、维护人员的普及读本及学习参考书。

本书由徐亚辉任主编，冯骥任副主编，詹思阳、林捷参加编写。具体分工如下：第一、二、五章由徐亚辉编写，第三、四章由徐亚辉、林捷编写，第六~九章由冯骥编写，第十、十一章由詹思阳编写。本书在编写过程中，得到了湖北铁道运输职业学校领导的支持，以及武汉、广州、重庆、兰州、合肥、贵阳、无锡、南京等地铁公司的大力帮助，在此一并表示感谢！

由于编者水平有限，书中难免有不妥及错漏之处，恳请广大读者批评指正。

编　者

第1版前言

随着城市轨道交通建设的不断发展,先进技术与新型设备不断涌现。作为城市轨道交通供电系统重要组成部分的变电所,已经实现了监控自动化、远动化,运行管理智能化,性能检测及故障诊断的现代化。这对将来要从事城市轨道交通供电系统运行维护工作的广大学生在知识、技能上提出了更高要求。

编者通过对多个城市轨道交通供电系统的考察、学习,根据当前轨道交通供电系统实际设备的应用、供变电技术的发展,参阅了大量新设备的技术文献和生产厂商的技术资料,针对职业院校学生的特点编写了本书。本书重点介绍了当前广泛采用的设备及供变电技术,以目前普遍采用的型号为载体来讲解其原理及应用,摒弃了当前城市轨道交通供电中已不再使用的设备及供变电技术知识。

本书主要包括城市轨道交通变电所中的一、二次设备及其电气主接线、接地和过电压保护、城市轨道交通供电系统的电气监控等内容。

本书由徐亚辉任主编,冯骥任副主编,詹思阳参加编写。第一章至第四章由徐亚辉编写,第五章、第十章由詹思阳编写,第六章至第九章由冯骥编写。全书由章柯、杨京山担任主审。本书在编写过程中,得到了武汉铁路司机学校领导的支持,以及南京、重庆、武汉等地铁公司的大力帮助,在此一并表示感谢!

由于编者水平有限,书中难免有不妥及错漏之处,恳请广大读者批评指正。若有好的建议请与我们联系。谢谢!

编 者

目 录

第 2 版前言

第 1 版前言

第一章 城市轨道交通供电系统概述 ………………………………… 1
- 第一节 城市轨道交通供电系统的组成及功能 …………………………… 1
- 第二节 城市轨道交通供电系统的供电制式 ………………………………… 11

第二章 城市轨道交通的外部供电系统 ………………………………… 13
- 第一节 外部电源 ……………………………… 13
- 第二节 主变电所 ……………………………… 18
- 第三节 中压网络 ……………………………… 23

第三章 城市轨道交通变电所中的一次设备 ……………………………… 29
- 第一节 一次设备概述 ………………………… 29
- 第二节 变压器 ………………………………… 30
- 第三节 整流机组 ……………………………… 40
- 第四节 一次设备中的电弧 …………………… 45
- 第五节 断路器 ………………………………… 51
- 第六节 其他开关电器 ………………………… 66
- 第七节 断路器的操动机构 …………………… 75
- 第八节 成套设备 ……………………………… 85
- 第九节 SVG 无功补偿装置 …………………… 93

第四章 城市轨道交通供电变电所的电气主接线 ………………………… 98
- 第一节 电气主接线的基本知识 ……………… 98
- 第二节 主变电所的电气主接线 ……………… 101
- 第三节 牵引变电所的电气主接线 …………… 103
- 第四节 降压变电所的电气主接线 …………… 110

第五章 城市轨道交通供电系统的接地与过电压保护 …………………… 117
- 第一节 接地的基本知识 ……………………… 117
- 第二节 城市轨道交通供电系统的接地 ……… 124
- 第三节 城市轨道交通供电系统的过电压保护 ……………………………… 128

第六章 城市轨道交通供电变电所二次回路 ………………………………… 137
- 第一节 二次系统概述 ………………………… 137
- 第二节 二次接线图概述 ……………………… 139
- 第三节 展开式原理图 ………………………… 141
- 第四节 安装接线图 …………………………… 146
- 第五节 互感器的二次回路 …………………… 153
- 第六节 微机保护下的二次回路读图实例 …………………………………… 159

第七章 城市轨道交通变电所的高压开关控制、信号回路 ……………… 163
- 第一节 控制、信号回路概述 ………………… 163
- 第二节 采用液压操动机构的断路器控制、信号回路 …………………………… 165
- 第三节 采用弹簧操动机构的断路器控制、信号回路 …………………………… 169
- 第四节 采用弹簧储能液压操动机构的断路器控制、信号回路 ……………… 172
- 第五节 电动操动隔离开关的控制、信号回路 ……………………………… 174

第八章 城市轨道交通供电变电所的信号系统 ……………………………… 178
- 第一节 信号装置概述 ………………………… 178

第二节　变电所的新型信号系统 ………… 181
　　第三节　断路器控制信号回路读图实例 … 184

第九章　城市轨道交通变电所的自用电系统 …………………… 196
　　第一节　交流自用电系统 ………………… 196
　　第二节　直流自用电系统 ………………… 200
　　第三节　智能高频开关交直流电源系统 … 203
　　第四节　蓄电池概述 ……………………… 207
　　第五节　直流系统的绝缘监察和电压监察 …………………………………… 213

第十章　城市轨道交通供电系统的电力监控系统 ………………… 217
　　第一节　电力监控系统的功能与监控对象 …………………………………… 217
　　第二节　电力监控系统的硬件构成 ……… 219
　　第三节　电力监控系统的软件构成 ……… 221

第十一章　接触网系统的结构和特点 …………………………………… 224
　　第一节　架空式柔性接触网系统的结构和特点 ……………………………… 224
　　第二节　架空式刚性接触网系统的结构和特点 ……………………………… 228
　　第三节　接触轨系统的结构和特点 ……… 233

附录 …………………………………………… 240
　　附录A　常用供电电气设备文字符号对照表 ……………………………… 240
　　附录B　电气设备常用图形符号大全 …… 241

参考文献 ……………………………………… 248

第一章

城市轨道交通供电系统概述

问题导入

进入21世纪以来,随着我国经济的发展,城市交通问题日益突出,优先发展公共交通、大力发展城市轨道交通已成为诸多城市的必然选择。供电系统作为城市轨道交通系统的重要组成部分,直接影响着城市轨道交通的安全运营。城市轨道交通供电系统由哪些部分组成?它们有何功能呢?本章将回答这些问题。

学习目标

1. 通过学习城市轨道交通供电系统的组成及各组成部分的功能,了解我国城市轨道交通的发展历史,激发民族自豪感和爱国情怀。
2. 了解城市轨道交通的供电制式、杂散电流形成的原因及防护措施。

第一节 城市轨道交通供电系统的组成及功能

一、城市轨道交通供电系统的组成

城市轨道交通供电系统是城市电网的一个重要用户,按其功能的不同,它可以划分为外部电源供电系统、主变电所或电源开闭所供电系统、牵引供电系统、动力照明供电系统、杂散电流腐蚀防护系统、电力监控系统六个部分。其中,主变电所或电源开闭所供电系统又称为高压供电系统,牵引供电系统和动力照明供电系统又称为内部供电系统。图1-1-1是城市轨道交通供电系统的构成示意图。

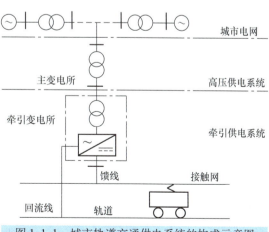

图1-1-1 城市轨道交通供电系统的构成示意图

1. 外部电源供电系统

外部电源供电系统是为城市轨道交通供电系统的主变电所或电源开闭所提供电能的外部

城市电网电源供电系统。

2. 主变电所或电源开闭所供电系统

主变电所的功能是接收城市电网输送的电能，再将接收的高压电（110kV 或 220kV）通过主变压器降压后向牵引变电所、降压变电所提供中压电源。主变电所适用于集中式供电。

电源开闭所的功能是接收城市电网提供的中压电（10kV 或 35kV），为牵引变电所、降压变电所转供中压电源。电源开闭所一般与车站牵引（或降压）变电所合建。电源开闭所适用于分散式供电。

3. 牵引供电系统

牵引供电系统的功能是将交流中压经降压整流变成直流 1500V 或直流 750V 电压，为城市轨道交通电动列车提供牵引供电。牵引供电系统包括牵引变电所与牵引网两个部分。图 1-1-2 为城市轨道交通牵引供电系统的结构示意图。

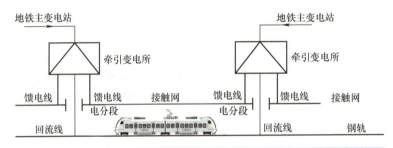

图 1-1-2　城市轨道交通牵引供电系统的结构示意图

（1）牵引变电所　牵引变电所是牵引供电系统的核心。牵引变电所一般由进出线单元、变压变流单元及馈出单元构成，其主要功能是将中压环网的交流 35kV 或交流 10kV 的三相交流电经变压变流单元后转换为城市轨道交通电动列车所需要的直流电，并分配到上下行区间供电动列车牵引用。

牵引变电所可以按安设位置分为正线牵引变电所、车辆段或停车场牵引变电所。正线牵引变电所又分为车站牵引变电所和区间牵引变电所。牵引变电所还可按设备安装位置分为户内式变电所和户外箱式变电所。一般地下线路采用户内式牵引变电所，地面线路采用户外箱式牵引变电所。

城市轨道交通的牵引变电所时常与向车站、区间供电的降压变电所合并，形成牵引、降压混合变电所，简称牵混所。

（2）牵引网　牵引网由馈电线、接触网、钢轨回路（包括大地）及回流线组成，它是轨道交通供电系统中向电动车组供电的直接环节，其结构示意图如图 1-1-3 所示。

接触网是沿电动列车走行轨架设的一种特殊供电线路，通过电动列车的受电器向电动列车提供电能，驱动牵引电动机使列车运行。在城市轨道交通中，接触网的主要形式有三种：柔性（弹性）接触网、刚性接触网和接触轨（也称

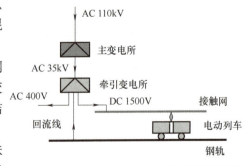

图 1-1-3　牵引网结构示意图

第三轨）。

馈电线是连接牵引变电所和接触网的导线，它把牵引变电所提供的电能馈送给接触网。

钢轨是牵引供电回路的一部分，列车行走时，牵引电流经过钢轨流向回流线。

回流线是连接钢轨和牵引变电所的导线，它将钢轨回路上的电流导入牵引变电所。为了便于检修和缩小事故范围，通常利用电分段将接触网分成若干个小的区段。

在城市轨道交通牵引供电系统中，电流从牵引变电所经馈电线、接触网输送给电动列车，再从电动列车经钢轨（轨道回路）、回流线流回牵引变电所。

4. 动力照明供电系统

动力照明供电系统的功能是将交流中压电（35kV 或 10kV）降压变成交流 220V/380V 电压，为运营需要的各种机电设备提供电源。它包括降压变电所（站）、动力照明配电系统。图 1-1-4 为城市轨道交通动力照明供电系统的结构示意图。

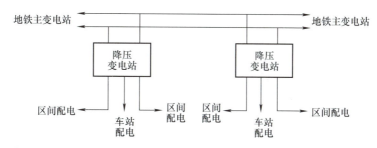

图 1-1-4　城市轨道交通动力照明供电系统的结构示意图

降压变电所（站）的功能是将三相进线电压（交流 35kV 或交流 10kV）变为交流 220V/380V 电压。根据设置的位置不同，降压变电所可以分为车站降压变电所、车辆段或停车场降压变电所、控制中心降压变电所；根据主接线的形式不同，降压变电所又可分为一般降压所和跟随式降压变电所（简称跟随所）；当降压变电所与牵引变电所合建时，就形成了牵引降压混合所。降压变电所主要给风机、水泵、照明、通信、信号、防火报警设备供电。

动力照明配电系统主要包括配电所（室）和配电线路，它仅起到对电能进行分配的作用。降压变电所通过配电所（室）将 220V/380V 交流电分别供给动力、照明设备，各配电所（室）对本车站及其两侧区间动力和照明等设备配电。配电线路是配电所（室）与用电设备之间的连接导线。

在动力照明供电系统中，一般每个车站设置一个降压变电所，也有几个车站合设一个的，还有将降压（动力）变压器附设在某个牵引变电所中构成一个牵引动力混合变电所的。

地铁车站及区间照明电源采用 380V/220V 三相五线制系统配电。正常时，工作照明、事故照明均由交流电源供电，当交流电源失电压时，事故照明自动切换成蓄电池供电，以确保事故期间必要的紧急照明。

车站设备负荷分为一级负荷、二级负荷和三级负荷。

（1）一级负荷　一级负荷是城市轨道交通重要的电力用户，如车站站厅和站台层的事故救援及照明、列车牵引供电、通信、信号、综合监控、防灾装置等。规定须有两路独立的电源双边供电，当任何一路电源发生故障中断供电时，另一路应能保证一级负荷的全部用电。

（2）二级负荷 二级负荷指车站站厅和站台层的一般照明、设备及管理用房照明、出入口照明、一般风机、直升电梯、自动扶梯等。

（3）三级负荷 三级负荷指车站内广告照明、冷水机组及配套设备、电热设备、清洁机械设备、维修电源等。

正常运行时，一般采用两路电源供电，两台配电变压器分别向其供电范围的全部动力照明负荷供电。当一台变压器故障解列时，另一台变压器可承担全部一、二级负荷用电。三级负荷只有一路电源，当一台变压器发生故障时，可根据运营需要自动切除。

5. 杂散电流腐蚀防护系统

在城市轨道交通中由于采用直流牵引供电，电流由牵引变电所的正极出发，经由接触网、电动列车、钢轨、回流线返回牵引变电所负极。由于钢轨与隧道或道床等结构之间的绝缘电阻不是无穷大，将不可避免地造成部分电流不从钢轨回流，而是通过沿线的道床钢筋、隧道、高架桥或建筑物的结构钢筋或土壤回流到牵引变电所（甚至不回流而散入大地），这一部分电流就是杂散电流，也叫迷流。图 1-1-5 所示为直流牵引地下杂散电流的示意图。

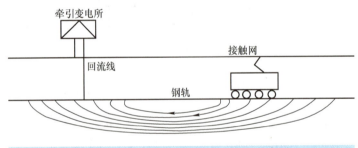

图 1-1-5 直流牵引地下杂散电流的示意图

城市轨道中的杂散电流是一种有害的电流，它不仅会对地铁中电气设备、设施的正常运行造成不同程度的影响，还会对隧道、道床的结构钢和附近的金属管线造成危害。这种危害主要表现在以下几个方面：

1）若地下杂散电流流入电气接地装置，会引起过高的接地电位，使某些设备无法正常工作。

2）若钢轨（走行轨）局部或整体对地的绝缘能力变差，则此钢轨（走行轨）对地的泄漏电流增大，地下杂散电流增大，这样就有可能引起牵引变电所的框架保护动作。框架保护动作会引起牵引变电所的断路器跳闸，造成全所失电，同时还会使相邻牵引变电所对应的馈线断路器发生联跳，从而造成较大范围的停电事故，影响地铁的正常运营。

3）对城市轨道隧道、道床或其他建筑物的结构钢以及地下的金属管线（如电缆、金属管件等）造成电腐蚀。图 1-1-6 是城市轨道交通直流供电方式所形成的杂散电流及其腐蚀部位示意图。

杂散电流所经过的路径可等效地看成两个串联的电池。电流从金属管线的 D 点和走行轨 A 点流出，它们相当于电池的阳极；电流由道床土壤 B 点和钢轨 F 点流入，它们相当于电池的阴极。电池 1：A 钢轨（阳极区）→B 道床、土壤→C 金属管线（阴极区）；电池 2：D 金属管线（阳极区）→E 土壤、道床→F 钢轨（阴极区）。

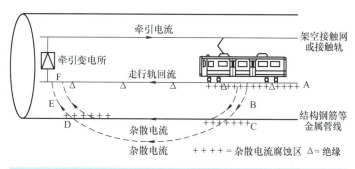

图 1-1-6　城市轨道交通杂散电流腐蚀原理图

当杂散电流由图 1-1-6 中的两个阳极区流出时，该部位的金属（Fe）便与其周围的物质发生失掉电子的电解反应，这个部位的金属（Fe）就会遭到腐蚀。

如果这种电腐蚀长期存在，将会严重损坏地铁附近的各种结构钢和地下金属管线，从而破坏结构钢的强度，缩短其使用寿命。

20 世纪 70 年代开始运行的北京轨道交通一期工程的主体结构中的钢筋已发现有严重的杂散电流腐蚀；北京轨道交通、天津轨道交通中，杂散电流已有隧道内水管腐蚀穿孔等现象出现；中国香港也曾因轨道交通杂散电流引起煤气管道腐蚀穿孔；英国曾发生过因为杂散电流腐蚀而发生的钢筋混凝土塌方事故。

杂散电流腐蚀防护系统的功能是减少因直流牵引供电引起的杂散电流并防止其对外扩散，尽量避免杂散电流对城市轨道交通主体结构及其附近结构钢筋、金属管线的电腐蚀，并对杂散电流及其腐蚀保护情况进行监测。

轨道交通是一种复杂的地下工程，其结构在施工完成后已定型，经若干年运营后，因杂散电流的腐蚀而对主体结构进行更换和翻新是十分困难的。所以，在轨道交通工程施工过程中就应该做好杂散电流的防护工作，在轨道交通运营过程中也要加强杂散电流的监测，在有杂散电流腐蚀趋势发生时，可以采取积极有效的防治方法进行防护，使杂散电流量控制在允许的范围内。杂散电流的防护工程基本上采用"以防为主，以排为辅，防排结合，加强监测"的原则。

（1）以防为主　控制所有可能的杂散电流泄漏途径，减少杂散电流进入轨道交通系统的主体结构、设备以及沿线附近相关设施的结构钢筋。具体实施时，由于涉及的专业多，各专业、各工种必须紧密配合，尤其在施工设计阶段更要考虑综合防治措施，尽量减少直流系统与其他建筑物的电气连接。

通过对杂散电流产生的原因及腐蚀过程的分析，可以知道提高走行轨对地绝缘电阻值以及保持牵引回流畅通是治理杂散电流泄漏的两种直接方法。

提高走行轨对地绝缘电阻值，目的就是让牵引电流尽可能多地沿走行轨流回牵引变电所的负极，而尽量减少其向外泄漏。回流轨与地之间的绝缘电阻要足够大，以控制和减小杂散电流产生的根源，隔离所有可能的杂散电流泄漏途径，这就是"防"。具体的措施是：

1）合理设置牵引变电所，牵引变电所间距不宜过长。

2）牵引网采用双边供电。

3)加强走行轨对地绝缘。主要有在走行轨下设置绝缘垫、让走行轨对地保持一定间隙、合理设置道床排水沟、合理设置道床混凝土四种方法。

4)降低走行轨的电阻值,保持牵引回流通路顺畅。

5)重视日常运营维护。定期清扫线路;及时消除道床积水及积雪,保持道床清洁干燥;根据杂散电流监测系统的报警信息,及时处理线路异常现象。

(2)以排为辅 对于新建的城市轨道交通工程,通过加强走行轨对地绝缘及保证牵引回流畅通,可以有效减少杂散电流产生,但随着运行时间的推移,走行轨对地绝缘水平会下降,杂散电流会超标,此时可考虑投入排流装置。因此,在工程建设时适当设置合理的杂散电流收集网及排流装置,以便在必要时将杂散电流引回牵引变电所的负极。

还可考虑设置杂散电流的收集系统。此收集系统主要是针对运营期间,当先期防护措施逐渐失效或由于渗水等因素造成杂散电流超标时而采取的应急防护措施。其目的在于收集由走行轨泄漏出的杂散电流,并通过收集网将杂散电流引导至牵引变电所的负极,防止杂散电流过多地流向主体结构钢筋和其他金属导体。具体做法就是在走行轨下混凝土整体道床内敷设网状钢筋,纵向连通,形成杂散电流的收集网,以建立一条低阻抗的杂散电流收集、排放通路。将隧道内区间及车站每个结构段的内表层结构钢筋通过焊接形成杂散电流综合监测网(也可作为杂散电流的辅助收集网)。

一般在正线牵引变电所内设置杂散电流排流柜,排流柜的一端通过电缆与牵引变电所负极柜相连接,另一端与收集网的排流端子相连接。排流柜能有效地防止杂散电流对高架现浇混凝土简支箱梁内钢筋、隧道内结构钢筋、整体道床结构钢筋以及沿线金属设备的电腐蚀破坏,同时可防止杂散电流向轨道交通外部泄漏,是保护轨道交通地下公共环境的有效方法。

负极柜的负母线与杂散电流防护收集网之间的杂散电流排流二极管支路是排流柜的主要工作电路。每个二极管支路由二极管、熔断器、分流器和变阻器串联组成,每个智能排流柜是为地铁(轻轨)减少杂散电流造成的金属结构电化学腐蚀而设计的专用设备。它采用极性排流的原理,即只有当需排流的金属结构相对于钢轨的负母线电位为正时,才有电流通过,把轨道上泄漏到金属结构上的杂散电流直接排到钢轨的负母线上,从而减少杂散电流的腐蚀。排流柜主电路的核心元件为硅二极管,利用二极管正向导通、反向截止的特性,实现了杂散电流的极性排流。除了主电路外,排流柜另配有保护和检测电路。检测电路由一单片机控制系统来控制,可以采集排流柜的工作电压、工作电流以及主回路的故障状态,实时检测排流柜的工作状态以及各个主器件的工作情况,在控制器面板上显示,并通过远程故障输出系统把故障的触点信号远传到控制室内,同时排流柜的控制系统配备有标准的 RS485 接口,可以与其他监控系统连接。

(3)加强监测 设置杂散电流监测系统对杂散电流进行实时监测,一旦发现杂散电流过高则采取一定的对策来减轻其危害。

杂散电流监测系统由参考电极、道床收集网测试端子、隧道收集网测试端子、传感器、测试电缆及杂散电流综合测试装置构成。监测系统监测车站、区间内每个监测点的结构钢筋极化电位,从而判断结构钢筋的腐蚀状态,以便在杂散电流没有产生较大危害时采取相应的措施保障地铁系统的安全。

杂散电流的监测方式有集中式杂散电流监测、分散式杂散电流监测、分布式杂散电流监测三种。

1）集中式杂散电流监测系统由参考电极、传感器、信号转接器、监测装置、微机管理系统组成。图 1-1-7 为集中式杂散电流监测系统的结构示意图。集中式杂散电流监测系统智能化程度较高，所测数据精确度也较高，但扩展性差。监测范围受通信距离的限制，最远只能达到 20km，根据目前地铁发展情况看，远远不能达到要求，并且在地铁线延伸时，无法进行系统的扩展。

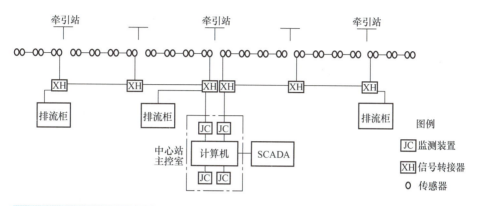

图 1-1-7　集中式杂散电流监测系统的结构示意图

2）分散式杂散电流监测系统由参比电极、接线盒、信号测量电缆、测试箱、综合测试装置和微机管理系统组成，其结构示意图如图 1-1-8 所示。由于监测点测量导线的截面积不应小于 2.5mm^2，长度不宜超过 10m，因此若利用该方法监测，轨道交通沿线必须敷设大量的电缆，这样不仅荷载增加（对高架区段），而且有碍美观，造成不必要的浪费。更值得引起重视的是，模拟量传输距离太长，远远超过规程规定的要求，有碍精确数据的采集，给杂散电流腐蚀防护系统的日常维护带来不便。

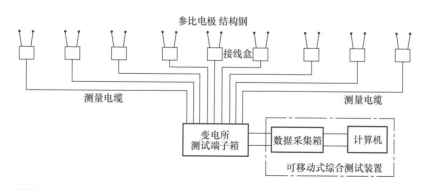

图 1-1-8　分散式杂散电流监测系统的结构示意图

3）分布式杂散电流监测系统由传感器、监测装置、微机管理系统组成，其结构示意图如图 1-1-9 所示。

分布式杂散电流监测系统采用按供电分区监测、集中管理的方案，即在每一个供电分区内设置一个子系统（包括传感器、监测装置和排流柜），每个子系统的监测装置接入牵引所

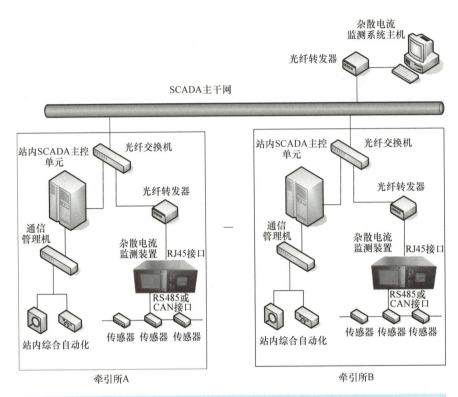

图 1-1-9　分布式杂散电流监测系统的结构示意图

的光纤交换机,借用 SCADA 系统（或通信系统）的通信通道,与设置在监控中心（或供电车间）的杂散电流监控主机通信。

杂散电流监测装置和 SCADA 系统的站内通信管理机处于相同的地位,均是在主干网上。监测装置和 SCADA 系统共享主干网的物理通信信道。监测装置和上位机之间的通信一般情况下在半点或整点时间发生,由于通信数据量并不大,因此不会影响 SCADA 系统的正常运行。由于通信只发生在监测装置和上位机之间,故不会产生诸如病毒、受到攻击等安全问题。

6. 电力监控系统

电力监控系统又称电力 SCADA 系统或者远动系统,往往简称 SCADA 系统,是贯穿于整个供电系统的监视控制部分,是控制技术在电力系统中的应用。电力监控系统由控制中心、通信通道和被控制站系统组成,对全线路的变电所及沿线的供电设备实行集中监视、控制和测量。

典型的电力监控系统由以下四部分组成:位于控制中心的电力调度中心主站系统（即中央监控系统）、位于变电所的远程终端（RTU,即变电所综合自动化系统）、通信网络、位于供电维修基地的供电复示系统。

电力调度中心主站系统通过设置在变电所的 RTU 采集处理数据,并通过通信网络将信息传送至电力调度中心的电力监控系统服务器,从而实现电力系统的遥控、遥测、遥信功能。

遥控功能有以下三种操作方式:

1）选点式操作，即单控操作。调度员可根据站名、开关号以及动作状态进行选择操作。

2）选站式操作。调度员通过对所控站名、动作状态的选择，按系统的运行方式发出指令，进行停送电操作。

3）选线式操作。调度员对运行线名、动作状态进行选择，实现全线停送电操作。

遥测功能是指控制中心对各变电所的量值遥测。遥测的主要参数包括进线、母线、馈线的电压、电流、有功电能、无功电能、有功功率、无功功率及主变压器温度等。

遥信功能是指变电所的各种实时信息，包括断路器开关的位置、保护信号和预告信号，通过通信网络传输到控制中心，并显示在模拟屏上。

电力监控系统还具有自检功能、显示功能、数据处理功能、打印功能、汉字功能、口令功能和培训功能。

图1-1-10为电力监控系统的结构示意图。

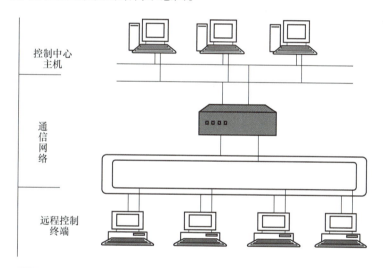

图1-1-10　电力监控系统的结构示意图

二、城市轨道交通供电系统的功能

城市轨道交通供电系统是城市轨道交通运营的动力源泉，它不但要为城市轨道交通的电动列车提供牵引供电，还要为城市轨道交通运营服务的其他设施提供电能。它应具备安全、可靠、调度方便、技术先进、功能齐全、经济合理的特点，还应具有以下功能。

1. 全方位的供电服务功能

城市轨道交通供电系统是为城市轨道交通安全运营服务的，其职责是保证所有电气用户能安全、可靠地用电。它不仅要为运送旅客的电动车辆供电，还要为保证旅客在旅行中有良好的卫生环境和秩序的通风换气设施、空调设施、自动扶梯、自动售检票机、屏蔽门、排水泵、排污泵、通信设备、消防设施和各种照明设备供电。在城市轨道交通庞大的用电群体中，用电设备有不同的电压等级、不同的电压制式，既有固定的风机、水泵等设备，也有时刻变化着的电动列车，供电系统都要能满足这些不同用途的用电设备对电源的要求，使城市轨道交通系统中的每种设备都能发挥各自的功能和作用，保证城市轨道交通系统能够安全、可靠地运营。

2. 故障自救功能

无论供电系统如何构成，采用什么样的设备，安全、可靠地供电总是放在首位的。在系统中发生任何一种故障，系统本身都应该有备用措施（接触网故障除外）来保证城市轨道交通系统的正常运营。城市轨道交通供电系统的电源采用以双电源为主的原则，当一路电源故障时，另一路电源应能保证系统的正常供电。如城市轨道交通的变电所都采用双电源、双机组供电；动力照明的一、二级负荷都采用双电源、双回路供电；牵引网同一供电分区采用双边供电（双电源供电）方式，当一座牵引变电所因故障解列时，可以靠两个相邻变电所的过负荷能力对牵引网进行大双边供电，保证电动列车可以照常运行。这些都是系统故障自救功能的体现。

3. 自我保护功能

系统应有完善、协调的保护措施，供电系统的各级继电保护应相互配合和协调，当系统发生故障时，应该只切除故障部分的设备，从而缩小故障的范围。系统的各级保护应该满足可靠性、灵敏性、速动性、选择性的要求。对牵引供电系统而言，为了保证旅客的安全，保护的速动性是放在首位的，其保护的原则是"宁可误动作，也不可不动作"。误动作可以用自动重合闸校正，而不动作则很危险，因为直流电弧在不切断电源时可以长时间维持燃烧，从而对旅客安全产生严重威胁。城市轨道交通供电系统采用分散式供电的中压交流侧保护，应和城市电网的保护相配合和协调，因此其保护选择性会受到一定的制约。

4. 防误操作功能

系统中任何一个环节的操作都应有相应的联锁条件，不允许因误操作而导致发生故障。尤其是各种隔离开关或手车式开关的隔离触头，都不允许带负荷操作。防止误操作的联锁条件可以是机械的，也可以是电气的，还可以是电气设备本身所具备的或是在操作规程和程序上严格规定的。防止误操作，是使系统安全、可靠地运行所不可缺少的环节。

5. 方便灵活的调度功能

系统应能在控制中心进行集中控制、监视和测量，并应能根据运行需要，方便灵活地进行调度，变更运行方式，分配负荷潮流，使系统的运行更加经济合理。当系统发生故障而使一路或两路电源退出运行时，为保证地铁列车的正常运行，电力调度可以对供电分区进行调度和调整，以达到安全可靠、经济运行的目的。

6. 完善的控制、显示和计量功能

系统应能进行就地和距离控制，并可以分别进行操作转换，系统各环节的运行状态应有明确的显示，使操作人员一目了然。各种信号显示应明确，事故信号、预告信号应分别显示。各种电量的测量和电能的计量应准确，并便于操作人员查证和分析，牵引用电和动力照明用电应分别计量，以利于对用电指标进行考核与经济分析。在控制中心应能实现对整个供电系统进行控制、信号显示、各种量值的计量统计。

7. 电磁兼容功能

城市轨道交通处于强电、弱电多个系统共存的电磁环境，为了使各种设备或系统在这个环境中能正常工作且不对该环境中其他设备、装置或系统构成不能承受的电磁干扰，各种电气和电子设备的系统内部以及和其他系统之间的电磁兼容就显得尤为重要。供电系统及其设

第一章 城市轨道交通供电系统概述

备在城市轨道交通这个电磁环境中，首先是作为电磁干扰源存在的，同时也是敏感设备。在城市轨道交通电磁环境中，供电系统与其他设备、装置或系统应是电磁兼容的。在技术上应采取措施，抑制干扰源，消除或减弱电磁耦合，提高敏感设备的抗干扰能力，使城市轨道交通的各系统电磁兼容，以保证城市轨道交通系统能安全可靠地运行。

第二节 城市轨道交通供电系统的供电制式

城市轨道交通供电系统的供电制式是指供电系统向电动车辆或电力机车供电所采用的方式，主要包括电流制式、电压等级和馈电方式。

城市轨道交通的牵引供电系统几乎毫无例外地都采用较低电压等级的直流供电制式。采用直流供电制式的原因主要有以下几点：

1）由于直流制供电无电抗压降，因而比交流制供电的电压损失小。

2）电网的供电范围（距离）、电动车辆的功率都不大，均不需太高的供电电压。

3）城市轨道交通和地铁的供电线路都处在城市建筑群之间，供电电压不宜过高，以确保安全。

4）直流制供电的对象，即早期使用的直流牵引电动机和近期采用的变频调速异步牵引电动机均具有良好的起动和调速特性，可充分满足电动车辆牵引特性的要求。

基于上述原因，世界各国城市轨道交通的供电电压均在550～1500V之间，其中间档级很多，这是由各种不同交通形式、不同发展历史时期造成的。现国际电工委员会（IEC）拟定的电压标准为600V、750V、1500V三种，后两种电压为推荐值。我国国家标准亦规定为750V和1500V，不推荐600V电压等级。

我国北京地铁采用的是750V直流供电电压，上海地铁、广州地铁、深圳地铁等均采用的是1500V直流供电电压。究竟应选择哪种电压等级，这涉及供电系统的技术经济指标、供电质量、运输的客流密度、供电距离、车辆的选型等，必须根据各城市的具体条件和要求，通过综合技术论证后决定。

近年来，由于交流变频调速技术的发展，车辆的牵引电动机已逐步采用结构简单、运行可靠、价格低廉的笼型交流异步电动机替代原先的直流电动机。在城市轨道交通中采用交流变频调速异步牵引电动机是一项新技术，也是牵引动力的发展方向，具有非常广阔的发展前景。通常采用的是"交—直—交（AC—DC—AC）"变频调速方式，尽管在电动车辆上采用的是交流异步电动机，但其接触网架线供电电压还是直流的。从供电的角度分析，仍然还可认为是属于直流供电制式的扩大运用范畴。

牵引网的馈电方式有架空接触网和接触轨两种方式。电压等级与馈电方式是牵引网供电制式的关键点，两者密切相关。对于一个具体的城市，电压等级与馈电方式的选择，应该结合起来统一考虑。我国牵引网供电制式可以选择以下四种方式：直流1500V架空接触网、直流1500V接触轨、直流750V架空接触网、直流750V接触轨。我国北京地铁1号线一期工程、北京地铁13号线、天津地铁一期工程等都采用了直流750V接触轨形式。上海地铁1、2号线，广州地铁1号线，南京地铁，深圳地铁一期工程等则采用了直流1500V架空接触网形式，长春轻轨采用了直流750V架空接触网形式，广州地铁4号线大学城段、深圳地铁3号线则采用了直流1500V接触轨形式。

11

教学评价

1. 城轨供电系统由哪几部分组成？各组成部分有何作用？
2. 牵引网由哪几部分构成？
3. 简述降压变电所的作用和分类。
4. 什么是杂散电流？杂散电流形成的根本原因是什么？如何防护？
5. 电力监控系统的功能是什么？由哪几部分组成？
6. 什么是城轨供电系统的供电制式？
7. 目前城轨供电系统采用何种供电制式？

第二章

城市轨道交通的外部供电系统

城市轨道交通需要从城市电网取得外部电源，城市轨道交通供电系统可以简单地分为外部电源与内部系统。城市轨道交通对外部电源有何要求？城市轨道交通的外部电源通过什么方式对城市轨道交通供电？城市轨道交通供电系统对城市电网有何影响？本章将回答这些问题。

学习目标

1. 通过城市轨道交通供电系统的外部电源系统的组成及要求学习，进行工匠精神的培养。
2. 掌握外部电源对城市轨道交通供电系统供电的几种方式的特点，启迪绿色意识。
3. 了解主变电所的作用、主要设备，了解主变电所的输电方式。
4. 了解中压网络的电压等级和构成形式。

第一节 外 部 电 源

城市轨道交通供电系统的外部电源供电系统就是为城市轨道交通供电系统的主变电所或电源开闭所提供电能的外部城市电网电源供电系统。图 2-1-1 为城市轨道交通外部电源和牵引供电系统的连接图。

一、城市轨道交通对外部电源的要求

1）两路独立的进线电源。城市轨道交通作为城市电网的重要电力用户，属于一级用电负荷。城市轨道交通供电系统的主变电所（或电源开闭所）要求有两路独立的进线电源，这两路电源可以来自城市电网的不同变电所，也可来自城市电网的同一变电所的不同母线。主变电所进线电源应至少有一路为专线电源。

2）每路进线电源的容量应满足所内全部一、二级负荷的要求。

3）两路电源应分列运行，互为备用，当一路电源发生故障时，另一路电源不应同时受到损坏，由该路电源保证对城市轨道交通供电系统供电。

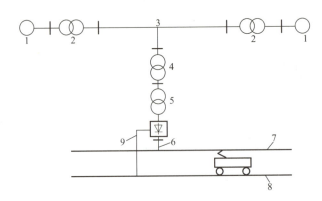

图 2-1-1 城市轨道交通外部电源和牵引供电系统的连接图
1—发电厂（站） 2—升压变压器 3—电力网 4—主变电所变压器
5—牵引变电所变压器 6—馈电线 7—接触网 8—走行轨 9—回流线

4) 为了便于运营管理和减少损耗，外部电源点应尽可能地靠近城市轨道交通线路。

二、外部电源系统的组成

外部电源系统由发电厂、电力网组成，而电力网由各种电压等级的输、配电线路和变（配）电站（所）组成。

发电厂（站）是电能的来源。按其利用的能源不同可以分为火力发电厂、水力发电厂、原子能发电厂以及风力发电厂、地热发电厂、太阳能发电厂和潮汐发电厂等。为了减少输电线路上的电压损失和能量损耗，在发电厂的输出端接入升压变压器以提高输电电压。目前我国一般以110kV或220kV的高压，通过三相输电线路输送到电力网中的区域变电站。

在区域变电站中，先由降压变压器把110kV或220kV的三相交流电压变为10kV或35kV的三相交流电压，再由三相输电线路输送给本区域内的各用电中心。城市轨道交通的牵引用电既可以从区域变电所高压线路上取得，也可以从下一级电压的城市地方电网上取得，这取决于系统和城市地方电网的具体情况以及牵引用电容量的大小。

对于直接从电力系统高压电网获得电力的城市轨道交通供电系统，往往需要再设置一级主降压变电站（所），将系统输电电压（如110kV或220kV）降低到10kV或35kV以适应直流牵引变电所的需要。从管理的角度上看，主降压变电站（所）可以由电力系统（电业部门）直接管理，也可以归属于城市轨道交通部门管理。

从发电厂（站）经升压、高压输电网、区域变电站（所）至主降压变电站部分通常被称为牵引供电系统的"外部（或一次）电源供电系统"，如图2-1-2中虚线2以上部分所示。

三、外部电源对城市轨道交通的供电方式

国内各城市对地铁及城市轨道交通的供电目前有三种方式，即集中式供电方式、分散式供电方式、分散与集中相结合的混合式供电方式。

1. 集中式供电方式

集中式供电方式是指一条轨道交通线路配置少量的受电点（主变电所），通过受电点

第二章 城市轨道交通的外部供电系统

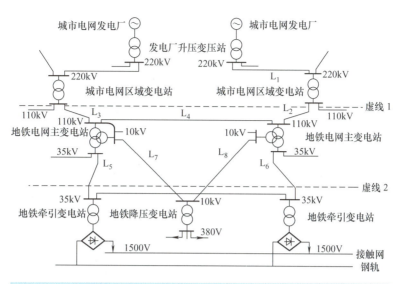

图 2-1-2 采用集中供电方式的城市电网外部供电系统和牵引供电系统

（主变电所）集中从城市电网接受电力，经主变电所降压后再向轨道交通内部电网的牵引变电所和降压变电所供电。图 2-1-3 为集中式供电方式示意图。

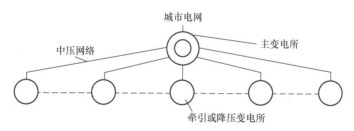

图 2-1-3 集中式供电方式示意图

集中式供电方式的特点是：
1) 城市轨道交通供电系统与城市电网的接口少。
2) 主变电所、牵引变电所、降压变电所均有两个独立的引入电源。
3) 城市轨道交通供电系统相对独立，自成系统，便于运营管理。

上海、广州、南京、香港等地的地铁及近几年新建的大部分地铁均为集中式供电方式。

2. 分散式供电方式

分散式供电方式是指沿地铁线路的城市电网（通常是 10kV 电压等级）分别向各沿线的地铁牵引变电所和降压变电所供电。图 2-1-4 为分散式供电方式示意图。

分散式供电方式的特点是：
1) 需要从城市电网分散引入多路中压电源，一般为 10kV。
2) 平均 4~5 个车站需引入两路电源，与城市电网接口多。
3) 要求城市电网有足够的电源引入点和备用容量。
4) 两开闭所之间的供电分区通过双环网进行联络。
5) 城市轨道交通供电系统与城市电网关系紧密，独立性差，运营管理相对复杂。

15

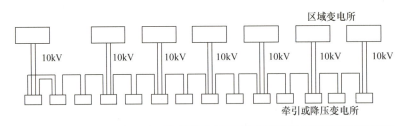

图 2-1-4　分散式供电方式示意图

采用分散式供电方式可以取消地铁主变电所，从而节省主变电所的投资，但采用此方式的前提条件是城市电网在地铁沿线有足够的变电站和备用容量，并能满足地铁牵引供电的可靠性要求。目前，北京地铁 4、5、9 号线，长春轻轨，大连快轨采用的就是这种供电方式。

3. 混合式供电方式

混合式供电方式是将分散式供电与集中式供电相结合的供电方式，多指以集中式供电为主、以分散式供电为辅的供电方式，如图 2-1-5 所示。混合式供电方式可根据城市电网现状、规划以及城市轨道交通自身的需要，吸收集中式供电方式和分散式供电方式的优点，系统方案灵活，节约投资，使供电系统完善、可靠。

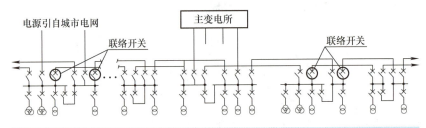

图 2-1-5　混合式供电方式示意图

采用集中式供电方式时，在主变电所设置一定的情况下，若线路末端中压网络压降不能满足要求，则可从城市电网引入中压电源作为补充，这就构成了以集中式供电为主的混合式供电方式。武汉轨道交通一期工程就采用了以集中式供电为主的混合式供电方式。

采用分散式供电方式时，如果沿线有城市轨道交通主变电所可以资源共享，那么也可以从该主变电所引入中压电源，作为城市电网中压电源点的补充，这就构成了以分散式供电为主的混合式供电方式。北京地铁 10 号线就采用了以分散式供电为主的混合式供电方式。

对于某一城市究竟应采用哪种供电方式，需要根据地铁和城市轨道交通用电负荷并结合该城市电网的具体情况进行分析。若该城市的电力资源缺乏，变电站较少，采用分散供电方式时由于需要新建多个地区变电站而使投资增大，在此情况下采用集中式供电方式就比较合适。该供电方式具有管理方便、供电可靠性相对较高等优点。若城市的电力资源较丰富，沿地铁和城市轨道交通线路的地区变电站较多且容量也足够给地铁和城市轨道交通供电，则采用分散式供电方式可节约建设资金。当城市电网的情况介于上述两种情况之间时，可考虑采用分散与集中相结合的混合式供电方式。

四、外部电源对城市轨道交通供电的电压等级

对于采用集中式供电方式的城市轨道交通供电系统，目前外部电源的电压等级一般为交

第二章 城市轨道交通的外部供电系统

流 110kV 或交流 63kV，其中交流 63kV 电压等级为东北电网所特有。

对于采用分散式供电方式的城市轨道交通供电系统，外部电源电压等级应与城市电网电压等级一致。目前根据城市电网的情况，外部电源的电压等级有交流 35kV 和交流 10kV 两种。由于交流 35kV 这一电压等级在各大城市电网中将逐渐被交流 10kV 取代，所以一般都采用交流 10kV 的电压等级。

五、谐波及其治理

城市轨道交通中存在非线性负荷，除整流机组外，还存在大量荧光灯、UPS、变频器及软起动装置等，这些设备会产生大量的谐波，会使电力系统的正弦波形发生畸变，从而降低电能质量。因此需要对谐波进行综合治理，从谐波产生的源头对它进行限制，并采取必要的技术措施降低谐波的危害程度。

1. 谐波及其产生

在理想的干净供电系统中，电流波形和电压波形都是正弦波。在只含线性元件（电阻、电感及电容）的简单电路里，流过负载中的电流与施加的电压成正比，流过的电流是正弦波形。

在电力系统中，谐波电流产生的根本原因是由于正弦波电压加于非线性负荷（如变压器、电子开关等）时，电流与所加的电压不呈线性关系而造成波形畸变，形成非正弦电流，即电路中有谐波产生。

根据法国数学家傅里叶的分析，任何非正弦曲线信号都可以分解成常数（直流量）、与原正弦函数频率相同的正弦波和一系列频率为原正弦函数倍数的正弦波。与原正弦函数频率相同的正弦波称为基波或一次谐波，频率为原正弦函数倍数的正弦波称为高次谐波。因此，高次谐波的频率必然也等于基波的频率的若干倍，3 倍基波频率的波称为 3 次谐波，5 倍基波频率的波称为 5 次谐波，依此类推。不管几次谐波，它们都是正弦波。根据谐波频率的不同，可以分为奇次谐波（额定频率为基波频率奇数倍的谐波）和偶次谐波（额定频率为基波频率偶数倍的谐波）。

当电力系统向非线性负荷供电时，这些负荷在传递（如变压器）、变换（如交直流换流器）、吸收（如电弧炉）系统发电机所供给的基波能量的同时，又把部分基波能量转换为谐波能量，向电力系统倒送大量的高次谐波，使电力系统的正弦波形发生畸变，使电能质量降低。

城市轨道交通供电系统中的谐波源主要为电子开关型设备，即城市轨道交通中广泛使用的各种交直流换流装置（如整流器、逆变器）以及双向晶闸管可控开关设备。

牵引供电系统是城市轨道交通供电系统的主要谐波源。其中，采用的牵引整流机组的容量、整流相数、接线方式等对正弦波形的畸变程度有较大的影响。

除牵引供电系统产生谐波外，动力照明系统也会产生谐波。动力照明系统的主要谐波源有变频器、荧光灯、高压气体放电灯、计算机、软起动装置、电容器。

2. 谐波的危害

理想的公用电网所提供的电压应该是单一而固定的频率以及规定的电压幅值。谐波电流和谐波电压的出现，对公用电网是一种污染，其危害波及整个电网，对各种电气设备都有着不同程度的影响和危害。谐波对公用电网和其他系统的危害大致有以下几个方面：

1）谐波对供电线路产生了附加损耗，加大了电力运行成本。
2）谐波降低了供电可靠性，影响各种电气设备的正常工作。
3）谐波使电网中的电容器产生谐振，容易引发供电事故。
4）谐波对附近的通信系统产生干扰，影响通信系统的正常工作。

3. 谐波的治理

谐波治理属于综合性工程。首先限制谐波源头，通过采取必要的技术措施将谐波含量降到最小，其次采取辅助措施，降低谐波的影响。

（1）限制电网谐波源头　限制电网谐波源头的主要措施有增加牵引整流机组的脉波数和安装滤波装置或谐波补偿装置等。

高次谐波电流与整流器的整流相数密切相关，即相数增多，高次谐波的最低次数变高，则谐波电流幅值减小。为了减少牵引供电系统产生的谐波电流，城市轨道交通的牵引变电所采用两套带移相线圈的12脉波牵引整流机组，正常情况下，两台机组并联运行，形成24脉波整流，最大限度地抑制谐波的产生。

常用的滤波装置主要有无源滤波装置和有源滤波装置两类。无源滤波装置可以对某次谐波及其以上的谐波形成低阻抗通路，从而起到抑制高次谐波的作用。有源滤波装置利用可控的功率半导体器件向电网注入与谐波源电流幅值相等但相位相反的电流，使电源的总谐波电流为零，达到实时补偿谐波电流的目的。

通过在主变电所（电源开闭所）或直接从城市电网引入电源的变电所设置谐波补偿装置，对谐波进行补偿。有一种电能质量有源恢复系统，其装置既可补偿谐波，又可补偿无功功率。

（2）其他辅助措施　除了对谐波源的限制以外，还可以采取选用Dy11联结组标号的三相配电变压器，将产生谐波的供电线路和对谐波敏感的供电线路隔离来降低谐波的影响。

采用Dy11联结组标号的三相配电变压器可以保证相电动势接近于正弦波，从而避免了相电动势波形畸变的影响。三相不平衡和$3n$次谐波电流在一次绕组循环而不会传到电源系统中去。

将产生谐波的供电线路和对谐波敏感的供电线路分开就是将线性负荷与非线性负荷从公共连接点用不同的电路馈电，防止由非线性负荷产生的电压畸变加到线性负荷上去。

第二节　主变电所

如果外部电源采用集中式供电方式，则应建设城市轨道交通用的主变电所。城市轨道交通主变电所的功能是接收城市电网提供的高压电源，经降压后为牵引变电所、降压变电所提供中压电源。

一、主变电所概述

城市轨道交通主变电所将城市电网的高压交流110kV（或220kV）电能降压后以交流35kV或10kV的电压等级分别供给牵引变电所和降压变电所。

根据城市轨道交通用电负荷的特点，城市轨道交通的主变电所一般沿线路布置，根据线路末端的电压损失要求来确定主变电所的数量。为保证供电的可靠性，城市轨道交通供电系统通常设置两座或两座以上主变电所。

主变电所按其降压方式的不同可分为三级电压制供电方式的主变电所和两级电压制供电方式的主变电所。图 2-2-1 和图 2-2-2 分别为它们的结构示意图。

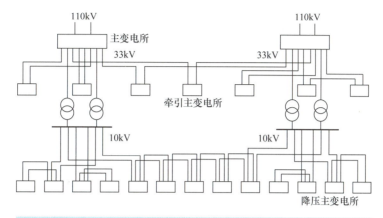

图 2-2-1　三级电压制集中供电方式的结构示意图

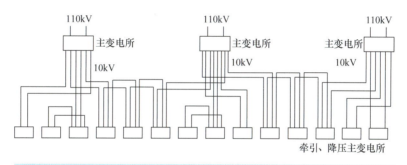

图 2-2-2　两级电压制集中供电方式的结构示意图

主变电所按其结构形式的不同，可以分为户外式、户内式和地下式三种，其中户外式又可分为全户外式和半户外式。为了降低成本、减少占地面积，城市轨道交通主变电所多数采用户内式、半户外式或地下式结构，很少采用全户外式结构。应根据新建主变电所位置在城市中所处的地段来选择主变电所的结构形式。对于布设在市区边缘或郊区、县的主变电所，可采用布置紧凑、占地较小的半户外式结构；对于布设在市区内及市中心区规划内的新建主变电所，宜采用户内式或地下式结构。

不论采用何种结构形式，主变电所都由两路独立的电源进线供电且两路电源同时运行，互为备用，以保证供电的可靠性和供电质量。进线电源容量应满足远期时其供电区域内正常运行及故障运行情况下的供电要求。

二、主变电所的主要设备

主变电所中主要的电气设备是主变压器、开关设备、直流电源设备、自动监控设备。

1. 主变压器

主变压器是城市轨道交通主变电所中的最主要的电气设备，其作用是将从城市电网引入的高压电源转换成城市轨道交通牵引供电系统所需要的中压电源。

目前，国内城市轨道交通主变电所均设置两台主变压器，互为备用。正常情况下，两台变压器并列运行，各负担50%的用电负荷。主变压器容量的选择应考虑近期实际负荷和远期发展的需求。单台容量在20~40 MVA范围内，主要考虑相邻变电所因故障解列时应满足向该段牵引负荷越区供电的要求，应能满足正常运行时，每台变压器容量承担其所供区域内的全部牵引负荷和动力照明的供电。当发生故障时，应满足如下条件：

1）当一台主变压器发生故障时，另一台主变压器应能满足该供电区域高峰小时牵引负荷和动力及照明一、二级负荷的供电。

2）当一座变电所因故障解列时，剩余主变电所应能承担全线的动力和照明一、二级负荷及牵引负荷。

为了减少城市电网电压波动和负荷变化对城市轨道交通中压系统的电压质量影响，主变压器多采用有载调压型电力变压器。有载调压开关具有就地、远方操作功能，安装在高压侧。由于油浸式变压器价格低，应用成熟，国内城市轨道交通供电系统主变电所中大多采用三相、自冷油浸式、有载调压变压器，主变压器一般采用Yd接线，主要有110kV/35kV、110kV/33kV和110kV/10kV三种形式。

我国有关标准规定，主变压器的110kV侧应采取中性点直接接地方式。但实际运行中主变压器高压侧是否直接接地，则根据地区电网具体运行情况确定。有时一个主变电所的两台主变压器，其高压侧一台接地而另一台不接地。

由于城市轨道交通供电系统中压网络的电容电流较大，因此其主变压器的中性点应经过消弧线圈或小电阻接地。

对于采用Yd接线的主变压器，当主变压器无中性点或中性点未引出时，应装设专用的接地变压器。接地变压器采用曲折形接法，并具有零序阻抗低、空载阻抗高、损失小的特性。

主变压器一般有重瓦斯保护、差动保护和主变压器过电流保护等。图2-2-3为变电所中主变压器的外形。

2. 开关设备

主变电所中的开关设备分为高压侧（110kV侧）开关设备和中压侧（35kV或10kV侧）开关设备。它们都是通断电路的重要设备。110kV侧开关设备采用户内安装的110kV全封闭SF_6组合电气设备——SF_6气体绝缘的金属封闭开关设备，简称GIS。GIS是由各种开关电器，如断路器（GCB）、隔离开关

图2-2-3 变电所中主变压器的外形

（DS）、接地开关（ES）、母线、现地汇控柜（LCP）以及电流互感器（CT）、电压互感器（VT）和避雷器（LA）等组成的电力设备，具有结构紧凑、抗污染能力强、运行安全、外形美观、设备占用空间小等特点。除母线为三相共箱式外，其余均为三相分箱式。110kV侧GIS一般采用SF_6断路器、液压操动机构。图2-2-4为主变电所中开关设备的外形。

中压侧电压为35kV的中压开关设备多采用GIS，以减小变电所的土建规模，但均为三

相分箱式，采用真空断路器，操动机构为弹簧储能式或液压弹簧式，采用三工位隔离开关和接地刀开关。

图 2-2-4　主变电所中开关设备的外形

中压侧电压为 10kV 的开关设备，则可采用空气绝缘的金属铠装开关柜，内部设有不同功能的隔室，手车可为落地式或中置式。

3. 直流电源设备

直流电源设备的作用是为监控设备、车站应急照明及紧急疏散标志等提供不间断直流电源。

线路正常时，直流电源设备为它的服务对象提供稳定的直流电源，并对蓄电池进行充电；故障时，由蓄电池提供 1～2h 的直流供电。图 2-2-5 为主变电所中直流电源设备的外形。

图 2-2-5　主变电所中直流电源设备的外形

4. 自动监控设备

自动监控设备用于对变电所电气设备的监测和控制，并能对其进行远程控制和数据采集。根据供电系统的运行状况，自动切换电气设备和将故障设施自动切除，为城市轨道交通供电系统的安全、高效运行提供保障。图 2-2-6 为主变电所中自动监控设备的外形。

三、主变电所向牵引变电所供电的接线方式

供电系统的安全性、可靠性是城市轨道交通正常运行的重要保证。为此，牵引变电所均由两个独立的电源供电，考虑到地铁线路分布范围广，通常需要在沿线设置多个牵引变电

图 2-2-6　主变电所中自动监控设备的外形

所。向牵引变电所供电的接线方式有多种，现归纳成以下几种典型形式。

1. 环形供电接线方式

由两个或两个以上主变电所和所有的牵引变电所用输电线路连成一个环形的接线方式称为环形供电接线方式。如果采用这种接线方式，则当一个主变电所或一路输电线发生故障时，只要其母线仍保持通电，均不会中断任何一个牵引变电所的正常工作，但其投资较大。图 2-2-7 为环形供电示意图。

2. 双边供电接线方式

由两个主变电所向沿线牵引变电所供电，通往牵引变电所的输电线都通过其母线连接，为了增加供电的可靠性，用双路输电线供电，而每路均按输送功率计算。这种接线方式的可靠性稍低于环形供电。当引入线数目较多时，开关设备较多，投资较大。图 2-2-8 为双边供电示意图。

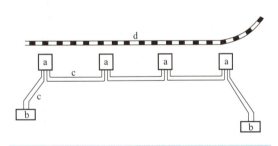
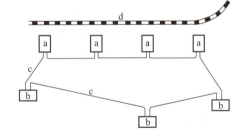

图 2-2-7　环形供电示意图　　　　　　图 2-2-8　双边供电示意图
a—牵引变电所　b—主变电所　　　　　a—牵引变电所　b—主变电所
c——路三相输电线　d—轨道　　　　　c——路三相输电线　d—轨道

3. 单边供电接线方式

当线路沿线只有一侧有电源时，则采用单边供电。单边供电与环形供电和双边供电相比，其可靠性较差。为了提高其可靠性，宜采用双回路输电线供电。单边供电所用的设备较少，投资较少。

在双边供电和单边供电的情况下，为了减少供电设备和降低变电所的投资规模，每路输电线可以不必都进入所有的牵引变电所，而可以轮流地每隔一个变电所进入一个。图 2-2-9

为单边供电示意图。

4. 辐射形供电接线方式

辐射形供电接线方式的每个牵引变电所用两路独立输电线与主变电所连接。这种接线方式适用于轨道线路成弧形的情形。它的特点是接线简单、投资少，但当主变电所停电时，将全线停电。图 2-2-10 为辐射形供电示意图。

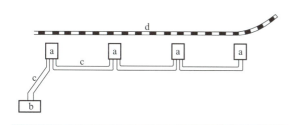

图 2-2-9　单边供电示意图
a—牵引变电所　b—主变电所
c——路三相输电线　d—轨道

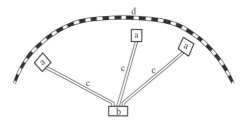

图 2-2-10　辐射形供电示意图
a—牵引变电所　b—主变电所
c——路三相输电线　d—轨道

在实际应用中，通常都是将上述四种典型接线方式组合应用。主变电所向牵引变电所供电方式的选择原则是：当供电系统中的某一个元件发生故障或损坏时，它应能自动解列而不致破坏牵引供电。

下面以上海地铁 1 号线一期工程供电系统为例加以说明。图 2-2-11 为上海地铁 1 号线供电系统接线图。

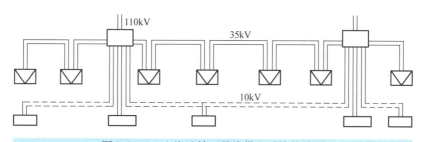

图 2-2-11　上海地铁 1 号线供电系统接线图

该供电系统接线图有两个主变电所，以双回路输电线向牵引变电所和沿线车站区间用电的降压变电所供电。主变电所采用双回路进线，以 35kV 双路输电线向沿线牵引变电所作双边或单边供电，以 10kV 双路输电线向降压变电所供电，其供电接线方式分别为单边供电或双 "T" 形供电。"T" 形供电的特点是主变电所供电给其他降压变电所的负荷电流不流入本降压变电所。

这种接线方式建设投资比较低，而供电可靠性却相当高，当轨道线路延长时，可酌情在线路两端搭建主变电所，建设的灵活性较大。

第三节　中压网络

通过中压电缆，纵向把上级主变电所和下级牵引变电所、降压变电所连接起来，横向把全线的各个牵引变电所、降压变电所连接起来，便形成了中压网络，其功能类似于电力系统中的输电线路。

中压网络不是供电系统中独立的子系统，但是它却关系着外部电源方案、主变电所的位置及数目、牵引变电所及降压变电所的位置与数目、牵引变电所与降压变电所的主接线等问题。

根据网络功能的不同，把为牵引变电所供电的中压网络称为牵引网络；同样，把为降压变电所供电的中压网络称为动力照明网络。

中压网络有两大属性：电压等级和构成形式。

一、中压网络的电压等级

1. 国家中压配电现状及发展方向

我国现行中压配电标准电压等级有 66kV、35kV 和 10kV。随着城乡电气化事业的发展，若只有一种 10kV 作为中低电压的分界，显然已不能满足城乡配电网发展的要求。

我国第一个 20kV 一次配电的供电区，已经于 1996 年 5 月在苏州产业园区投入运行。从其运行情况来看，其线损率大大低于 10kV 系统。由此可见，20kV 电压等级的这种特点，也适合于高密度负荷地区的城市电网。

2. 国内城市轨道交通中压网络现状及发展思路

以往，因国家城乡电网中没有采用 20kV 这一电压等级，相应的开关柜等 20kV 设备，也没有跟上发展。在这样的大环境下，要在城市轨道交通工程中使用 20kV 电压等级，是比较困难和不现实的。因而，国内既有城市轨道交通的中压网络电压等级采用了 35kV（若采用国外设备则是 33kV）和 10kV。

北京和天津的地铁和城市轨道交通的中压网络采用了 10kV 电压等级；上海地铁 1 号线的中压网络中牵引供电网络采用了 33kV 电压等级，动力照明供电网络采用了 10kV 电压等级；广州地铁 1 号线的中压网络采用了 33kV 电压等级；深圳地铁 1、4 号线和南京地铁南北线的中压网络均采用了 35kV 电压等级。我国电力系统并未推荐过使用 33kV 电压等级，上海、广州地铁采用此电压等级有其特殊历史原因，其他城市很少采用。

然而，随着城乡电力消费的增长，发展城乡 20kV 配电网已提到议事日程上来。20kV 是目前公认的具有发展远景的优选电压等级。20kV 开关柜、变压器、电力电缆等一系列设备，也完全实现了国产化。

近年已颁布的国家标准中表明，20kV 也是可使用的电压等级。另外，GB 50157—2013 《地铁设计规范》中规定：地铁中压网络的电压等级可采用 35kV（33kV）、20kV、10kV。

3. 不同电压等级中压网络的特点及比较

不同电压等级的中压网络有不同的特点。

1) 35kV 中压网络：国家标准电压级；具有输电容量大、距离较长、电能损失小的特点；设备可实现国产化，但设备相对体积大，占用变电所面积较大，不利于减小车站体量；设备价格适中；国内没有环网开关，因而不能用（相对于断路器柜）价格较便宜的环网开关构成接线与保护简单、操纵灵活的环网系统；广州地铁、上海地铁等已经广泛采用。目前，国内城市配电网拟取消 35kV 电压等级，但国内地铁和城市轨道交通的中压供电系统仍在使用。

2）33kV 中压网络：国际标准电压级；输电容量大、距离较长、电能损失小，基本与 35kV 一致；设备来源于国外，不利于国产化，但设备体积小、产品价格高；广州、上海地铁部分先期线路中有所采用。国外 C-GIS 产品有环网开关柜。

3）20kV 中压网络：国际标准电压级；输电距离和容量适中，电能损失较小，设备可完全实现国产化；引进 MG、ALSTHOM 等技术的开关设备体积较小，占用变电所面积远小于国产 35kV 设备，有利减小车站体量，节省土建投资；价格适中；有环网单元，能构成接线与保护简单、操纵灵活的环网系统。国外地铁和城市轨道交通大量采用，但国内地铁和城市轨道交通尚未使用此电压等级。

4）10kV 中压网络：国家标准电压级，也是国际标准电压级；输电容量小，距离较短，电能损失较大；设备可完全实现国产化；设备体积适中；产品价格较低；国内环网开关技术成熟，运营经验丰富，可用其构成保护简单、操纵灵活的环网系统；国内外地铁广为采用。

不同电压等级中压网络的综合比较见表 2-3-1。

表 2-3-1 不同电压等级中压网络的综合比较

序号	项目	35kV	33kV	20kV	10kV
1	输电容量	较大	较大	中	小
2	输电距离	较长	较长	中	短
3	电能损耗	小	小	较小	大
4	设备价格	高	最高	中	低
5	设备国产化	国产	国外	国产	国产
6	设备体积及占地面积	较大	较小	中	小
7	环网柜情况	无	有	有	有
8	国内城市电网应用	拟取消	有	有，很少	广泛应用
9	城市轨道交通应用	国内采用	国内外采用	国外采用	国内外采用
10	适用标准	国家标准	国际标准	国际标准	国家、国际标准

由于电费在地铁和城市轨道交通的运营成本中占很大比例，从长远的角度考虑，中压网络宜选择较高的电压等级，亦即 35kV 和 20kV 为优选方案。

二、中压网络的构成

1. 中压网络的构成原则

1）满足安全可靠的供电要求。
2）满足潮流计算要求，即设备容量及电压降要满足要求。
3）满足负荷分配平衡的要求。
4）满足继电保护的要求。
5）满足运行治理、倒闸操作的要求。
6）每一个牵引变电所、降压变电所均应有两路电源。

7）系统接线方式尽量简单。

8）供电分区应就近引进电源,必要时可从负荷中心处引进电源,尽量避免反送电。

9）全线牵引变电所、降压变电所的主接线尽量一致。

10）满足设备选型要求。

2. 中压网络的构成方式

中压网络既可以采用牵引和动力照明同用一个供电网络的方案（即牵引动力照明混合网络）,也可以采用牵引和动力照明供电网络相对独立的两个供电网络方案（即牵引供电网络、动力照明供电网络）。

对于集中式外部电源方案,牵引网络和动力照明网络可以采用相对独立的形式（即牵引动力照明独立网络）,也可以共用同一个中压网络（即牵引动力照明混合网络）。对于分散式外部电源方案,采用牵引动力照明混合网络。

牵引动力照明独立网络的特点：牵引网络与动力照明网络两者相对独立,相互影响较小；35（33）kV 电压等级与较重的牵引负载相适用,而 10kV 电压等级则与较小的动力照明负荷相适用。

牵引动力照明混合网络的特点：供电系统的整体性比较好,设备布置可以统筹考虑。

牵引网络与动力照明网络可以采用同一个电压等级,也可以采用两个不同的电压等级。

目前,我国城市轨道交通工程有的采用了牵引动力照明混合网络,有的则采用了牵引动力照明独立网络。国外有的地铁采用了牵引动力照明独立网络。

下面以集中式供电系统的中压网络为例,介绍中压网络的构成方式。

（1）独立的牵引网络 当中压网络为两个不同电压等级时,35（33）kV 牵引网络常用独立网络方式。独立牵引网络常用的接线方式有图 2-3-1 所示的 A、B、C、D 四种类型。

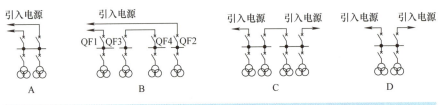

图 2-3-1 独立牵引网络

A 型：牵引变电所主接线为单母线；牵引变电所的进线与出线均采用断路器；牵引变电所的两路电源,来自于同一个主变电所的不同母线。该类型接线适用于位于线路起始部分、线路终端部分、主变电所四周的牵引变电所电源引进。

B 型：牵引变电所主接线为单母线；牵引变电所的进线与出线均采用断路器；两个牵引变电所为一组；这一组牵引变电所的两路电源,来自于同一个主变电所的不同母线,每个牵引变电所均从主变电所接进一路主电源,两个牵引变电所通过联络电缆实现电源互为备用。该类型接线适用于位于线路起始部分、线路终端部分的牵引变电所电源引进。

C 型：牵引变电所主接线为单母线；牵引变电所的进线与出线均采用断路器；两个牵引变电所为一组；这一组牵引变电所的两路电源,来自于不同的主变电所,左侧牵引变电所从左侧主变电所接进一路主电源,右侧牵引变电所从右侧主变电所接进一路主电源,两个牵引变电所通过联络电缆实现电源互为备用。该类型接线适用于位于两个主变电所之间的牵引变电所电源引进。

D型：牵引变电所主接线为单母线；牵引变电所的进线与出线均采用断路器；牵引变电所的两路电源，来自于左右两侧不同的主变电所。该类型接线适用于位于两个主变电所之间的牵引变电所电源引进。

（2）独立的动力照明网络　当中压网络为两个不同电压等级时，10kV动力照明网络采用独立的网络，独立动力照明网络的基本接线方式如图2-3-2所示。

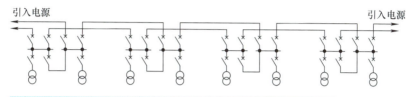

图2-3-2　独立动力照明网络

将全线的降压变电所分成若干个供电分区，每个供电分区一般不超过3个地下站；每一个供电分区均从主变电所（或中心降压变电所）的35（33）kV/10kV主变压器就近引进两路10kV电源；中压网络采用双线双环网接线方式；相邻供电分区间通过环网电缆联络；降压变电所主接线采用分段单母线形式；降压变电所进线开关采用断路器。该接线方式运行灵活。

牵引网络和动力照明网络互相独立的网络形式的优点是中压网络供电质量高，网络接线清晰，各子系统间电气部分相互独立、干扰小、事故影响范围小；缺点是网络结构复杂，设备投资相对较高。我国香港地铁和伊朗地铁采用了牵引网络和动力照明网络互相独立的中压网络，国内上海地铁1号线已采用这种形式的中压网络。

（3）牵引动力照明混合网络　当牵引网络与动力照明网络采用同一电压等级时，就可采用牵引动力照明混合网络，其基本接线方式如图2-3-3所示。

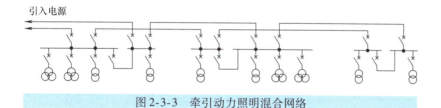

图2-3-3　牵引动力照明混合网络

在有牵引变电所的车站，牵引变电所与降压变电所合建成牵引降压混合变电所，对于大型地下车站，除牵引降压混合变电所或降压变电所外，还会设置跟随式降压变电所。

牵引动力照明混合网络将全线的降压变电所分成若干个供电分区，每个供电分区一般不超过3个地下站；每一个供电分区均从主变电所（或中心降压变电所）的35（33）kV/10kV主变压器就近引进两路10kV电源；中压网络采用双线双环网接线方式；相邻供电分区间通过环网电缆联络，其他供电分区间可以不设联络电缆；降压变电所主接线采用分段单母线形式；降压变电所进线开关采用断路器。该接线方式运行灵活。

牵引动力照明混合网络的优点是网络结构简单，设备的利用率较高，投资相对节省；缺点是事故影响范围较大，排除故障相对复杂。国内的上海地铁5、6、8、9号线、广州地铁、天津地铁等采用了这种中压网络形式，国内新建项目大多采用这种中压网络形式。

> **教学评价**
>
> 1. 城市轨道交通对外部电源有哪些要求？
> 2. 国内城市轨道交通的外部电源对城市轨道交通的供电方式有哪几种？
> 3. 国内城市轨道交通的外部电源对城市轨道交通供电的电压等级有哪几种？
> 4. 什么是谐波？谐波产生的根源是什么？谐波有何危害？如何治理？
> 5. 城市轨道交通主变电所有何功能？所有的城市轨道交通供电系统中都有主变电所吗？
> 6. 主变电所的主要设备有哪些？它们各有什么作用？
> 7. 主变电所向牵引变电所供电的接线方式有哪几种？
> 8. 什么是中压网络？我国中压网络有哪些电压等级？

第三章

城市轨道交通变电所中的一次设备

问题导入

变电所是城市轨道交通供电系统的心脏,它担负着接收电能、改变电压等级和种类、输送和分配电能的任务。城市轨道交通变电所中的一次设备的正常工作,是完成这些任务的保障。什么是一次设备?城市轨道交通变电所中有哪些主要的一次设备?它们都有什么功能?本章将回答这些问题。

学习目标

1. 通过对一次设备的学习,了解我国电气设备生产的发展历程,激发民族自豪感。
2. 理解变压器的工作原理,了解电力变压器、干式变压器的结构。
3. 了解整流机组的构成、功能及工作原理。
4. 掌握各种高压开关的结构、功能,了解它们的工作原理。
5. 了解电弧的产生及常用灭弧方法,掌握电弧熄灭的条件。
6. 了解高压成套装置的结构,掌握高压开关柜的"五防"。

第一节 一次设备概述

一、电气设备的分类

城市轨道交通变电所中的电气设备可以分为一次设备和二次设备两大类,一次设备是城市轨道交通供电系统的主体,二次设备是城市轨道交通供电系统安全可靠运行的重要保障,二者缺一不可,共同协调工作才能保证变配电系统安全、可靠地运行。

1. 一次设备

一次设备也被称为主设备,是指直接用于接收电能、改变电能电压和分配电能的设备和载流导体。它主要包括变压器、断路器、隔离开关、整流器等。

由一次设备相互连接构成的电气回路称为一次回路或一次接线系统。

根据一次设备的功能,可将它们分为以下几类。

1)开关电器:用来关合和开断电路的电器,包括断路器、隔离开关、熔断器和负荷开关。

2）限制电器：用来限制电路中电压或电流的电器，包括电抗器、避雷器。

3）变换电器：用来变换电路中的电压和电流的电器，包括变压器、整流器、电流互感器、电压互感器。

4）补偿电器：指用于补偿系统的无功功率、提高功率因数的设备，主要有电力电容器和无功补偿装置。

5）成套装置和组合电器：将开关电器、限制电器和变换电器按一定的线路装配成一个整体的电器组合，主要有高压开关柜、低压成套电器装置以及气体绝缘金属封闭组合电器（GIS）等。

随着变电所综合自动化技术的发展，按单元将一次设备和二次设备组合为一个整体电气装置，成为新型的成套装置，在现代化变配电系统中得到越来越广泛的应用。

一次设备还可以按照电流制式分为交流电器和直流电器。交流电器是指工作于三相或单相工频交流制式的电器。直流电器是指工作于直流制式的电器。

2. 二次设备

对一次设备进行控制、保护、监测和指示的设备，称为二次设备，如各种继电器、控制开关、成套继电保护装置等。二次设备是城市轨道交通供电系统的重要组成部分。由二次设备相互连接，构成对一次设备进行监测、控制、调节和保护的电气回路称为二次回路或二次接线系统。有关此部分的内容在后面章节有详细介绍。

二、对一次设备的基本要求

一次设备是城市轨道交通供电系统的主体，一次设备故障可能导致停电甚至发生重大安全事故，在对电气设备进行设计和选择时，应考虑安全、可靠和经济等多方面的因素，并满足以下基本要求：

1）能长期承受工频最高工作电压、短期承受内部过电压和外部过电压的作用而不被击穿。

2）能长期承受额定电流、短期过载电流的作用，温升在允许范围之内。

3）能承受短路电动力效应和热效应的作用而不被损坏。

4）开关电器的断流能力应符合有关的规定。

5）供测量和保护用变换电器应符合规定的精度要求。

6）在规定的使用环境中能承受一定外界条件的影响并安全可靠地运行。

第二节 变 压 器

一、变压器概述

1. 变压器的定义

变压器是一种静止的电气设备，它通过线圈间的电磁感应，将一种电压等级的交流电能转换成同频率的另一种或几种电压等级的交流电能。

2. 变压器的用途

变压器除用于改变电压外，还可用于改变电流、变换阻抗等。

3. 变压器的基本结构及基本工作原理

（1）基本结构　虽然变压器种类繁多，用途各异，但变压器的基本结构大致相同。最简单的变压器是由一个闭合的软磁铁心和两个套在铁心上相互绝缘的绕组构成的，如图3-2-1所示。

通常，一侧绕组接交流电源，称为一次绕组；另一侧绕组接负载，称为二次绕组。

（2）基本工作原理　在一次绕组中加上交变电压，一次绕组中就有交流电流 $\dot{i}_1$ 流过，从而产生交变磁通 $\varPhi$，由于一、二次绕组绕在同一铁心上，则交变磁通 $\varPhi$ 同时和一、二次绕组交链，从而在两绕组中分别产生感应电动势 e_1 和 e_2。这样，二次绕组在感应电动势 e_2 的作用下，可向负载供电，实现能量的转换。

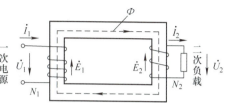

图3-2-1　变压器的基本结构及工作原理示意图

根据法拉第电磁感应定律可得

$$e_1 = -N_1 \frac{\mathrm{d}\varPhi}{\mathrm{d}t}$$

$$e_2 = -N_2 \frac{\mathrm{d}\varPhi}{\mathrm{d}t}$$

若忽略变压器的内阻不计，则感应电动势等于绕组两端的电压，即 $u_1 = e_1$，$u_2 = e_2$。因此，一、二次绕组的端电压大小与绕组的匝数成正比，即

$$\frac{U_1}{U_2} = \frac{E_1}{E_2} = \frac{N_1}{N_2} = K$$

式中，K 为变压器的电压比。

由此可见，只要一、二次绕组的匝数不同，就能达到改变电压的目的。

根据能量守恒原理，若忽略变压器的内部损耗，则二次绕组的输出功率应等于一次绕组的输入功率，即

$$P_1 = P_2$$

而

$$P_1 = U_1 I_1, \ P_2 = U_2 I_2$$

所以

$$\frac{U_1}{U_2} = \frac{I_2}{I_1} = \frac{N_1}{N_2}$$

因此，变压器在变换电压的同时，绕组中电流的大小也随着改变。

4. 变压器的分类

变压器的常用分类方式如下。

1）按用途分：分为电力变压器和特种变压器。

2）按绕组数目分：分为单绕组（自耦）变压器、双绕组变压器、三绕组变压器和多绕组变压器。

3）按相数分：分为单相变压器、三相变压器和多相变压器。

4）按铁心结构分：分为心式变压器和壳式变压器。

5）按冷却介质和冷却方式分：分为干式变压器、油浸式变压器和充气式变压器。

6）按调压方式分：分为有载调压变压器和无励磁调压变压器。变压器二次侧不带负载，一次侧也与电网断开（无电源励磁）的调压称为无励磁调压，带负载进行变换绕组分接的调压称为有载调压。

5. 变压器的主要技术参数

变压器在规定的使用环境和运行条件下的主要技术数据一般都标注在变压器的铭牌上。图 3-2-2 为变压器铭牌示意图。

1）额定容量：变压器额定工作条件下输出能力的保证值，是额定视在功率，单位有伏安（VA）、千伏安（kVA）和兆伏安（MVA）。

电力变压器			
产品型号	SL7—315/10	产品编号	
额定容量	315kVA	使用条件	户外式
额定电压	10000V/400V	冷却条件	ONAN
额定电流	18.2A/454.7A	短路电压	4%
额定频率	50Hz	器身吊重	765kg
相　　数	三相	油　　重	380kg
联结组标号	Yyn0	总　　重	1525kg
制　造　厂		生产日期	

图 3-2-2　变压器铭牌示意图

2）额定电压 U_{1N}/U_{2N}：均指变压器长时间运行所能承受的工作电压。一次额定电压 U_{1N} 是指电源加在一次绕组上的额定电压；二次额定电压 U_{2N} 是指一次侧加额定电压、二次侧空载时二次绕组的端电压，单位有伏（V）或千伏（kV）。

3）额定电流 I_{1N}/I_{2N}。一、二次额定电流是指在额定容量和额定电压时长期允许通过的电流，单位是安（A）。三相变压器的额定电流都是指的线电流。

4）额定频率 f_N：指工业用电频率，我国规定为 50Hz。

5）联结组标号。根据变压器一、二次绕组的相位关系，把变压器绕组连接成各种不同的组合，称为绕组的联结组。为了区别不同的联结组，常采用时钟表示法，即把高压侧线电压的相量作为时钟的长针，固定指在数字 12 上，低压侧线电压的相量作为时钟的短针，看短针指在哪一个数字上，就作为该联结组的标号。如 Dyn11 表示一次绕组是三角形联结，二次绕组是带有中性点的星形联结，标号为 11。

二、油浸式电力变压器的结构

油浸式电力变压器主要由铁心、绕组、油箱、调压装置、冷却装置、保护装置、引出线装置以及其他附件组成。城市轨道交通供电系统的主变电所中主变压器一般采用三相油浸式电力变压器，图 3-2-3 为其外形图。其主要部件及功能如下：

1. 铁心

铁心是变压器磁路系统的主体部分，作用是减小涡流和磁滞损耗，提高磁路的导磁性。铁心是 0.35~0.5mm 厚、导磁性能良好的硅钢涂绝缘漆后叠装而成的。

变压器铁心分为心式和壳式结构，目前电力变压器一般采用心式结构。心式铁心由铁心柱和铁轭组成。油浸式变压器的铁心内部有冷却铁心的油道，便于变压器油循环，也加强了设备的散热效果。图 3-2-4 为心式变压器铁心。

2. 绕组

绕组是变压器的导电回路，采用铜线或铝线绕制成多层圆筒形。一、二次绕组同心套在铁心柱上，为便于绝缘，一般低压绕组在里、高压绕组在外。导线外边包有绝缘材料，保证导线之间及导线对地绝缘。

第三章　城市轨道交通变电所中的一次设备

油浸式变压器　　图3-2-3　三相油浸式电力变压器的外形　　图3-2-4　心式变压器铁心

3. 油箱

油箱是油浸式变压器的外壳，变压器的铁心、绕组置于油箱内，箱内灌满变压器油。变压器油是绝缘的，既有循环冷却和散热作用，又有绝缘作用。为了便于散热，油箱壁上焊有散热管。

4. 调压装置

调压装置是为了保证变压器二次电压而设置的。当电源电压变动时，利用调压装置调节变压器二次电压。调压装置分为有载调压装置和无励磁调压装置两种。

5. 冷却装置

变压器运行时，由于绕组和铁心中会产生大量的热量，必须及时散热，以免变压器过热造成事故。

变压器的冷却装置包括散热器和冷却器，起散热作用。油浸式变压器的冷却方式通常分为自然油循环冷却和强迫油循环冷却两种。变压器采用什么样的冷却装置和冷却方式，是由变压器容量大小决定的。

6. 保护装置

油浸式变压器的保护装置包括储油柜、吸湿器、净油器、测温装置、油位计、气体继电器、防爆管等。

储油柜位于变压器油箱上方，通过气体继电器与油箱相通。变压器油因温度变化会发生热胀冷缩现象，油面也将随温度的变化而上升或下降。储油柜的作用是储油与补油，使变压器油箱内保证充满变压器油，同时储油柜缩小了变压器与空气的接触面，使变压器油的老化速度减慢。储油柜侧面装有油位计，可以通过它监视油面的变化。

为了使储油柜内上部的空气保持干燥，避免工业粉尘的污染，储油柜通过吸湿器与大气相通。吸湿器内装有用氯化钙或氯化钴浸渍过的硅胶，它能吸收空气中的水分。当它受潮到一定程度时，其颜色由蓝色变为粉红色。

净油器是对运行中的变压器油进行过滤净化、延缓变压器油老化的装置。

测温装置的作用是监视变压器油箱内的上层油温。常用的测温装置有水银式温度计、气压式温度计和电阻式温度计。

气体继电器位于储油柜与箱盖的连接管之间，在变压器内部发生故障（如绝缘击穿、匝间短路、铁心事故等）产生气体或油箱漏油等使油面降低时，接通信号或跳闸回路，保护变压器。

防爆管（又称安全气道）位于变压器的顶盖上，其出口用玻璃防爆膜封住。当变压器内部发生严重故障而气体继电器失灵时，油箱内部的气体便冲破玻璃防爆膜从安全气道喷出，保护变压器不受严重损害。

7. 引出线装置

变压器的引出线装置主要是绝缘套管。变压器内部的高、低压引线是经绝缘套管引到油箱外部的，它起着固定引线和对地绝缘的作用。绝缘套管由带电部分和绝缘部分组成。带电部分包括导电杆、导电管、电缆或铜排。绝缘部分分外绝缘和内绝缘。外绝缘为瓷管，内绝缘为变压器油、附加绝缘和电容性绝缘。

三、干式变压器

干式变压器是指"铁心和线圈不浸在绝缘液体中的变压器"，其外形如图 3-2-5 所示。

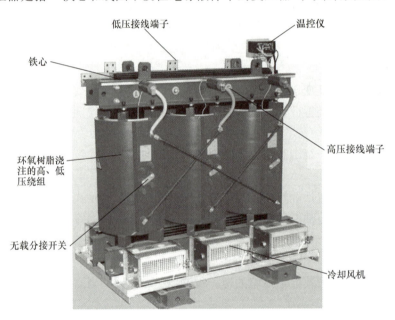

图 3-2-5　10kV 级 SCB10 型干式变压器的外形

目前世界上的干式变压器主要有浸渍式与环氧树脂式两大类型。由于浸渍式干式变压器易受潮、绝缘水平较低、运行可靠性较差，现逐步被环氧树脂式干式变压器所取代。环氧树脂式干式变压器是指主要用环氧树脂作为绝缘材料的干式变压器，它又可分为浇注式与包绕式两类。在现有产品中，绝大多数都是环氧浇注式。

1. 干式变压器的结构特点

干式变压器的铁心采用优质冷轧硅钢片，铁心硅钢片采用 45°全斜接缝，使磁通沿着硅钢片接缝方向通过，具有较小的励磁容量和较高的磁通密度。图 3-2-6 为环氧浇注式干式变压器铁心的典型结构。

由图 3-2-6 可知，环氧浇注式干式变压器铁心有拉板式和拉螺杆式两种形式，铁心的主

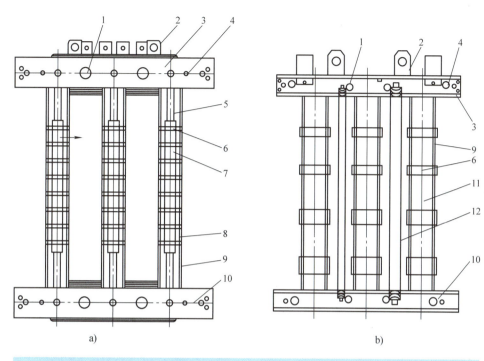

图 3-2-6　环氧浇注式干式变压器铁心的典型结构
a）拉板式　b）拉螺杆式
1—铁轭夹紧螺杆　2—吊板　3—上夹件　4—旁螺杆　5—拉板　6—绑扎带
7—拉板绝缘　8—硅胶条　9—硅钢片　10—下夹件　11—铁心封片　12—拉螺杆

要构件为铁轭夹件、拉螺杆或拉板、铁心绑扎、铁轭夹紧螺杆或铁轭拉带，铁心的绝缘件为夹件绝缘、螺杆绝缘或拉板绝缘等。

铁轭的夹紧主要由槽钢制成的夹件来实现。上下夹件通过拉螺杆或拉板压紧绕组，铁心采用了框架结构的夹紧形式。

绕组是干式变压器重要的组成部分，也是区别于其他形式变压器的最大特点。

浇注式干式变压器的绕组主要由导线（一般为铜线）和绝缘结构（主要为树脂体系）构成。浸透在绕组绝缘中的树脂是干式变压器绕组的基本绝缘结构。

干式变压器绕组有层式绕组和箔式绕组之分，其中层式绕组又可分为单层层式绕组、双层层式绕组和分段层式绕组。单层层式绕组和双层层式绕组多用于做浇注式干式变压器的低压侧绕组，分段层式绕组做浇注式干式变压器的高压侧绕组。箔式绕组多用于浇注式干式变压器的低压绕组。

2. 干式变压器的形式

干式变压器有以下三种形式。

1）开启式：是一种常用的形式，其器身与大气直接接触，适应于比较干燥而洁净的室内（环境温度 20°时，相对湿度不应超过 85%），一般有空气自冷和风冷两种冷却方式。

2）封闭式：器身处在封闭的外壳内，与大气不直接接触。由于密封，散热条件差，主要是矿用。它是属于防爆型的。

3）浇注式：用环氧树脂或其他树脂浇注作为主绝缘，结构简单，体积小，适用于较小容量的变压器。

相对于油浸式变压器，干式变压器因没有油，也就没有火灾、爆炸、污染等问题，故电气规范、规程等均不要求干式变压器置于单独房间内。特别是新的系列，损耗和噪声降到了新的水平，更为变压器与低压屏置于同一配电室内创造了条件。

3. 干式变压器的温度控制系统

干式变压器的安全运行和使用寿命，很大程度上取决于变压器绕组绝缘的安全可靠程度。绕组温度超过绝缘耐受温度使绝缘破坏，是导致变压器不能正常工作的主要原因之一，因此对变压器运行温度的监测及报警控制是十分重要的。

目前，干式变压器常采用 TTC-310 系列温度控制器（以下简称温控器），采用 8031 族单片机作为主控制器，集温度显示、控制、远程输出等功能于一体，能有效监控变压器的温度，图 3-2-7 为温控器外观。

温控系统的工作原理是：通过铂电阻 Pt100 和热敏电阻 PTC 采集变压器的三相绕组及铁心的温度，铂电阻 Pt100 和热敏电阻 PTC 一般埋在低压绕组上方的端绝缘中。绕组温度的变化会引起它们阻值的变化，温控器把阻值变化转换成电压信号，经过滤波、A-D 转换电路和一系列算法算出它所反映的温度值，并将这两路温度信号一方面通过面板显示其通道信号及温度值，另一方面通过逻辑算法，在温度超过设定值时发出相应的输出控制信号，使风机起停、报警或跳闸等。用户可通过面板的按键设定

图 3-2-7 温控器外观

具体的风机起停、铁心报警等系统参数值。另外，通过系统自动检测，当传感器故障或内部硬件故障时，温控器会发出声光报警及故障信号，提醒用户注意。TTC-310 系列温度控制器的原理图如图 3-2-8 所示。

4. 干式变压器的冷却方式

干式变压器的冷却方式分为自然空气冷却（AN）和强迫空气冷却（AF）。自然空气冷却时，变压器可在额定容量下长期连续运行。强迫空气冷却时，变压器输出容量可提高50%，适用于断续过负荷运行或应急事故过负荷运行。由于过负荷时负载损耗和阻抗电压增幅较大，处于非经济运行状态，故不应使其处于长时间连续过负荷运行。

5. 干式变压器的调压装置

干式变压器调压分为无励磁调压和有载调压两种。

（1）无励磁调压 切换分接抽头时必须将干式变压器从电网中切除，停电后再进行切换。通常，无励磁调压通过调整绕组上的分接片来实现调压。

（2）有载调压 干式变压器有载调压采用有载调压分接开关，在变压器励磁或负载状态下，通过改变绕组匝数完成调压操作。

6. 干式变压器的优点

由于环氧浇注式干式变压器具有结构简单、绝缘强度高、抗短路能力强、不易燃烧、可

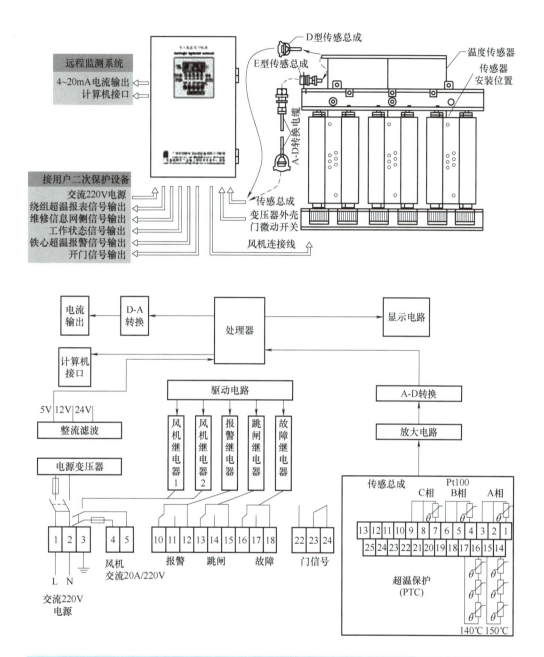

图 3-2-8 TTC-310 系列温度控制器的原理图

在恶劣环境下正常工作、维护工作量很小、噪声低、体积小、重量轻、运行损耗低、运行效率高等优点，现被广泛应用于城市轨道交通的牵引变电所中。

四、气体变压器

气体变压器主要是以 SF_6 气体作为绝缘介质的变压器，SF_6 变压器除以 SF_6 代替绝缘油外，其结构与油浸式变压器类似。图 3-2-9 为气体变压器外形。

图 3-2-9　气体变压器外形

1. 铁心结构

铁心结构基本与油浸式变压器相同，由于 SF_6 气体的导热性能远不如绝缘油，所以铁心的磁密度略低于油浸式变压器，对冷却回路的设计要求也较高。由于 SF_6 气体的电气绝缘性能在常压下低于绝缘油，所以中小型变压器绕组的绝缘距离稍大，冷却气道也要大些，铁心尺寸要比油浸式变压器大些，大型变压器的铁心要增加冷却气道。图 3-2-10 为气体变压器的铁心。

2. 绕组

绕组形式有圆筒式、回旋式、纠结式和内屏蔽式等，导线采用 E 级、F 级或 H 级绝缘，大型变压器采用曲折型导向冷却气道，绕组要求场强均匀避免尖端部分。图 3-2-11 为气体变压器的绕组。

图 3-2-10　气体变压器的铁心　　　　图 3-2-11　气体变压器的绕组

3. 绝缘

在正常大气压下，SF_6 气体的电力绝缘强度为空气的 2~3 倍，随着气压的升高，绝缘强度成倍增加。

为了降低成本，中小型气体变压器箱内的气压，在室温时仅为大气压的 1.2 倍左右。高电压气体变压器箱内的气压为大气压的 2~3 倍，这时绝缘强度可接近于绝缘油的强度，绕组的绝缘距离可以缩小，然而箱壳需加固，以承受较高的气压的冲击。

4. 冷却

中小型气体变压器采用自然冷却方式，在箱外装置散热片，按冷却介质来区分，可分为气冷和水冷两种。

大中型气体变压器则采用气冷而不是水冷，因水冷方式在高电压下会产生流动液体带电现象；为了增加冷却效果，可采用加气泵及冷却风扇。

5. 气体压力及监视

气体变压器的正常充压为 137.3kPa（20℃），高压电缆箱及有载调压开关的 SF_6 气体压力侧分别是 392.3kPa 和 29.4kPa，气体变压器的绝缘在绝缘气体的压力为 98.1kPa 时也能耐受系统最高运行电压。

气体变压器上装有温度补偿压力开关，可以根据用户要求设置高、低气压的报警及跳闸压力。虽然气体压力随着温度的变化而变化，但由于进行了温度补偿，温度补偿压力开关指示的气体压力为折算到 20℃时的压力。

6. 气泵

气泵是气体变压器的重要组成部分，一般当主变压器的负荷率达到 50% 以上时，需将气泵投入运行，以增加散热效果。因此，气泵的质量好坏会影响到变压器的安全可靠性，在气体变压器中大多选用低噪、高可靠性及最低维护要求的气泵。

7. 有载调压开关

所有气体变压器采用的都是真空开关型有载调压开关，其外形如图 3-2-12 所示，它具有以下特点：

1）有载调压开关在气体变压器体内有独立的气室，其额定气压为 29.4kPa。

2）用真空开关作为切换开关，不会因切换产生的电弧而使气室内气体受污染。

3）用滚动触头代替滑动触头，可以减少机械磨损并降低驱动力。

4）使用寿命长，电寿命可达 20 万次，机械寿命可达 80 万次，能连续运行 30 年免维修。

8. 压力突变继电器

压力突变继电器相当于油浸式变压器的气体继电器，它根据测得的气体压力突变率来判断是否存在内部故障并给出跳闸命令。需要指出的是，气体变压器与气体绝缘组合开关不同，由于气体变压器内有很大的空间，因而当发生内部故障时，气体压力也不会上升到能威胁变压器外壳结构的数值，因此气体变压器不需设置泄压装置。图 3-2-13 为压力突变继电器的外形。

图 3-2-12 真空开关型有载调压开关外形

五、接地变压器

接地变压器主要用于对无中性点的一侧系统提供一个人工接地的中性点，它可以经电阻器或消弧线圈接地，满足系统该侧接地的需求，当有附加 YN 接线绕组时可兼做站用变压器使用。

接地变压器按接线方式分为 ZNyn 接线（Z 型）或 YNd 接线两种，其中性点可接入消弧线圈或接地电阻接地。现在多采用 Z 型（曲折型）接地变压器经消弧线圈或小电阻接地。

1. Z 型接地变压器的概述

Z 型接地变压器有油浸式和干式绝缘两种，其中树脂浇注式是干式绝缘的一种，其在结构上与普通三相心式电力变压器相同，只是每相铁心上的绕组分为上、下相等匝数的两部分，然后把每一相绕组的末端与另一相绕组的末端

图 3-2-13　压力突变继电器外形

反接串联；两段绕组极性相反，组成新的一相，接成曲折型连接，将每相上半部绕组首端 U1、V1、W1 引出来分别接 A、B、C 三相交流电，将下半部首端 U2、V2、W2 连在一起作为中性点接相应的接地电阻或消弧线圈，如图 3-2-14 所示。Z 型接地变压器还可装设低压绕组，接成星形中性点接地（yn）等方式，作为站用变压器使用。

2. Z 型接地变压器的优点

Z 型变压器曲折接法的优点：①在单相短路时，接地电流在三相绕组中大致均匀分配，每个柱上的两个绕组的磁动势相反，所以不存在阻尼作用，电流可以畅通地从中性点流向线路；②绕组相电压中无三次谐波分量，因为曲折接法的三相变压器组中三次谐波的特点是相量同方向同大小，因绕制方法使每相中三次谐波电动势互相抵消，相电动势接近正弦波。

Z 型接地变压器同一铁心柱上两半部分绕组中的零序电流方向是相反的，因此零序电抗很小，对零序电流不产生扼流效应。其降低零序阻抗的原理是：在接地变压器三相铁心的

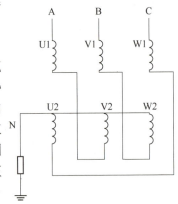

图 3-2-14　Z 型接地变压器与小电阻或消弧线圈接线方式

每一相都有两个匝数相等的绕组，分别接不同的相电压。当接地变压器线端加入三相正、负序电压时，接地变压器每一铁心柱上产生的磁动势是两绕组磁动势的相量和。单个铁心柱上的合成磁动势相差 120°，是一组三相平衡量。单相磁动势可在三个铁心柱上互相形成磁通路，磁阻小，磁通量大，感应电动势大，呈现很大的励磁阻抗。当接地变压器三相线端加零序电压时，在每个铁心柱上的两个绕组中产生的磁动势大小相等、方向相反，合成的磁动势为零，三相铁心柱上没有零序磁动势。零序磁动势只能通过外壳和周围介质形成闭合回路，磁阻很大，零序磁动势很小，所以零序阻抗也很小。

第三节　整流机组

整流机组由整流变压器和整流器组成。整流机组是城市轨道交通牵引变电所最重要的设备，其作用是将中压网络的交流 35kV（或交流 33kV、交流 10kV）的交流电压降为 1180V

的交流电压，再整流输出 1500V 的直流电压，经网上电动隔离开关给接触网供电，实现直流牵引。

早期的城市轨道交通直流牵引系统，通常采用三相桥式整流电路，但三相桥式整流电路产生的谐波很严重，为提高直流供电质量，降低直流电源脉动量，现在通常采用多相整流方法，如 6 相、12 相整流，甚至是 24 相整流。我国今后建设的城市轨道交通整流变电站将会以 24 脉波整流为主。

整流变压器与整流器合称为整流机组。城市轨道交通的牵引变电所一般设于地下，所以整流机组也安装在地下室内。

1. 整流变压器

整流变压器不仅起降压作用，还将三相交流电变成多相交流电供整流器整流。整流变压器宜采用干式、户内、自冷、环氧树脂浇注变压器，其线圈绝缘等级为 F 级，线圈温升限值为 70K/90K（高压/低压），其承受极限温度为 155℃，铁心温升在任何情况下不应产生损坏铁心金属部件及其附近材料的温度。在高湿期内可能产生凝露，应采取措施防止凝露对设备的危害。

整流变压器的结构与普通变压器相同，有一、二次两个绕组，整流变压器的一次绕组接交流电力系统，称为网侧绕组；二次绕组接整流器，称为阀侧绕组。这两个绕组共用一个铁心。

整流变压器和普通变压器的原理相同。变压器是根据电磁感应原理制成的一种变换交流电压的设备。变压器一次绕组接通交流电源，在绕组内流过交变电流产生磁动势，于是在闭合铁心中就有交变磁通。一、二次绕组切割磁力线，在二次侧就能感应出相同频率的交流电。

2. 整流器

整流器的作用是将交流电变成直流电供电动车辆的牵引电动机使用。

整流器由大功率二极管及其散热器、保护器件、故障显示器件、通信接口等组成，如图 3-3-1 所示。

图 3-3-1 整流器的结构

整流器采用自然风冷式，适用于户内安装。整流器柜一般采用独立的、无焊接全螺栓结构的金属柜，二极管及其他器件的布置应考虑通风顺畅、接线方便，同时便于维护、维修。

整流器与外部连接的跳闸信号采用触点方式，报警信号采用数字方式。柜的上部及底部开口，应采取措施防止小动物进入，正面和后面有门，各部件与柜应绝缘。整流变压器应从结构上进行优化设计，以抑制谐波的产生，减少电磁波干扰。整流机组产生的谐波电流应满足国家标准的规定，并满足我国电磁兼容相应的标准。

3. 整流器的工作原理

对于城市轨道交通的直流牵引系统而言，纹波系数是衡量电能质量的一个重要标准。

在整流电路中，脉波数是指一个周期内整流电压 U_d 所包含的波头数。脉波数越多，输出电压纹波系数越小，电压就越平整。

（1）三相桥式全波整流　图 3-3-2 为三相桥式全波整流电路的电路图及波形图。为了分析方便，把一个周期等分为 6 段，每段相隔 60°。

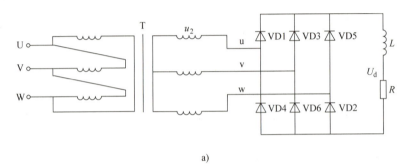

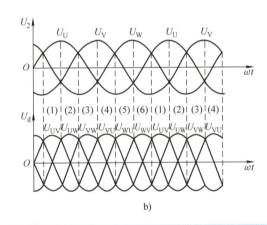

图 3-3-2　三相桥式全波整流电路图及波形图
a）电路图　b）波形图

在第（1）段期间，U 相电位最高，因而共阴极组的 VD1 被触发导通，V 相电位最低，所以共阳极组的 VD6 也被触发导通。这时，电流由 U 相经 VD1 流向负载，再经 VD6 流入 V 相。变压器 U、V 两相工作，共阴极组的 U 相电压为正，共阳极组的 V 相电压为负，加在负载上的整流电压为 $U_d = U_U - U_V$。

经过 60°后进入第（2）段，这时 U 相电位仍然最高，VD1 继续导通，但 W 相电位却变成最低，当经过自然换相点时触发 W 相 VD2 导通，电流即从 V 相换到 W 相，VD6 承受反向电压而关断。这时电流由 U 相流出，经 VD1、负载、VD2 流向电源 W 相。变压器 U、W 两相工作。这时 U 相电压为正，W 相电压为负，在负载上的电压为 $U_d = U_U - U_W = U_{UW}$。

再经过 60°进入第（3）段，这时 V 相电位最高，共阴极组在经过自然换相点时，VD3 导通，电流从 U 相换到 V 相，W 相 VD2 因电位仍然最低而继续导通。此时变压器 V、W 两相工作，在负载上的电压为 $U_d = U_V - U_W = U_{VW}$。

依此类推，在第（4）段期间，VD3、VD4 导通，变压器 V、U 两相工作。在第（5）段期间，VD5、VD4 导通，变压器 W、U 两相工作。在第（6）段期间，VD5、VD6 导通，变压器 W、V 两相工作。以后重复上述过程。

（2）12 脉波整流电路　单机组 12 脉波整流电路由两个三相全波整流桥并联组成。每台整流变压器的二次绕组有一个星形绕组和一个三角形绕组，分别向两个三相整流桥供电。因为整流变压器二次星形绕组和三角形绕组相对应的线电压相位错开 π/6，因此可以得到两个三相整流桥并联组成的 12 脉波整流电路，如图 3-3-3 所示。

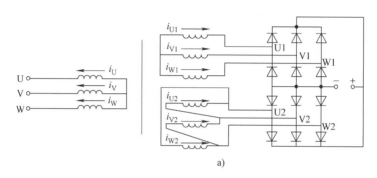

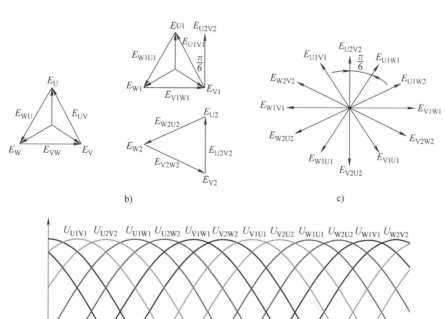

图 3-3-3　12 脉波整流电路及矢量图
a）原理图　b）变压器一次、二次绕组矢量图　c）整流换相图　d）波形图

12 脉波整流变压器一次侧为公用绕组，二次侧分别为 Y 和 D 联结，形成 30°相位差。实际中采用三绕组或四绕组特种结构变压器，绕组联结方式为 Y/D- Y、D/D- Y 或 Y- Y/ Y- D、D- Y/D- D。

12 脉波整流电路是顺序换相的，互不干扰，当不考虑重叠角时，各桥臂整流管的导电时间为 $2\pi/3$，输出直流电流为两个并联桥整流电流之和；各绕组线电压相位错开 $\pi/6$，直流输出电压波峰在时间上重合，也错开 $\pi/6$，因此总的直流输出电压便有 12 相脉波。

（3）24 脉波整流电路　目前，新建地铁一般倾向采用 24 脉波整流机组。因为 24 脉波整流机组具有谐波分量低、电压波形好、滤波设备投资少等优点。为了实现 24 脉波整流，整流变压器的基本联结组标号可采用 Dy11d0。单台整流器由两个三相 6 脉波全波整流桥组成，其中一个整流桥接至整流变压器二次侧 Y 绕组，另一个整流桥接至整流变压器二次侧 D 绕组。图 3-3-4 为其一次绕组接线图两个整流桥并联构成 12 脉波整流。

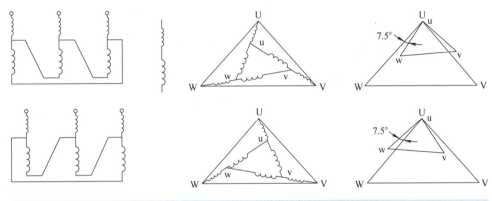

图 3-3-4　整流变压器一次绕组的接线图

为了获得 24 脉波，每个牵引变电所内并联运行的两台整流变压器一次绕组分别移相 7.5°和 -7.5°（采用延边三角形联结）。使两台整流变压器二次电压相位差 15°，再通过整流器输出 24 脉波（即每个牵引变电所内，两台整流机组并联运行构成等效 24 脉波整流）。整流机组的原理图如图 3-3-5 所示。图中，整流变压器 T_1 的二次输出电压超前 T_2 的二次输出电压 15°相位角。24 脉波的合成波形图如图 3-3-6 所示。

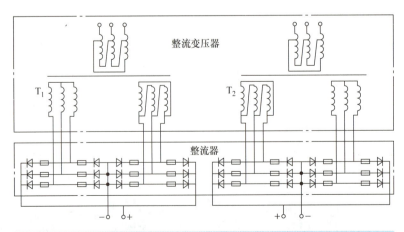

图 3-3-5　整流机组的原理图

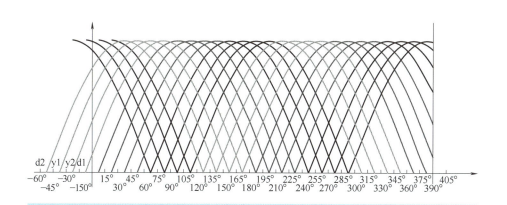

图 3-3-6　合成的 24 脉波波形图

第四节　一次设备中的电弧

一、电弧现象

电气设备的开关电器切断有电流的电路时,如果电路中的电压大于 20V、电流超过 80mA 时,触头间会产生强烈而耀眼的白光柱,即电弧。从现象上看,电弧是一束明亮的光柱。实质上,电弧是一种游离状态的气体放电现象,它是电流通过某些绝缘介质(例如空气)所产生的瞬间火花。按产生电弧的电路电源不同,可将电弧分为交流电弧、直流电弧和脉冲电弧。不论是哪种电弧,它们都由阴极区(包括阴极斑点)、阳极区(包括阳极斑点)、弧柱区(包括弧柱、弧焰)三部分组成,如图 3-4-1 所示。

电极上电弧的滋生点(温度最高、最明亮的斑点)称为阴极斑点或阳极斑点。

图 3-4-1　电弧的结构

电弧具有以下特点:

1) 起弧电压、电流的数值很低。

2) 电弧中含有大量的电子、离子,因此电弧有良好的导电性能,具有很高的电导。弧柱电流密度可达 $10kA/cm^2$。电弧存在时,尽管开关电器的触头是断开的,电路中仍然有电流流过,电路将继续导通。

3) 电弧能量集中,温度很高。电弧放电时,能量高度集中,弧心温度可达 10000℃ 左右,电弧表面的温度也可达到 3000 ~ 4000℃。

4) 电弧是一束质量很轻的游离状态的气体,在外力的作用下,能迅速移动、伸长、弯曲、变形。

由于电弧具有上述特点,若不能快速地使之熄灭,将对电力系统和电气设备造成危害,主要有以下几种:

1) 延长了开关电器切断电路的时间。

2) 由于电弧的温度很高,如果电弧长时间燃烧,不仅会将触头表面的金属熔化或蒸发,而且会引起电弧附近电气绝缘材料烧坏,引起事故。对于充油电气设备,还可能使设备的内部温度和压力剧增,从而引起爆炸、火灾等。

3) 由于电弧能在外力的作用下迅速移动,很容易形成飞弧造成电源短路事故和伤人。

二、电弧的产生与维持

电弧的产生与维持经过了热电子发射、强电场发射、碰撞游离和热游离四个过程,是当开关电器开断负荷电路时,触头间的中性点被游离的结果。电弧的产生,第一是由于热的作用,产生了热电子发射和热游离;第二是由于电场的作用,产生了强电场发射和碰撞游离,它们使得气隙间出现了大量电子流,使气体由绝缘体变成导体。强电场发射和碰撞游离是产生电弧的主要原因,而电弧得以维持和发展的主要原因是热游离作用。应该注意的是,在整个过程中几种物理作用并不是截然分开的,而是交叉进行或同时存在的。电弧燃烧期间,起主要作用的是热游离。因而,使电弧迅速冷却是熄灭电弧的主要方法。

三、去游离

在开关电器的触头间发生游离过程的同时,还发生着使带电粒子减少的去游离过程。去游离就是正、负带电粒子中和而变成中性粒子的过程。去游离的方式分为复合和扩散两类。

影响去游离的主要因素有电弧温度、介质的特性、气体介质的压力、触头材料、触头间电场的强弱、开断电流的大小。

电弧中存在着游离和去游离两方面的作用。若游离作用大于去游离作用,则电弧电流增大,电弧愈加强烈燃烧;若游离作用等于去游离作用,则弧隙中保持一定数量的电子流而处于稳定燃烧状态,电弧稳定燃烧;若游离作用小于去游离作用,则电弧电流减小,电弧最终熄灭。游离和去游离作用与电场强度、温度、浓度、气体压力等物理因素有关。那么,可以根据这些物理因素的变化影响情况,找出一些切实可行的方法,减小游离,增加去游离,使触头断开电路时产生的电弧尽快熄灭。

四、电弧的特性及熄灭

1. 电弧电压沿弧长的分布

电弧形成后,电弧电压沿弧长的分布可分为三个部分。如图 3-4-2 所示,电弧电压由阴极电压 U_1、弧柱电压 U_2 和阳极电压 U_3 三部分组成,即电弧电压 $U_h = U_1 + U_2 + U_3$。

电弧的阴极区和阳极区长度均很小,其电位变化急剧,但弧柱区的电位变化则很平缓。弧柱电压与电弧的长度、电弧所处介质的种类和状态有关,阴极区电压主要与触头材料性质和弧隙介质种类有关。

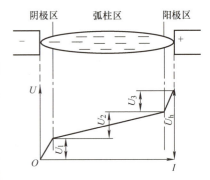

图 3-4-2 电弧电压沿弧长分布

2. 直流电弧的特性及熄灭

直流电弧是指产生电弧的电路电源为直流。图 3-4-3 是具有电弧的 RL 直流电路,其电压方程式为

$$u_\mathrm{h} = E - iR - L\frac{\mathrm{d}i}{\mathrm{d}t}$$

由上式可见，电弧电压随电弧电流变化。将电弧电压与电弧电流之间的关系曲线称为直流电弧的伏安特性曲线，它实质上反映了电弧内的物理过程，是电弧的重要特性之一。

电弧稳定燃烧时，u_h 和 i 基本保持不变，即 $\mathrm{d}i/\mathrm{d}t \approx 0$。若改变电阻 R 使电弧稳定燃烧，则可画出 $u_\mathrm{h} = f(i)$ 曲线，该曲线称为电弧的静态伏安特性曲线，如图 3-4-4 中的曲线 1 所示；如果 $\mathrm{d}i/\mathrm{d}t \neq 0$，电弧的 $u_\mathrm{h} = f(i)$ 曲线称为动态伏安特性曲线，如图 3-4-4 中的曲线 2 所示。

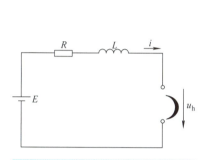

图 3-4-3 具有电弧的 RL 直流电路

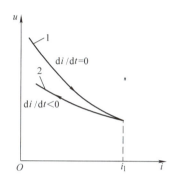

图 3-4-4 直流电弧的伏安特性曲线

当电流以一定速度变化时，电弧内部有保持原来热状态（游离和去游离状态）的热惯性作用，使得电弧内部状态的变化总是滞后于回路电流的变化。当电流变化速度越大时，这种热惯性作用就越明显。电弧的电阻也就不同于相应点应有的电阻值，电弧的压降同样就和相应点的压降不同。因此由于热惯性的原因，图 3-4-4 中曲线 2 总低于曲线 1。

若 $\mathrm{d}i/\mathrm{d}t = 0$，则 $u_\mathrm{h} = E - iR$，$E - iR$ 是电源供给电弧的电压，$E - iR = f(i)$ 曲线是电路的伏安特性，它与电弧的静态特性曲线 $u_\mathrm{h} = f(i)$ 在图 3-4-5 中有 A 和 B 两个交点，其中 B 点是电弧稳定燃烧点，A 点是不稳定燃烧点。在 A 点若电流 i 略有减小，则 $E - iR < u_\mathrm{h}$，电弧电流将会继续减小，直至熄灭；若 i 略有增加，则 $E - iR > u_\mathrm{h}$，电弧电流将继续增大，最后稳定在 B 点。

一个直流电弧能够稳定燃烧的条件是有稳定燃烧点，即 $\mathrm{d}i/\mathrm{d}t = 0$。那么，要想使直流电弧熄灭，就应该做到消除稳定燃烧点，且 $\mathrm{d}i/\mathrm{d}t < 0$。从图 3-4-5 来看，如果能将电弧静态伏安特性曲线提高到图中的虚线 u'_h 位置，两条特性曲线（$E - iR$）与 u'_h 无交点，就会将电弧熄灭。因此，直流电弧的熄灭条件是

$$E - iR < u'_\mathrm{h} \text{ 或 } \mathrm{d}i/\mathrm{d}t < 0$$

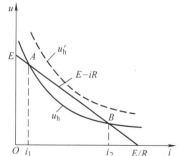

图 3-4-5 直流电弧的稳定燃烧点

由直流电弧的伏安特性曲线可知，其稳定燃烧点在 B 点，只要能够保证 $E - iR < u_\mathrm{h}$，即当电源电压不足以维持稳定的电弧电压及线路电阻电压时，就能保持 $\mathrm{d}i/\mathrm{d}t < 0$，电弧可以自行熄灭。因此，增加电阻压降和电弧压降以消耗电压，是低压开关电器熄灭电弧的有效方法。

直流电弧具体的灭弧方法有：

（1）拉长电弧　如图 3-4-6 所示，当电弧长度为 l_0 时，电弧在 B 点稳定燃烧，如将其拉长经 l_1（临界状态）至 l_2，由于 u_h 的增加而总有 $di/dt<0$，电弧将熄灭。

（2）开断电路时在电路中逐级串入电阻　如图 3-4-7 所示，当外电路电阻为 R_0 时，电弧在 B 点稳定燃烧，如在外电路中串入电阻使外电路电阻变为 R_1，则 $di/dt<0$，电弧熄灭。采用此种措施时应注意限制电流的变化速度以防止过电压，否则不能达到熄弧目的。因此，由 R_0 变至 R_1 时，需逐级串入电阻。

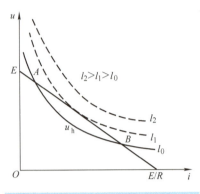

图 3-4-6　拉长电弧使电弧熄灭

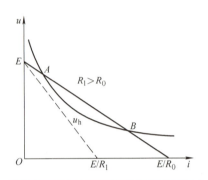

图 3-4-7　外电路逐级串入电阻灭弧

（3）在断口上装灭弧栅　如图 3-4-8 所示，由钢片组成的灭弧栅罩在开关触头上，开关开断时，电弧电流产生的磁场与钢片产生作用力使电弧拉入灭弧栅内被钢片分割成多段短弧，形成许多对电极，由于电弧的近极压降而使电弧所需电压增加，造成 $di/dt<0$，使电弧熄灭。低压开关的灭弧常采用此种方法。

（4）吹弧冷却电弧　利用流体介质对电弧进行横吹或纵吹，或者把电弧与耐热绝缘材料（如石棉、水泥或陶土等）密切接触，都可对电弧起冷却作用，并可增强复合作用。

图 3-4-8　金属栅片分割短弧灭弧

在开关电器开断存在电感 L 的直流电路时，应该注意操作过电压的问题。

开关电器在开断电路的过程中，由于电流的迅速减小，必然要在电路中产生自感电动势 e_L，$e_L=Ldi/dt$。若熄弧时间越短，则电流的变换越快，则产生的自感电动势越大，其数值常比电源电压大好多倍，通常称之为过电压。为了区别于大气过电压，称之为操作过电压（或内部过电压）。操作过电压的大小决定于电感的大小和电流的变化率。电流的变化率与电弧所在介质的灭弧特性和开关电器所采用的灭弧装置形式有关。电弧的去游离越强，则电流的变化率越大，产生的操作过电压越高。操作过电压产生后，一方面可能将电气设备的绝缘击穿，引起破坏性故障；另一方面，可能击穿弧隙，使电弧重燃。为此必须加以防止和限制。因此，在直流电路中，不能使用灭弧能量太强的开关电器，以防电流变化太快而产生过电压。

3. 交流电弧的特性及熄灭

交流电弧是指在开断交流回路过程中所产生的电弧。交流电弧与直流电弧有所不同，交流电弧的瞬时值随时间变化，每周期内有两次过零点。电流经过零点时，弧隙的输入能量等于零，电弧温度下降，电弧自然熄灭，与电弧中去游离过程无关；电流过零后，随着电压和电流的变化，电弧重新燃烧。因此，交流电弧的燃烧，实际上就是电弧的点燃、熄灭周而复始的过程。这个特点也反映在它的伏安特性中。

图 3-4-9 为含 RLC 的交流电弧电路。设交流电路处于稳定状态，且电弧长度不变，则交流电弧的伏安特性以及在一个周期内交流电弧电流和电压随时间的变化关系如图 3-4-10 所示。

图 3-4-10 可见，电流由负值过零瞬间，电弧暂时熄灭，但触头两端仍有电源电压。在电流上升阶段，当电压升至 A 点时，电弧重燃。对应于 A 点的电压称为燃弧电压。

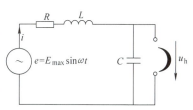

图 3-4-9　含 RLC 的交流电弧电路

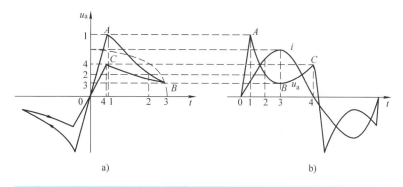

图 3-4-10　交流电弧的伏安特性曲线及电压、电流波形
a）伏安特性　b）波形图

由于电弧热游离很强，尽管电流继续上升，而电弧压降却在逐渐降低（AB 段）；从 B 点（对应于电流峰值）以后电流逐渐减小，电弧压降相应回升（BC 段），到达 C 点时电弧再次熄灭，对应电压称为熄弧电压。由此可见，熄弧电压总低于燃弧电压。电弧电压呈马鞍形变化，电流小时电弧电压高，电流大时电弧电压减小且接近于常数。

电流过零后电弧在反方向重燃，其伏安特性曲线与正半周相似。

显然，由于交流电弧自身所具有的不断变化值，它的伏安特性都是动特性。由于热惯性作用，弧电流绝对值从小到大的特性曲线与弧电流绝对值从大变小的特性曲线不重合，这种现象称为弧滞。

交流电流每半个周期过零一次，称为自然过零。电流过零时，交流电弧电流通过零点时，由于电源停止供给电弧能量，热游离迅速下降，电弧自然熄灭。如果电弧是稳定燃烧的，则电弧电流过零熄灭后，在另半周又会重燃。如果电弧过零后，电弧不发生重燃，电弧就熄灭。因此，交流电流过零的时刻是熄灭电弧的良好时机，如果在电流过零时采取有效措施使电弧不再重燃，则电弧最终熄灭。

交流电弧电流过零自然熄灭后，是否重燃主要取决于弧隙介质介电强度 $u_d(t)$ 的恢复过程和弧隙电压 $u_r(t)$ 的恢复过程。如果弧隙介质介电强度在任何情况下都高于弧隙恢复电压，则电弧熄灭；反之，如果弧隙恢复电压高于弧隙介质介电强度，弧隙就被击穿，电弧重燃，如图 3-4-11 所示。因此，交流电弧的熄灭条件为

$$u_d(t) > u_r(t)$$

因此，在交流电弧的灭弧中，应充分利用交流电流的自然过零点，采取有效的措施，加大弧隙间去游离的强度，使电弧不再重燃，最终熄灭。

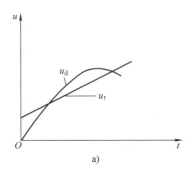 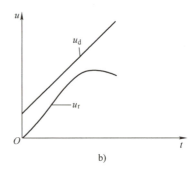

图 3-4-11　交流电弧在过零后重燃和熄灭的过程
a）重燃　b）熄灭

开断交流电弧时，应在电流达到零值以后，加强对弧隙的冷却，抑制热游离，加强去游离作用。为此，在开关设备中均装设了灭弧装置，称为灭弧室，灭弧室不断改进，大大提高了开关的灭弧能力。另外，还可以采用性能更为优越的新型灭弧介质，如 SF_6 断路器等。

目前，广泛采用的交流电弧的灭弧方法有以下几种：

1）速拉灭弧法。利用空气、电动力、闸刀等拉长电弧，使弧隙的电场强度骤降，使离子的复合迅速增强，强化去游离过程，而加速灭弧。

2）冷却灭弧法。降低电弧温度，可使电弧中的热游离减弱，正负离子的复合增强，从而有助于电弧熄灭。

3）采用多断口灭弧。在许多高压断路器中，常采用每相两个或多个断口相串联的方式，如图 3-4-12 所示。

4）吹弧或吸弧灭弧法。利用灭弧介质（气体、油等）在灭弧室中吹动电弧或吸动电弧的方法，广泛应用在开关电器中，特别是高压断路器中。它使电弧加速冷却，同时拉长电弧，降低电弧中的电场强度，使电弧中离子的复合和扩散加强，从而加速灭弧。

5）长弧切短灭弧法。利用金属片将长弧切割成若干短弧，则电弧中的电压降将近似地增大若干倍。当外施电压小于电弧中总的电压降时，则电弧就不能维持而迅速熄灭。图 3-4-13 为钢灭弧栅将长弧切割成若干短弧的情形。电弧进入钢灭弧栅内，如图 3-4-14 所示，一方面利用电动力吹弧，另一方面利用铁磁吸弧。钢片对电弧还有冷却降温作用。

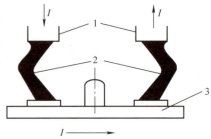

图 3-4-12　双断口示意图
1—静触头　2—电弧　3—动触头

6）粗弧分细灭弧法。将粗大的电弧分散成若干平行的细小电弧，使电弧与周围介质的接触面增大，改善电弧的散热条件，降低电弧的温度，从而使电弧中离子的复合和扩散都得到增强，加速电弧的熄灭。

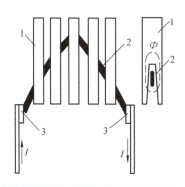

图 3-4-13 钢灭弧栅对电弧的作用
1—钢栅 2—电弧 3—触头

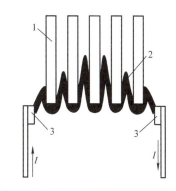

图 3-4-14 绝缘灭弧栅对电弧的作用
1—绝缘栅片 2—电弧 3—触头

7）狭沟灭弧法。使电弧在固体介质所形成的狭沟中燃烧，使电弧的冷却条件改善，去游离增强，同时固体介质表面的复合也比较强烈，从而有利于加速灭弧。

8）真空灭弧法。利用真空作为绝缘和灭弧介质来灭弧的方法，目前已广泛应用于真空断路器中。

9）SF_6 灭弧法。利用 SF_6 气体的良好的绝缘性能、灭弧性能，在较低的压力下，以较低的吹弧速度来熄灭电弧的方法。

10）静止油中电弧的熄灭。利用绝缘性能很好的变压器油，作为绝缘介质和灭弧介质。当开关触头切断负荷电流或短路电流时，电弧在油中燃烧，使之分解出大量气体，致使弧隙的去游离作用增强，可使电弧很快地熄灭。

在现代的开关电器中，常常根据具体情况综合利用上述某几种灭弧方法来实现快速灭弧。

第五节 断 路 器

一、断路器概述

1. 断路器的作用

断路器是电力系统及牵引供电系统中的最重要的一种开关电器。它具有两方面的作用：一是控制作用，即根据电力系统的运行要求，接通或断开工作电路；二是保护作用，即在电气设备或线路发生故障时，通过继电保护装置及自动装置使断路器动作，将故障部分从电力系统中迅速切除，防止事故扩大，保证电力系统的无故障部分正常运行。

2. 对高压断路器的基本要求

高压断路器工作性能的好坏，直接影响到电力系统的安全运行。因此，对高压断路器的基本要求是：

1）工作可靠，具有足够的机械强度和良好的稳定性能。断路器应能在规定的运行条件下长期可靠地工作，并能正确地执行分、合闸的命令，顺利地完成接通或断开电路的任务，具有足够的机械强度和良好的稳定性能，有一定的机械寿命和电气寿命。

2）具有足够的开断能力。断路器必须具有足够强的灭弧能力，不仅能在正常情况下接通或断开电路，还必须能在短路情况下可以安全可靠地开断规定的短路电流。

3）具有尽可能短的切断时间。开断规定的短路电流时，应有足够的开断能力和尽可能短的开断时间。

4）具有自动重合闸性能。具有与自动重合闸装置配合在短时间内连续切除故障电流的能力。

5）结构简单、价格低廉。在满足安全、可靠的前提下，高压断路器还应有结构简单、安装与检修方便、体积小、重量轻等优点。

3. 高压断路器的分类

高压断路器种类很多，按其安装地点的不同可分为户内式断路器和户外式断路器两种，按操动机构可分为电磁式、弹簧式、液压式、气动式等。

按其灭弧介质和方式的不同，可分为以下几种：

1）油断路器。按其用油量的多少又可分为多油断路器和少油断路器。它用变压器油作为灭弧介质，多油断路器的变压器油除灭弧外还作为对地绝缘使用。由于多油断路器的体积庞大，用油量多，增加了爆炸和火灾的危险性，因此目前多油断路器已基本被其他类型的断路器所取代。

2）真空断路器。它是利用真空的高介电强度来灭弧的。这种断路器具有体积小、重量轻、开断能力强、灭弧迅速、运行维护简单、噪声小等优点，目前广泛应用于 3~35kV 配电系统中。

3）空气断路器（又被称为压缩空气断路器）。它使用压缩空气作为灭弧介质和开断后触头之间的绝缘介质，具有额定电流和开断能力较大、速度快、检修方便的特点，但其结构复杂、噪声大，需要专设压缩空气装置作为气源。适用于开断大容量电路，目前已逐步被淘汰。

4）SF_6 断路器。它采用使用具有优异的绝缘性能和灭弧性能的 SF_6 气体作为灭弧介质和绝缘介质，具有开断能力强、全开断时间短、体积小、运行维护量小等优点；但其结构复杂、金属消耗量大、价格较高。由于 SF_6 断路器的优良性能使其目前被广泛应用于 35kV 以上的电力系统中，尤其是以 SF_6 断路器为主体的封闭式组合电器（GIS）。

5）自产气断路器。它利用固体介质受电弧作用分解出的气体来灭弧。

6）磁吹断路器。它利用磁力吹弧，将电弧引入狭缝中冷却而灭弧。

由于油断路器运行维护量大且有发生火灾的危险，而空气断路器结构复杂、制造工艺和材料要求高、有色金属的消耗量大、维护周期长，所以目前它们逐步被 SF_6 断路器和真空断路器所取代。

4. 高压断路器的基本参数

(1) 额定电压 U_N（kV） 它是保证断路器长时间正常运行能承受的工作电压（线电压）。考虑到线路始端与末端运行电压的不同及电力系统的调压要求，断路器可能在高于额定电压下长期工作，因此又规定了断路器的最高工作电压：220kV 及以下设备，最高工作电压为额定电压的 1.15 倍；330kV 及以上的设备，为额定电压的 1.1 倍。我国采用的额定电压等级有 3kV、6kV、10kV、35kV、60kV、110kV、220kV、330kV、500kV、750kV、1000kV 等。

额定电压不仅决定了断路器的绝缘水平,而且在相当程度上决定了断路器的总体尺寸和灭弧条件。

(2) 额定电流 I_N(A) 它是断路器在规定的基准环境温度下允许长期通过的最大工作电流有效值。断路器长期通过额定电流时,其载流部分和绝缘部分的温度不会超过其长期最高允许温度。我国采用的额定电流有 200A、400A、630A、1000A、1250A、1600A、2000A、2500A、3150A、4000A、5000A、6300A、8000A、10000A、12500A、16000A、20000A 等。额定电流决定了断路器导体、触头等载流部分的尺寸和结构。

(3) 额定短路开断电流 I_{Nbr}(kA) 它是指在额定电压下,断路器能可靠开断的最大短路电流有效值。它表明断路器开断电路的能力。当电压不等于额定电压时,断路器能可靠开断的最大电流称为该电压下的开断电流。在电压低于额定电压时,开断电流可以比额定开断电流大,称其最大值为极限开断电流。

(4) 额定关合电流 I_{Ncl}(kA) 它是指在额定电压下,断路器能可靠闭合的最大短路电流峰值。它反映断路器关合短路故障的能力,主要取决于断路器灭弧装置的性能、触头构造及操动机构的形式。

(5) 额定热稳定电流 I_t(kA) 额定热稳定电流即额定短时耐受电流,是指断路器在规定时间(通常为 4s)内允许通过的最大短路电流有效值。它表明断路器承受短路电流热效应的能力,其值等于额定短路开断电流。

(6) 额定动稳定电流 I_{es}(kA) 额定动稳定电流即额定峰值耐受电流,又称为极限通过电流,是指断路器在闭合状态下允许通过的最大短路电流峰值。它表明断路器在冲击短路电流的作用下,承受电动力效应的能力,取决于导体和绝缘等部件的机械强度。其值等于额定关合电流,并且等于额定短时耐受电流的 2.55 倍。

(7) 合闸时间 t_{hz}(s) 断路器从接到合闸命令(合闸回路通电)起到断路器触头刚接触时所经过的时间间隔称为合闸时间。

(8) 全分闸时间 t_{kd}(s) 它是指断路器从接到分闸命令(分闸回路通电)起到断路器触头开断至各相电弧完全熄灭止的时间间隔。它包括固有分闸时间(t_1)和灭弧时间(t_2),固有分闸时间是指断路器接到分闸命令起到灭弧触头刚分离时所经过的时间,灭弧时间是指触头分离到各相电弧完全熄灭所经过的时间,如图 3-5-1 所示。

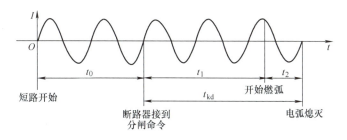

图 3-5-1 断路器开断电路时的有关时间

一般断路器的分闸时间为 0.06~0.12s。分闸时间小于 0.06s 的断路器,称为快速断路器。

(9) 额定操作顺序 它是根据实际运行需要制定的对断路器的断流能力进行考核的一

组标准的规定操作。其操作顺序分为无自动重合闸断路器的额定操作顺序和能进行自动重合闸断路器的额定操作顺序两类。

无自动重合闸断路器的额定操作顺序又分为两种：一种是发生永久性故障断路器跳闸后两次强送电的情况，即"分—180s—合分—180s—合分"；另一种是断路器合闸在永久故障线路上跳闸后强送电一次的情况，即"合分—15s—合分"。

能进行自动重合闸断路器的额定操作顺序为"分—0.3s—合分—180s—合分"。

5. 高压断路器的型号

断路器的类型很多，根据行业标准 JB/T 8754—2018《高压开关设备和控制设备型号编制办法》的规定，目前我国断路器的型号一般由文字符号和数字按以下方式组成：

□□□-□□/□-□

第一位表示产品名称：S—少油断路器，D—多油断路器，L—SF_6 断路器，Z—真空断路器，K—压缩空气断路器，Q—自产气断路器，C—磁吹断路器。

第二位表示安装地点：N—户内式，W—户外式。

第三位表示设计序号，用数字1，2，3，…表示。

第四位表示额定电压（或最高工作电压）（kV）。

第五位表示补充特性：C—手车式，G—改进型，W—防污型，Q——防震型。

第六位表示额定电流（A）。

第七位表示额定开断电流（kA）。

例如，ZN28-12/1250-25 型表示户内式真空断路器，其设计序号为28，最高工作电压为12kV，额定电流为1250A，额定开断电流为25kA。

6. 高压断路器的基本结构

虽然高压断路器的类型及结构各不相同，但基本结构类似，主要包括开断元件、操动机构、传动机构、支持绝缘件和基座五个部分，如图3-5-2所示。开断元件安装在支持绝缘件上，而支持绝缘件则安装在基座上。开断元件是核心，开关设备的控制、保护及安全隔离等方面的任务都由它来完成，其他组成部分都是配合开断元件为完成上述任务而设置的。

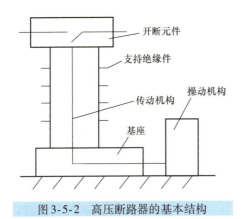

图3-5-2 高压断路器的基本结构

断路器

1) 开断元件是断路器的核心部分，由触头、导电部分、灭弧介质、灭弧室等组成；执行接通或断开电路、安全隔离电源的任务。其核心部分是触头，而灭弧装置灭弧能力的大小则决定了开关的开断能力大小。

2）操动机构是使断路器分闸、合闸并将断路器保持在合闸位置的设备；通过传动机构向开断元件提供分、合闸操作的能量，实现各种规定的顺序操作，并维持断路器的合闸状态。

3）传动机构把操动机构提供的操作能量及发出的操作命令传递给开断元件。

4）支持绝缘件支撑固定开断元件，并使其带电部分实现与各结构部分之间的绝缘。

5）基座用于支撑、固定和安装开关电器的各组成部分，使之成为一个整体。

二、真空断路器

真空断路器是在真空容器中利用真空的绝缘和灭弧性能关合和开断电流的设备，因其具有开断能力强、开断时间短、体积小、重量轻、寿命长、适宜频繁操作、不需要经常检修等优点，在配电系统中得到了普遍应用。

1. 真空的基本概念

所谓的真空是指在给定的空间内绝对压力低于一个大气压力的气体状态。人们通常把这种稀薄的气体状态称为真空状态。

真空的程度用真空度表示，它反映了气体的稀薄程度，以气体的绝对压力值来表示，单位是帕（Pa）。气体的压力值越低，真空度越高。工业上的真空指的是气压比一标准大气压小的气体空间，是指稀薄的气体状态，又可分为高真空（$1.33 \times 10^{-1} \sim 1.33 \times 10^{-6}$ Pa）、中真空（$1333 \sim 1.33 \times 10^{-1}$ Pa）和低真空（$101325 \sim 1333$ Pa）。真空断路器灭弧室的真空度为$1.33 \times 10^{-2} \sim 1.33 \times 10^{-5}$ Pa，属于高真空范畴。在这样高的真空度下，气体的密度很低，即空间气体分子数目很少，发生碰撞的概率很小，很难发生碰撞游离，因此真空中几乎没有什么气体分子可供游离导电，且弧隙中少量导电粒子很容易向周围真空扩散，所以真空的绝缘强度比变压器油及在大气压下的SF_6或空气等绝缘强度高得多。图3-5-3为不同介质的绝缘间隙击穿电压的比较。

真空中电极间电弧是这样产生的：当触头即将分离前，触头上原先施加的接触压力开始减弱，动、静触头间的接触电阻开始增大，由于负荷电流的作用，发热量增加。在触头刚要分离瞬间，动、静触头之间仅靠几个尖峰联系着，此时负荷电流将密集收缩到这几个尖峰桥上，接触电阻急剧增大，同时电流密度又剧增，导致发热温度迅速提高，致使触头表面金属产

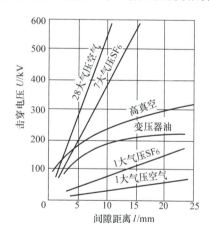

图3-5-3 不同介质的绝缘间隙击穿电压

生蒸发。同时，微小的触头距离下也会形成极高的电场强度，造成强烈的强电场发射，间隙击穿，继而形成真空电弧。真空电弧一旦形成，就会出现电流密度在$10^4 A/cm^2$以上的阴极斑点，使阴极表面局部区域的金属不断熔化和蒸发，以维持真空电弧。在电弧熄灭后，电极之间与电极周围的金属蒸气迅速扩散，密度快速下降直到零，触头间恢复高真空绝缘状态。

真空中的电弧有两种形态，即扩散型电弧和集聚型电弧，如图3-5-4所示。

不管是扩散型电弧还是集聚型电弧，在电流过零后都很容易熄灭，但对于集聚型电弧，

一般需在触头结构上采取措施，防止触头表面发生过分严重的局部熔化和烧损。

2. 真空断路器的基本结构

真空断路器的基本结构如图3-5-5所示。它由真空灭弧室（真空泡）、保护罩（屏蔽罩）、动触头、静触头、导电杆、开合操动机构、支持绝缘子、支持套管、支架等构成，其核心是真空灭弧室（真空泡）。

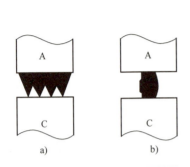

图3-5-4 电弧的形态
a) 扩散型 b) 集聚型

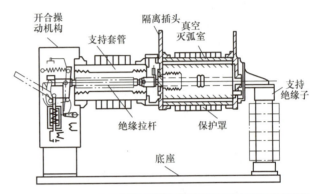

图3-5-5 真空断路器的基本结构

真空灭弧室由真空容器（外壳）、触头系统（包括动触头和静触头）、波形管（不锈钢材料）、保护罩（屏蔽罩）、法兰、支持件等构成，如图3-5-6所示。在真空容器内保持$1.33\times10^{-8}\sim1.33\times10^{-11}$Pa的高真空，动触头焊接在波形管与真空容器之间，并与大气隔离。动触头在绝缘操动杆与开合操动机构相连接，并在操动机构控制之下完成真空断路器的分、合工作。

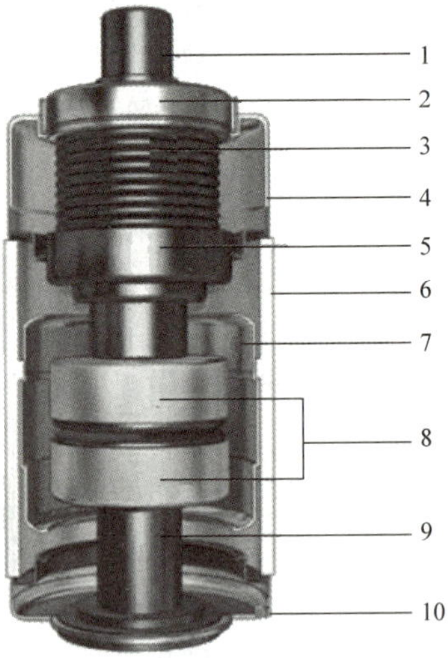

真空灭弧室的主要部件及各部分的作用如下：

（1）外壳 外壳是真空灭弧室的密封容器，它不仅要容纳和支持灭弧室内的各种部件，而且当动、静触头在断开位置时起绝缘作用。因此，整个外壳通常由绝缘材料和金属组成。对外壳的要求首先是气密封要好，其次是要有一定的机械强度，三是要有良好的绝缘性能。

（2）波纹管 波纹管既要保证灭弧室完全密封，又要在灭弧室外部操动时使触头做分合运动。常用的波纹管有液压成形和膜片焊接两种形式。所用材料以不锈钢为最好。波纹管的侧壁可在轴向上伸缩，其允许伸缩量决定了灭弧室所能获得的触头最大开距。一般情况下，波纹管的疲劳寿命也决定了灭弧室的机械寿命。

图3-5-6 真空灭弧室剖视图
1—动导电杆 2—导向套 3—波纹管
4—动盖板 5—波纹管屏蔽罩
6—瓷壳 7—屏蔽筒 8—触头系统
9—静导电杆 10—静盖板

（3）屏蔽罩 触头周围的屏蔽罩主要是用来吸附燃弧时触头上蒸发的金属蒸气，防止绝缘外壳因金属蒸气的污染而引起绝缘强度降低和绝缘破坏；同时，也有利于熄弧后弧隙介质强度的迅速恢复。屏蔽罩还能起到使灭弧室内部电压均匀分布的作用。在波纹管外面用屏蔽罩，可使波纹管免遭金属蒸气的烧损。

屏蔽罩的导热性能越好，其表面冷却电弧的能力也就越好。因此，制造屏蔽罩的常用材料为无氧铜、不锈钢和玻璃，铜是最常用的。

（4）触头　触头是真空灭弧室内最为重要的元件，灭弧室的开断能力和电气寿命主要由触头状况来决定。目前，真空灭弧室的触头系统，就接触方式而言，都是对接式的。根据触头开断时灭弧的基本原理的不同，可分为非磁吹触头和磁吹触头两大类。

3. 真空断路器的分类

由于真空断路器的灭弧室既可以垂直安装，又可以水平安装，还可以选择任意角度进行安装，因此真空断路器有多种多样的总体结构形式。按真空灭弧室的布置方式可分为落地式和悬挂式两种基本形式，以及这两种方式相结合的综合式和接地箱式。

1）落地式真空断路器是将真空灭弧室安装在上方，用绝缘子支持操动机构设置在基座的下方，上下两部分由传动机构通过绝缘杆连接起来，如图 3-5-7a 所示。

落地式的优点：传动效率高，分合闸操作时直上直下，传动环节少，摩擦阻力小；稳定性好，操作时振动小；便于操作人员观察和更换灭弧室；产品系列性强，而且容易实现户内外产品的相互交换。

落地式的缺点：总体高度较高，操动机构检修不方便。

2）悬挂式真空断路器是将真空灭弧室用绝缘子悬挂在基座框架前方，而操动机构设置在后方（即框架内部），前后两部分用（绝缘传动）杆连接起来。图 3-5-7b 为 ZN28-10 型断路器的结构图，它采用悬挂式结构，真空断路器装在一个手车上，主要由机架、真空灭弧室及传动系统组成。

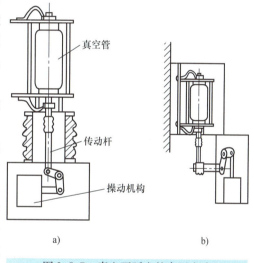

图 3-5-7　真空灭弧室的布置方式
a）落地式　b）悬挂式

悬挂式的优点：宜用于手车式开关柜；由于操动机构与高电压隔离，便于检修。

悬挂式的缺点：总体深度尺寸大，用铁多，质量重；绝缘子承受弯曲力；操作时灭弧室振动大；传动效率不高。

因此，悬挂式真空断路器一般只适用于中等电压以下的产品。

4. 真空断路器的操作过电压及抑制方法

用真空断路器断开高压感性电路时，可能会出现操作过电压，主要形式有：截流过电压、切断电容性负载时的过电压、高频多次重燃过电压。实际中以截流过电压最为常见。

截流过电压产生的原因：当真空电弧电流减小时，提供的金属蒸气不够充分和稳定，难以维持真空电弧的稳定燃烧，真空电弧通常不在电流自然过零时熄灭，而是在过零前的某一电流值突然熄灭。

随着电弧的熄灭，电流也突然降至零，这一现象称为截流，该电流称作截断电流。在感性电路中，截流将引起操作过电压。

操作过电压对电气设备尤其是电动机绕组绝缘危害很大，因此必须采取措施加以抑制。高压真空断路器常用的抑制操作过电压的方法有：

1）采用低电涌真空灭弧室。这种灭弧室既可降低截流过电压，又可提高开断能力。

2）在负载端并联电容。既可以降低操作过电压，又可减缓恢复电压的上升陡度。

3）在负载端并联电阻和电容。它不仅能降低截流过电压及其上升速度，而且在高频重燃时可使振荡过程强烈衰减，对抑制多次重燃过电压有较好的效果。

4）串联电感。可降低过电压的上升陡度和幅值。

5）安装避雷器。用它限制过电压的幅值。

5. 真空断路器的特点

真空断路器具有体积小、无噪声、无污染、寿命长、可以频繁操作、不需要经常检修等优点，因此特别适合配电系统使用。此外，真空断路器的灭弧介质或绝缘介质不用油，没有火灾和爆炸的危险。触头部分为完全密封结构，不会因潮气、灰尘、有害气体等影响而降低其性能，工作可靠，通断性能稳定。灭弧室作为独立的元件，安装调试简单方便。由于它开断能力强、开断时间短，还可以用作其他特殊用途的断路器。

三、高压 SF_6 断路器

1. SF_6 气体的基本特性

SF_6 的相对分子质量为 146，它的密度约为空气的 5 倍，在常温下不易液化。SF_6 气体是一种无色、无臭、无毒和不可燃的惰性气体，在常温常压下化学性能稳定，具有较高的介电强度，它的绝缘强度是空气的 2.5～3 倍，是目前最优良的灭弧和绝缘介质。

SF_6 气体具有很强的灭弧能力，静止的 SF_6 气体的灭弧能力比空气大 100 倍以上。利用 SF_6 气体吹弧时，在气体压力和吹弧速度都不是很大的情况下，就能在高电压下开断相当大的电流。

SF_6 气体高灭弧性能的原因主要是：

1）SF_6 气体热容量大。SF_6 气体的分子在分解时吸收的能量多，对弧柱的冷却作用强。

2）SF_6 气体环境下的电弧能量小。SF_6 气体在高温时分解出的硫、氟原子和正负离子，与其他灭弧介质相比，在同样的弧温时有较大的游离度。在维持相同游离度时，弧柱温度较低。因此，SF_6 气体中电弧电压较低，燃弧时的电弧能量小，对灭弧有利。

3）SF_6 气体分子的负电性强。所谓负电性，是指 SF_6 气体分子极易捕获、吸附自由电子形成低活动性负离子的特性。SF_6 气体负电性强，加强了去游离，降低了电导率。在电弧电流过零后，弧柱温度将急剧下降，分解物急速复合。因此，SF_6 气体弧隙的介质性能恢复速度很高，能耐受很高恢复电压，电弧在电流过零后不易重燃。

在 SF_6 断路器中，在水分参与下将产生强腐蚀性的分解产物 HF。这种物质对绝缘材料、金属材料、玻璃、电瓷等含硅材料有很强的腐蚀性。因此，必须严格控制 SF_6 气体中的水分。常采用的措施有：加强断路器的密封；组装断路器时，先要对零部件进行彻底烘干；严格控制 SF_6 气体中含水量；严格控制断路器充气前的含水量；在 SF_6 断路器内部加装吸附剂。

SF_6 气体绝缘性能好的原因主要是：SF_6 气体的分子体积大，使得电子的自由行程减小，从而减少碰撞游离的发生；SF_6 气体分子具有负电性，容易俘获电子形成负离子，使电子失去产生碰撞游离的能力,对去游离有利,故绝缘强度高。SF_6 的绝缘性能稳定,不会老化变质,当气压增大时,其绝缘能力也随之提高,以此可以提高 SF_6 的使用压力来缩小绝缘尺寸和断路器的体积。

2. SF_6 断路器的分类

SF_6 断路器按结构形式可分为落地罐式、瓷柱式和手车式;按灭弧室压力可分为双压式(复压式)和单压式;按触头工作方式可分为定开距式和变开距式。定开距式是将两个喷嘴固定,保持最佳熄弧距离。动触头与压气罩一起动作将电弧引到两个喷嘴间燃烧,被压缩的 SF_6 气体的气流强烈吹熄。变开距式是随着机械的运动逐渐打开,当运动到最佳熄弧距离时电弧就熄灭,再继续拉开使间隙增大,绝缘强度增强,从而不被过电压击穿。

(1)落地罐式 这种断路器的总体结构如图 3-5-8 所示。它把触头和灭弧室装在充有 SF_6 气体并接地的金属罐中,触头与罐壁间绝缘采用环氧支持绝缘子,引出线靠绝缘瓷套管引出。该结构便于安装电流互感器,抗震性能好。

(2)瓷柱式 瓷柱式断路器的灭弧室可布置成"T"形或"Y"形,220kV SF_6 断路器随开断电流增大,制成单断口断路器,布置成单柱式,如图 3-5-9 所示。灭弧室位于高电位,靠支柱绝缘瓷套对地绝缘。

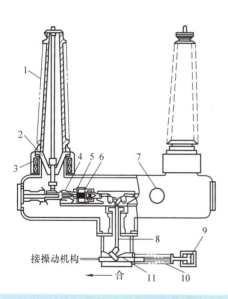

图 3-5-8 落地罐式 SF_6 断路器的总体结构
1—套管 2—支柱绝缘子 3—电流互感器 4—静触头
5—动触头 6—喷嘴工作缸 7—检修窗 8—绝缘操作杆
9—油缓冲器 10—合闸弹簧 11—操作杆体

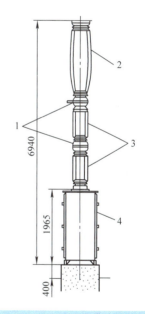

图 3-5-9 瓷柱式 SF_6 断路器的外形结构
1—鼓形瓷套装配 2—灭弧室
3—支柱 4—液压机构

(3)手车式 高压手车式 SF_6 断路器适用于三相交流 50Hz,35kV、10kV 电力系统,可用来分、合额定电流和故障电流,并可用于频繁操作场合,也可作联络断路器和开断、关合电容器组断路器,具有结构紧凑、轻巧、检修方便的特点。图 3-5-10 是 LN2-10 型 SF_6 断路器安装在手车上后的外形示意图。

一般电压等级较高的回路多采用瓷柱式和落地罐式断路器,电压等级较低的多采用手车式且安装于室内。

3. SF_6断路器灭弧室的结构与灭弧原理

SF_6断路器灭弧室的结构基本上可为单压式和双压式两种。

（1）单压式灭弧室　单压式灭弧室又称为压气式灭弧室。所谓压气式断路器，是指在断路器内SF_6气体只有一种较低的压力（0.3~0.5MPa）。灭弧室的可动部分带有压气装置，分闸过程中，压气缸与触头同时运动，将压气室内的气体压缩。触头分离后，电弧由于受到高速气流纵吹而熄灭。

单压式灭弧室又分为变开距和定开距两种。

变开距单压式灭弧室的工作原理示意图如图3-5-11所示。压气活塞是固定不动的。图3-5-11a 为触头在合闸位置。分闸时，操动机构通过拉杆7使动触头4、动弧触头3、喷嘴8和压气缸5运动，在压气活塞6与压气缸5之

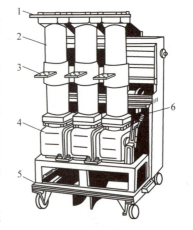

SF_6断路器

图3-5-10　LN2-10型SF_6断路器的外形示意图
1—上接线端　2—绝缘筒
3—下接线端　4—操动机构
5—小车　6—分闸弹簧

间产生压力。图3-5-11b 为产生压力的情况。当动静触头分离后，触头间产生电弧，同时压气缸内SF_6气体在压力作用下吹向电弧，使电弧熄灭，如图3-5-11c 所示。当电弧熄灭后，触头在分闸位置，如图3-5-11d 所示。因为电弧可能在触头运动的过程中熄灭，所以这种结构的灭弧室称为变开距灭弧室。变开距灭弧室的特点是：触头开距在分闸过程中不断增大，最终开距很大，断口电压可以做得很高，起始介质强度恢复较快。喷嘴与触头是分开的，喷嘴的形状不受限制，可以通过合理的设计，达到改善吹弧效果、提高开断能力的目的。缺点是喷嘴容易被电弧烧坏。

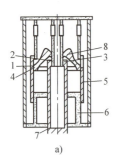 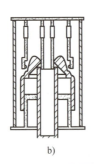 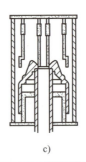 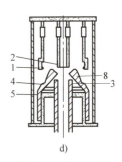

　　　a)　　　　　　　　b)　　　　　　　　c)　　　　　　　　d)

图3-5-11　变开距单压式灭弧室的工作原理示意图
a) 触头在合闸位置　b) 产生压力情况　c) 吹弧情况　d) 触头在分闸位置
1—静触头　2—静弧触头　3—动弧触头　4—动触头　5—压气缸　6—压气活塞　7—拉杆　8—喷嘴

图3-5-12是定开距单压式灭弧室的工作原理示意图。图3-5-12a 为触头在合闸位置。分闸时，操动机构通过连杆带着动触头3和压气缸5运动，在压气活塞6与压气缸5之间产生压力。图3-5-12b 为产生压力的情况。当动触头3脱离静触头1后，触头间产生电弧，同

时压气缸 5 内 SF$_6$ 气体在压力作用下，通过气栅 4 吹向电弧，如图 3-5-12c 所示。当电弧熄灭后，触头在分闸位置，如图 3-5-12d 所示。因为定开距灭弧室中，压气活塞是固定不动的，静触头 1 与动弧触头 2 之间的开距也是固定不变的，所以这种结构的灭弧室称为定开距灭弧室。定开距灭弧室的特点是：开距小，电弧长度小，电弧能量小，燃弧时间短，可以开断较大的额定开断电流；分闸后，断口两个电极间的电场分布比较均匀，可提高两个电极间击穿强度；气流状态随设计喷嘴而定，气流状态好；喷嘴受电弧烧损轻微，多次开断仍能保持性能稳定。缺点是压气室体积大，SF$_6$ 气体压力提高到所需值的时间长，使断路器的动作时间长。

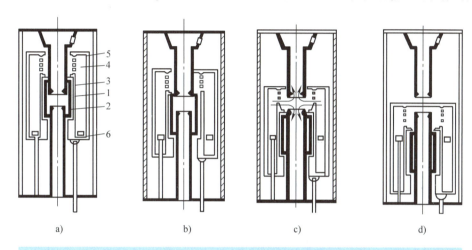

图 3-5-12　定开距单压式灭弧室的工作原理示意图
a）触头在合闸位置　b）产生压力情况　c）吹弧情况　d）触头在分闸位置
1—静触头　2—动弧触头　3—动触头　4—气栅　5—压气缸　6—压气活塞

虽然单压式灭弧室内 SF$_6$ 气体只有一种压力，而且压力较低，但分闸时，由于压气缸和压气活塞的作用，吹弧系统的 SF$_6$ 气体压力可比原来提高一倍。

（2）双压式灭弧室　双压式灭弧室有高压和低压两个气压系统。灭弧时，高压室控制阀打开，高压 SF$_6$ 气体经过喷嘴吹向低压系统，再吹向电弧使其熄灭。图 3-5-13 是双压式灭弧室的结构示意图。灭弧室触头系统处于低压的 SF$_6$ 气体中。在分闸时，动触头脱离静触头，在定弧极与动触头之间产生电弧。这时通向高压系统的控制阀门打开，SF$_6$ 气体从高压区域顺着箭头方向吹向低压区域，电弧受 SF$_6$ 气体的吹动而熄灭。

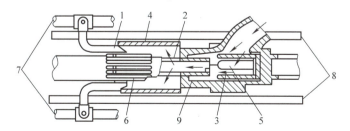

图 3-5-13　双压式灭弧室的结构示意图
1—动触头横担　2—动触头上的孔　3—静触头的载流触指　4—吹弧屏罩
5—定弧极　6—中间触指　7—绝缘操作棒　8—绝缘支持棒　9—灭弧室

双压式灭弧室的特点是：吹弧能力强，开断能力强，动作快，燃弧时间短，结构复杂。

综上所述，压气式 SF_6 断路器的基本动作原理是：与动弧触头连成一体的压气室，在外部驱动装置的推动下机械地压缩压气室内的 SF_6 气体，受压缩的高压 SF_6 气体通过绝缘喷嘴对动、静弧触头之间的电弧进行有效的吹弧，并开断电流。其灭弧室的基本结构有单向纵吹、双向纵吹两种。单向纵吹适用于中小容量断路器，而高压大容量断路器采用双向纵吹居多。

由于单压式 SF_6 断路器结构简单，但开断电流小、行程大，固有分闸时长，而且操动机构的功率大。近年来，单压式 SF_6 断路器采用了大功率液压机构和双向吹弧，已被广泛采用，并逐渐取代双压式。

四、直流断路器

直流断路器也称为直流快速断路器，广泛应用于地铁、轻轨、冶金、化工等领域，所有灭磁开关均为直流快速断路器。直流快速断路器是机械式、无极性单极装置，采用了电磁吹弧、直接瞬时过电流释放、间接快速释放（可选用在3000A以上）、自然空气冷却和电气操作系统等技术。

目前，在城市轨道交通供电中较为常见的是瑞士赛雪龙公司生产的 UR 系列（500～4000A）和 HPB 系列（4500～6000A）的断路器。它是一种双向、单极快速直流空气断路器。图3-5-14 为 HPB45 系列断路器和 HPB60 系列断路器的外形，图3-5-15 为 UR26/36/40 系列断路器的外形，图3-5-16 为 UR 系列与 HPB 系列应用范围图示。UR 和 HPB 型直流快速断路器特别适用于直流牵引配电网络中，作为接触网和铁轨的保护以及故障区域的隔离。

图3-5-14　HPB45 系列断路器和 HPB60 系列断路器

图3-5-15　UR26/36/40 系列断路器

第三章　城市轨道交通变电所中的一次设备

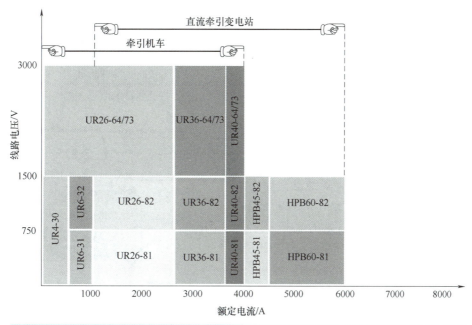

图 3-5-16　UR 系列与 HPB 系列应用范围图示

UR 和 HPB 型直流快速断路器设计紧凑，占用空间小。另外，它既能用线路故障探测器探测，也能和线路测试以及自动重合闸装置相连。

1. 直流断路器的结构

直流断路器由主电路（包括下部连接、动触头、上部连接、左连接、右连接等组件）、脱扣器、灭弧栅、闭合装置、辅助触头组成。图 3-5-17 为直流断路器的结构示意图。

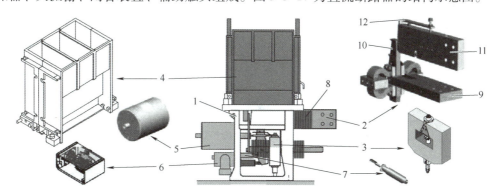

图 3-5-17　直流断路器的结构

1—固定绝缘框架　2—一次回路　3—瞬时过电流脱扣器　4—灭弧栅　5—闭合装置和拨叉
6—带联动的辅助触头盒　7—辅助触头　8—冷却器　9—下部连接　10—动触头
11—上部连接　12—静触头

2. 直流断路器的工作原理

直流断路器有吸合、保持、断开、灭弧、脱扣五种状态，其工作原理图如图 3-5-18 所示。

（1）吸合原理　当闭合装置线圈得电后，电磁铁在磁力的作用下推动拨叉，拨叉驱动动触头，使得动触头与静触头闭合，同时通过联动杆使得辅助触头动作，在闭合过程中，直流断路器配有闭合阻尼器,有效避免动、静触头撞击力过大。

(2) 保持原理　断路器闭合后,线圈通过其辅助触头自锁,保持得电,保持电流比起动电流稍小。

(3) 断开原理　断开闭合装置的电源,使得闭合装置线圈失电,电磁力消失,拨叉向闭合装置方向退回,动触头在弹簧的作用下断开,同时通过联动杆使得辅助触头复位,在断开过程中,由于高速断路器配有断开阻尼器,能有效避免动触头与支架的撞击。

(4) 灭弧原理　当动、静触头分开的瞬间,会产生电弧,主回路磁场将动、静触头之间产生的电弧吹入灭弧室,电弧通过左右连接,进入灭弧栅,并通过灭弧挡板分割为许多串联的小弧段,因为每两块灭弧板之间的电压降约为40V,所以总的电弧电压 U_S 便大大增加(取决于灭弧板的数量),从而电弧

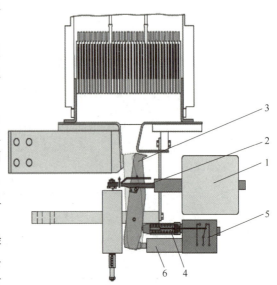

图3-5-18　直流断路器工作原理图
1—闭合装置　2—推动拨叉　3—动触头
4—推杆　5—辅助触头　6—止动器

得以迅速熄灭。燃烧的气体从上端逸出,并在位于金属灭弧板上部的绝缘板之间被去电离。

(5) 脱扣原理　当通过主电路的电流大于设定值时,脱扣装置会产生磁场,致使电磁片向上动作,通过联动片把拨叉压下,动触头摆脱闭合装置的电磁力,在弹簧的作用下断开,使得动触头脱扣。需要强调的是,直流断路器在脱扣状态下,闭合装置仍处于线圈得电的状态,动触头需要复位,必须在闭合装置线圈失电的状态下进行,如图3-5-19所示。

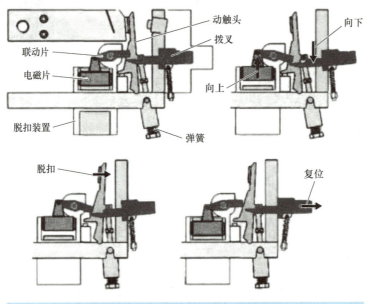

图3-5-19　直流断路器脱扣示意图

五、框架断路器

框架式断路器是一种智能型低压断路器，又被称为万能式断路器。其结构特点是有一个钢制的框架，所有的部件都安装在框架内，导电部分加装绝缘，有数量较多的辅助触头，具有 RS485 标准通信接口，采用了微处理器和计算机技术，具有多种操作方式，如手动、电动和远动操作等。

图 3-5-20 为 DW15 系列框架断路器的外形图。这种断路器主要用于交流 50Hz、额定电流为 100～4000A、额定工作电压为 380～1140V 的配电网络中，用来分配电能，为供电线路及电源设备提供过载、欠电压、短路保护。该断路器在正常条件下可作为线路的不频繁转换及电动机的不频繁起动时的开关设备。其常用型号有 DW15-200 型、DW15-400 型、DW15-630 型等。

图 3-5-20　DW15 系列框架断路器的外形图

1. DW15 系列断路器的结构

断路器为立体布置形式，具有结构紧凑、立体分隔、体积小的特点。按其安装方式不同可分为固定式断路器和抽屉式断路器。把固定式断路器本体装入专用的抽屉就成为抽屉式断路器。断路器本体由绝缘系统、触头系统、灭弧系统、操动机构、智能控制器和附件组成。抽屉座由带有导轨的左右侧板、基座和横梁等组成。

1) 绝缘系统。断路器的基座、盖采用绝缘性、阻燃性、机械强度都很好的绝缘材料，不仅提高了断路器的分断能力，而且保证了断路器的机械寿命和电气寿命。

2) 触头系统。触头系统封闭在具有分隔结构的两绝缘底板之间，每相触头都被隔开成一个个小室，每相触头系统被安装在绝缘小室内，其上方是灭弧室。采用主、弧触头系统，多路并联，降低电动斥力，提高触头系统的电动稳定性。新型耐弧的触头材料，使触头在分断短路电流后不致过分发热而引起温度过高。

3) 灭弧室。灭弧室全部置于断路器的绝缘基座内，每极分开，相互绝缘，与其他部分及操作人员隔离，既安全又不致在分断大电流时炸裂。采用去离子栅片灭弧原理，使得断路器上方飞弧距离为 0。

4) 操动机构和储能电动机。采用弹簧储能式操动机构和五连杆机构，完成合、分闸动作，并可手动或电动储能。

5) 智能控制器。智能控制器采用了微处理器和计算机技术，具有 RS485 标准通信接口，是低压框架断路器的核心组成部分之一，相当于框架断路器的心脏。

6) 附件。断路器除具有分励脱扣器、合闸线圈、分闸线圈、欠电压脱扣器、辅助开关等各种内部附件外，还具有机械联锁、门联锁等外部附件，满足用户各种场合的要求。

7) 抽屉座。抽屉座由带有导轨的左右侧板、底座和横梁等组成，底座上设有推进机构，并装有位置指示。抽屉座的上方装有辅助电路静隔离触头。桥式主回路触头前方设置安全隔板。

断路器本体在抽屉座内的运动具有三个"位置"：工作（连接）、试验、检修（退出）。

工作：主回路、二次回路均接通，安全隔板开启。

试验：主回路断、二次回路通，安全隔板关闭，可以进行动作试验。

检修：主回路、二次回路均断开，安全隔板关闭。

抽屉座与断路器本体间有机械联锁，断路器必须在分闸状态才能摇出来。

2. DW15 系列断路器的分类

DW15 系列断路器除可按其安装方式进行分类外，还可按操作方式、极数、脱扣器种类不同进行分类。

按操作方式不同可分为电动操作型断路器和手动操作（检修、维护用）型断路器。

按极数不同可分为三极断路器和四极断路器。

按脱扣器种类不同可分为智能型过电流脱扣器断路器、分励脱扣器断路器、欠电压瞬时（或延时）动作脱扣器断路器。

3. DW15 系列断路器的功能

由于框架断路器中采用了微处理器和计算机单片机技术，一方面使这种低压断路器具有智能化功能，另一方面使它可通过其具有的 RS485 标准通信接口与相应的通信协议组成主从结构的局域网系统，使系统可实现远距离的"四遥"功能。它具有在线参数检测、动作值可整定、故障记忆及可通信功能等。微处理器用于框架断路器，使这种断路器不仅实现了所有的保护（长延时过载、短路短延时、短路瞬时、接地等），而且在采用 CPU 运算后执行的方式后，可进行通信、电气联锁，并扩展出多种辅助保护（如漏电、欠电压保护等），使其保护功能大大增强；并且其保护功能都集中在同一只控制器上，可以通过面板操作进行各种保护特性的设定。带微处理器的智能控制器的保护特性通过人机对话可方便地使用、调整，智能控制器还具有预报警特性和微机自诊断功能，可实时远程监控当前运行状态，反映当前电网参数和运行参数，实现远程监测功能。

框架断路器具有较高的短路分断能力和较高的动稳定性，广泛应用于交流 50Hz、额定电流为 380V 的配电网络中作为配电干线的主保护，主要安装于进出线、联络开关柜中，用来通断正常的工作电流和过载电流、短路电流，对供电设备（变压器）和线路进行保护，具有短路、过载、欠电压保护以及远距离分断电路等功能。

第六节　其他开关电器

变电所中其他开关电器主要有隔离开关、熔断器、负荷开关等。

一、隔离开关

隔离开关（文字符号为 QS，图形符号为 ）又称隔离刀开关，是一种没有专门灭弧装置的开关设备。隔离开关虽然是高压开关中较简单的一种，但它的用量很大，约为断路器用量的 3~4 倍。隔离开关的作用是在线路上基本没有电流时，将电气设备和高压电源隔开或接通。由于有明显的断开点，比较容易判断电路是否已经切断电源。如检修时就常用隔离开关把电源断开，检修好后再接通，以保证工作时的安全。

1. 隔离开关的作用

1）隔离电源。利用隔离开关断口的可靠绝缘能力，使需要检修或分段的线路与带电线路相互隔离，以确保检修工作的安全。

2）与断路器配合进行倒闸操作，使有关电气设备按需要在运行、备用及检修三种状态间切换。

3）接通或断开较小电流电路。小电流电路包括电压互感器、避雷器电路；电压 35kV、容量为 1000kVA 及以下或 110kV、容量为 3200kVA 及以下的空载变压器；10kV、5km 以内或 35kV、10km 以内的空载线路；变压器中性点的接地线等。

2. 隔离开关的基本结构

隔离开关由导电部分、绝缘部分、传动机构、操动机构、支持底座五部分组成，各组成部分的功能如下。

导电部分：传导电路中的电流，关合和开断电路。导电部分包括触头、闸刀、接线座。

绝缘部分：实现带电部分和接地部分的绝缘。绝缘部分包括支持绝缘子、操作绝缘子。

传动机构：接受操动机构的力矩，将运动传动给触头，以完成隔离开关的分、合闸动作。它包括拐臂、连杆、轴齿或操作绝缘子。

操动机构：通过手动、电动、气动、液压向隔离开关的动作提供能源。

支持底座：将导电部分、绝缘子、传动机构、操动机构等固定为一体，并使其固定在基础上。

3. 隔离开关的分类

隔离开关的分类方法很多，按装设地点可分为户内式和户外式；按极数可分为单极和三极；按绝缘支柱数目可分为单柱式、双柱式和三柱式；按动作方式可分为闸刀式、旋转式、插入式；按有无接地闸刀可分为带接地闸刀和不带接地闸刀；按操动机构可分为手动式、电动式、气动式、液压式；按用途可分为一般用、快分用和变压器中性点接地用。

4. 高压隔离开关的型号

高压隔离开关的型号如图 3-6-1 所示。

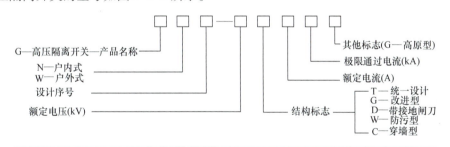

图 3-6-1　高压隔离开关的型号

5. 10kV 高压隔离开关

10kV 高压隔离开关型号较多，常用的户内系列有 GN8、GN19、GN24、GN28 和 GN30 等。图 3-6-2 为 GN8-10 型插入式户内高压隔离开关的外形图和结构示意图。它采用了三相共底架结构，主要由静触头、基座、支柱绝缘子、拉杆绝缘子、动触头组成。隔离开关导电部分由动、静触头组成，每相导电部分通过两个支柱绝缘子固定在基座上，三相平行安装。

GN 系列高压隔离开关一般采用手动操动机构进行操作。操动机构通过连杆转动转轴，再通过拐臂与拉杆瓷绝缘子使各相闸刀作垂直选择，从而达到分、合闸的目的。

户外式高压隔离开关常用的有 GW4、GW5 和 GW1 系列。图 3-6-3 为 GW4-35 型高压隔

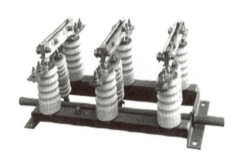
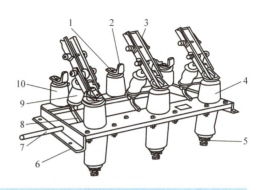

图 3-6-2　GN8-10 型隔离开关的外形图及结构示意图
1—上接线端子　2—静触头　3—闸刀　4—套管绝缘子　5—下接线端子
6—框架　7—转轴　8—拐臂　9—升降绝缘子　10—支柱绝缘子

离开关的结构示意图。该隔离开关采用了三柱式结构，为了能熄灭小电弧，安装了灭弧角条。

带有接地开关的隔离开关称为接地隔离开关，用于对电气设备进行短接、联锁和隔离操作，通常是用来将退出运行的电气设备和成套设备部分接地和短接。而接地开关是一种将回路接地的机械式开关装置，在异常条件下（如短路下），可在规定时间内承载规定的异常电流；在正常回路条件下，不要求承载电流。接地开关大多与隔离开关构成一个整体，并且在接地开关和隔离开关之间有相互联锁装置。接地隔离开关的主要作用是停电检修时：

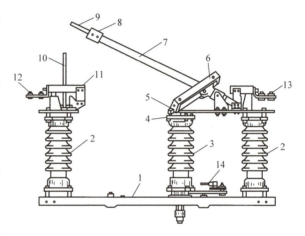

图 3-6-3　GW4-35 型高压隔离开关的结构示意图
1—角钢架　2—支柱瓷绝缘子　3—旋转瓷绝缘子
4—曲柄　5—轴套　6—传动装置　7—管形闸刀
8—工作动触头　9、10—灭弧角条　11—插座
12、13—接线端子　14—曲柄传动装置

1）防止误送电。
2）防止设备中有储存电能的设备，防止其一时放电不彻底。
3）防止检修过程中有雷击的可能。

6. 隔离开关操作注意事项

由于隔离开关没有专门的灭弧装置，因此不能带负荷操作，否则将在断口间产生电弧或引起三相弧光短路，造成严重事故。实际中，隔离开关一般和断路器共同完成对电路开合的操作，操作时必须注意以下事项：

1）若隔离开关与断路器串联，分闸时，应先分断路器，后分隔离开关；合闸时先合隔离开关，后合断路器。简单描述为"先合后分"。

2）若隔离开关与断路器并联，分闸时，先分隔离开关，再分断路器；合闸时，先合断路器，再合隔离开关。简单描述为"先分后合"。

3）为了保证安全，在断路器和电动隔离开关的自动控制电路中，必须设置触头闭锁，使电路满足上述两个要求,以保证隔离开关不带负荷操作。

4)停电时先拉开线路侧隔离开关,送电时先合母线侧隔离开关。而且在操作隔离开关前,先注意检查断路器确实处在断开位置后,才能操作隔离开关。

5)操作隔离开关时动作要迅速、果断;合隔离开关时,无论用手动传动装置操作还是用绝缘操作杆操作,在合闸终了时用力不可过猛,以免损坏设备,使机构变形、瓷绝缘子破裂等;若发生误合隔离开关的情况,也不得将隔离开关再拉开;当误拉隔离开关时,在刀片刚要离开固定触头时,即便发生电弧,这时应立即合上,可以消灭电弧,避免事故;如果隔离开关已经全部拉开,则绝不允许将误拉的隔离开关再合上;如果是单极隔离开关,操作一相后发现误拉,对其他两相则不允许继续操作。

6)在进行停电检修作业时,为了保证人员的人身安全,停电时应按以下顺序操作:分断路器→分隔离开关主闸刀→合接地闸刀→进行检修;送电时应该按以下顺序操作:分接地闸刀→合隔离开关主闸刀→合断路器。

7. 三工位隔离开关

所谓三工位是指三个工作位置:①隔离开关主断口接通的合闸位置;②主断口分开的隔离位置;③接地侧的接地位置。

三工位隔离开关其实就是整合了隔离开关和接地开关两者的功能,并由一把刀来完成,这样就可以实现机械闭锁,防止主回路带电合地刀,因为一把刀只能在一个位置,而不像传统的隔离开关,主刀是主刀,地刀是地刀,两把刀之间就可能出现误操作。而三工位隔离开关用的是一把刀,一把刀的工作位置在某一时刻是唯一的,不是在主闸合闸位置,就是在隔离位置或接地位置。传统中,隔离开关和接地开关是两个功能单元,使用电气联锁进行控制,现在最新的设计就是使用三工位隔离开关,避免了误操作的可能性。三工位隔离开关的操作机构如图 3-6-4 所示,图 3-6-5 和图 3-6-6 分别为三工位隔离开关的内部结构示意图和触头动作位置示意图。

图 3-6-4　三工位隔离开关操作机构
1—操作手柄插入孔　2—机械位置指示

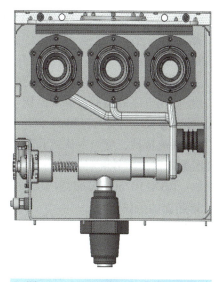

图 3-6-5　三工位隔离开关内部图

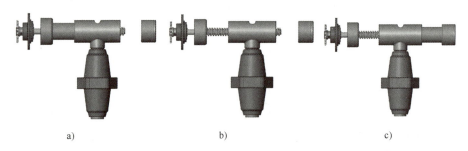

图 3-6-6　三工位隔离开关触头动作位置

三个位置在操作机构上非常明确。中间位置是隔离位置，两端分别为合闸及接地位置。中间隔离位置的动触头在绝缘螺杆驱动下，向两端极限位运动，使之与两端的静触头充分接触，分别实现合闸和接地。三工位隔离开关可以电动，也可以手动操作。正常情况下，优先采用电动功能，只有在电动功能失效或分合闸不到位时才采用手动操作。三工位开关操作过程中，闭锁断路器操作。

二、熔断器

1. 熔断器的作用及特点

熔断器（文字符号为 FU，图形符号为 ─▭─ ）俗称保险，是一种开断电器，也是最早使用、结构最为简单的保护电器，主要用于线路、电力变压器、电压互感器、电容器组和电动机等设备的短路及过载保护。当被保护元件由于过载或短路引起电流超过某一数值时，熔断器能在规定的时间内迅速动作，切断电源从而达到保护设备、保证电路正常部分免遭短路破坏的目的。

熔断器具有结构简单、体积小、布置紧凑、价格低廉、维护方便、使用灵活、动作直接、不需要继电保护和二次回路相配合等优点。缺点是：每次熔断后须停电更换熔体才能再次使用，增加了停电时间，保护特性不稳定，可靠性低；保护选择性不易配合。

2. 熔断器的分类和型号

熔断器的分类方法较多，常用的有以下几种：

1）按安装地点，分为户内式和户外式。
2）按使用电压的高低，分为高压熔断器和低压熔断器。
3）按灭弧方法，分为瓷插式（C）、封闭产气式（M）、封闭填料式（T）和产气纵吹式。
4）按限流特性，分为限流式和非限流式。

高压熔断器的型号说明如图 3-6-7 所示。

例如：RW4-10/50 型，即指额定电流 50A、额定电压 10kV、户外式高压熔断器。

3. 熔断器的保护特性

熔断器由熔管、金属触头及触头座、熔体、支持绝缘子和底座构成，熔体是主要部件。熔断器工作时需与被保护元件串联在电路中，其内部金属熔体是一个易于熔断的导体，也是电路中最薄弱的导电环节。在正常工作状态下，通过熔体的电流较小，熔体的温度虽然上升，但不致达到熔点，熔体不会熔化，电路能可靠接通。一旦电路发生过负荷或短路故障时，电流显著增大，并使熔体迅速升温超过熔点，在被保护设备的温度未达到破坏其绝缘之

第三章 城市轨道交通变电所中的一次设备

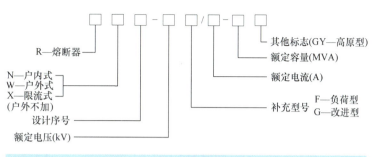

图 3-6-7 高压熔断器的型号说明

前熔化,将电路切断,从而使线路中的电气设备得到了保护。

熔断器的开断能力决定于熄灭电弧能力的大小。熔体熔化时间的长短,取决于通过电流的大小和熔体熔点的高低。当电路中通过很大的短路电流时,熔体将爆炸性地熔化并汽化,迅速熔断;当通过不是很大的过电流时,熔体的温度上升得较慢,熔体熔化的时间也就较长。熔体材料的熔点高,则熔体熔化慢、熔断时间长;反之,熔断时间短。

熔体的额定电流是指熔体长期通过而不熔断的电流。熔断器的额定电流是指固定熔体的导电部分(触头)允许长期通过的电流。同一熔断器可装入不同的熔体,但熔体的额定电流不能超过熔断器的额定电流。

熔断器的保护特性是指通过熔体的电流与熔断时间的关系。熔断器的保护特性曲线(也称熔断器的安秒特性)如图 3-6-8 所示。

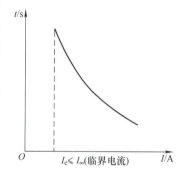

图 3-6-8 熔断器的保护特性曲线

熔断器的保护特性与熔断器的结构形式有关,各类熔断器的保护特性曲线均不相同。由图 3-6-8 所示曲线可见,当熔断电流为 I_∞ 时,熔体的熔断时间在理论上是无限大的,即熔体不会熔断。I_∞ 称为最小熔化电流,或称为临界电流。

熔体的额定电流 I_e 应小于 I_∞,I_∞ 与 I_e 的比值通常为 1.5~2,称作熔化系数。该系数反映熔断器在过载时的不同保护特性。

熔断器的保护特性曲线是选择熔断器的重要依据。

4. 熔断器的结构

熔断器主要由熔断体、载熔件和底座组成。另外,有的熔断器还具有熔管、充填物、熔断指示器等结构部件。

(1) 熔断体 熔断体是熔断器的主要部分,包括熔体。熔体是熔断器的核心部件,它是一个最薄弱的导电环节,正常情况下用于导通电路,故障情况下熔体熔化并切断电路以保护设备或线路。

熔体按使用材料的不同可分为高熔点熔体和低熔点熔体。铅、锌、锡及其合金的熔点低、电阻率大,所制成的熔体截面积也较大,在熔化时将产生大量的金属蒸气,使电弧不易熄灭,所以这类熔体一般用在 500V 及以下的低压熔断器中;铜、银等材料熔点高、电阻率较低,所制成的熔体截面积可较小,有利于电弧的熄灭。

对于高熔点材料,在小而持续时间长的过负荷时,熔体不易熔断,结果使熔断器损坏。

71

为此，在铜或银熔体的表面焊上小锡球或小铅球，当熔体发热到锡或铅的熔点时，锡或铅的小球先熔化，而渗入铜或银的内部，形成合金，电阻增大，发热加剧，同时熔点降低，首先在焊有小锡球或小铅球处熔断，形成电弧，从而使熔体沿全长熔化。这种方法称为"冶金效应"法，亦称为金属熔剂法。

(2) 载熔件　载熔件是熔断器的可动部件，用于安装和拆卸熔体。通过其接触部分将熔体固定在底座上，并将熔体与外部电路连接。载熔件通常采用触点的形式。

(3) 底座　底座是熔断器的固定部件，装有供电路连接的端子，包括绝缘件和其他必需的所有部件。绝缘件用于实现各导电部分的绝缘和固定。

(4) 熔管　熔管是熔断器的外壳，用于放置熔体，可以限制熔体电弧的燃烧范围，并具有一定的灭弧作用。

(5) 充填物　充填物一般采用固体石英砂，它是一种热导率很高的绝缘材料，用于冷却和熄灭电弧。石英砂填料之所以有助于灭弧，是因为石英砂具有很大的热惯性与较高的绝缘性能，并且因它为颗粒状，同电弧的接触面较大，能大量吸收电弧的能量，使电弧很快冷却，从而加快电弧熄灭过程。

(6) 熔断指示器　熔断指示器用于反映熔体的状态（即完好或已熔断）。

5. 熔断器的主要技术参数

表征熔断器技术特性的主要参数如下：

(1) 额定电压　熔断器长期能够承受的正常工作电压，即为其额定电压，也即安装处电网的额定电压。

(2) 额定电流　熔断器壳体部分和载流部分允许通过的长期最大工作电流，即为其额定电流。长期通过此电流时，熔断器不会损坏。

(3) 熔体的额定电流　熔体允许长期通过而不会熔断的最大电流，即为其额定电流。

(4) 极限断路电流　熔断器所能断开的最大短路电流，即熔断器的极限断路电流。若被断开的电流大于此电流时，有可能使熔断器损坏，或由于电弧不能熄灭引起相间或接地短路。

6. 10kV 户内式高压熔断器

户内式高压熔断器全部是限流型熔断器，其熔体装在充满石英砂的密封瓷管内。当短路电流通过熔体使其熔断时，电弧产生在石英砂的填料中，受到石英砂颗粒间狭沟的限制，弧柱直径很小，同时电弧还受到很多的气体压力作用和石英砂对它的强烈冷却，所以限流型熔断器灭弧能力强，在短路电流未达到最大值时就将电弧很快熄灭，因而可限制短路电流的发展，大大减轻了电气设备所受危害的程度，降低了对被保护设备动、热稳定性的要求。同时，因其在开断电路时无游离气体排出，所以在户内配电装置中广泛采用。

高压限流型熔断器包括熔管和熔体，熔管内配置有瓷柱，瓷柱上等间距绕有熔体，熔管的两端配置有压帽，其间填充有石英砂。由高电阻和低电阻两种不同金属丝组成的熔体与经化学处理过作为灭弧介质的高纯度石英砂一起密封于熔管内，熔管采用耐高温的高强度氧化铝瓷制成。在线路发生故障时，熔体熔化，产生电弧，石英砂立即将电弧熄灭，切断电路，起到保护电路的作用。以 RN1 型为典型代表的设计序号为奇数系列的熔断器，用于 3～35kV 的输电线路和电气设备的过载和短路保护；以 RN2 型为代表的设计序号为偶数系列的熔断器，专门用于 3～35kV 的电压互感器的过载及短路保护。

图 3-6-9a 是 RN1 和 RN2 型熔断器的结构示意图，熔断器由两个支柱绝缘子、触头座、

熔管及底座四个部分组成。熔断体 1 卡在静触头座 2 内，静触头座 2 和接线座 5 固定在支柱绝缘子 3 上，支柱绝缘子固定在底座 4 上。

图 3-6-9b 是额定电流大于 7.5A 的熔管的内部结构。由两种不同直径的铜丝做成螺旋形，连接处焊有小锡球，在熔断体内还有细钢丝 13 作为指示器熔体，它与熔体 10 并联，一端电流流过时，熔体在小锡球处熔断，产生电弧，电弧使熔体 10 沿全长熔断，随后细钢丝 13 熔断，熔断指示器 14 被弹簧弹出。

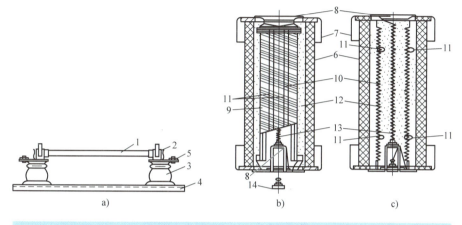

图 3-6-9　RN1 和 RN2 型熔断器
a）RN1 和 RN2 型熔断器的结构示意图　b）、c）RN 型熔断器熔管的内部结构
1—熔断体　2—静触头座　3—支柱绝缘子　4—底座　5—接线座　6—熔管　7—端盖
8—顶盖　9—陶瓷芯　10—熔体　11—小锡球　12—石英砂　13—细钢丝　14—熔断指示器

图 3-6-9c 是额定电流小于 7.5A 的熔管的内部结构。熔管 6 两端有黄铜端盖 7，熔管内有绕在陶瓷芯 9 上的熔体 10，熔体 10 由几根并联的镀银铜丝组成，中间焊有小锡球 11。

7. 10kV 户外式高压熔断器

10kV 户外式高压熔断器常用的有 RW 系列。RW 系列熔断器又称为跌落式熔断器，主要用于输电线路和电力变压器的过负荷与短路保护。其主要结构包括瓷质绝缘子、接触导电部分和熔管三部分，熔管内安放了熔体，并填充了高温下能产生大量气体的有机纤维材料。

图 3-6-10 为 RW4-10 型跌落式熔断器的结构示意图。正常运行时，熔管上端的动触头依靠熔体的张力拉紧，合闸后被上方静触头压紧而处于合闸状态，此时电路接通。

当短路电流通过电路使熔体熔断时，熔管内产生电弧，在电弧高温作用下产生大量的气体，对电弧形

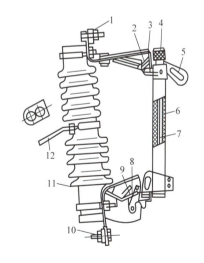

图 3-6-10　RW4-10 型跌落式
熔断器的结构示意图
1—上接线端　2—上静触头　3—上动触头
4—管帽　5—操作环　6—熔管　7—熔体
8—下动触头　9—下静触头　10—下接线端
11—绝缘子　12—固定安装板

成纵吹，使电弧熄灭。同时，上方动触头因熔体熔断，张力消失，熔管以下静触头为支点，依靠自身重量而向下翻转跌落，形成明显断开点，切断故障。

RW系列熔断器虽然有灭弧装置，但其灭弧速度较慢，短路电流通常会达到最大值，不像RN系列熔断器那样能在最大冲击电流出现之前灭弧，所以RW系列熔断器属于"非限流式"熔断器。

三、高压负荷开关

1. 负荷开关的作用

高压负荷开关（文字符号为QL，图形符号为————）是一种带有简单灭弧装置，具有一定的灭弧能力，能开断和关合额定负荷电流的开关电器，断开后有明显的断口，可隔离电源。它具有一定的分合闸速度，能通过一定的短路电流，也可用来断开正常的负荷电流和分合小于一定倍数（通常为3~4倍）的过载电流，但不能断开短路电流。因此，高压负荷开关不能作为电路中的保护开关，只能与具有开断短路电流能力的开关设备配合使用，最常用的是高压负荷开关与熔断器配合，正常的负荷电流操作由负荷开关来完成，故障电流由熔断器来实现分断。高压负荷开关可用于控制供电线路的负荷电流，也可用来控制空载线路、空载变压器及开断和关合大容量的电容器组等。

负荷开关在分闸位置时要有明显可见的断口，可起到隔离开关的作用。当负荷开关与高压断路器串联使用时，负荷开关作为操作电器投切电路的正常负荷电流，断路器作为保护电器开断电路的短路电流及过负荷电流。

高压负荷开关具有高压隔离开关的所有功能，其灭弧能力不如断路器，只具备高压断路器的部分功能，它是介于高压断路器和隔离开关之间的一种开关设备，其造价也介于同电压等级的断路器和隔离开关之间。

现代负荷开关有两个明显的特点：一是具有三工位，即合闸、分闸、接地；二是灭弧与载流分开，灭弧系统不承受动、热稳定电流，而载流系统不参与灭弧。

2. 负荷开关的分类

负荷开关多种多样，按其灭弧方式可分为油负荷开关、磁吹负荷开关、压气式负荷开关、产气式负荷开关、真空负荷开关和SF_6负荷开关等，按安装地点可分为户内式和户外式，按是否带熔断器可分为带熔断器式和不带熔断器式。

3. 负荷开关的结构

高压负荷开关结构上同高压隔离开关类似，但在触头断开处多了灭弧喷嘴，同时考虑到短路保护的需要，加装了熔断器。

图3-6-11为FN3-10RT型高压负荷开关的结构示

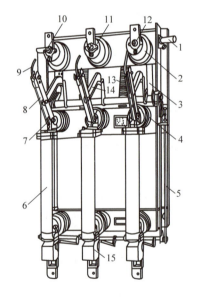

图3-6-11 FN3-10RT型高压负荷开关的结构示意图

1—主轴 2—上绝缘子兼气缸 3—连杆
4—下绝缘子 5—框架 6—RN1型熔断器
7—下触座 8—闸刀 9—弧动触头
10—绝缘喷嘴（内有弧静触头）
11—主静触头 12—上触座 13—断路弹簧
14—绝缘拉杆 15—热脱扣器

意图。负荷开关上端的绝缘子是一个简单的灭弧室,它不仅起到支持绝缘子的作用,而且其内部是一个气缸,装有操动机构主轴传动的活塞,绝缘子上部装有绝缘喷嘴和弧静触头。当负荷开关分闸时,闸刀一端的弧动触头与弧静触头之间产生电弧,同时分闸时主轴转动带动活塞,压缩气缸内的空气,从喷嘴向外吹弧,使电弧迅速熄灭。同时,其外形与户内隔离开关相似,也有明显的断口,因此它同时具有隔离开关的作用。

4. 高压负荷开关的灭弧原理

高压负荷开关的灭弧方式通常采用压气式吹弧或产气式吹弧原理灭弧。压气式吹弧是在开关分闸时,操动机构带动活塞压缩空气,压缩空气由喷嘴高速喷出,使电弧熄灭。产气式吹弧是负荷开关的喷嘴中填充了产气材料,在电弧高温的作用下,喷嘴中产生出大量气体高速喷向电弧,使电弧冷却熄灭。

第七节　断路器的操动机构

一、操动机构的作用、结构及分类

1. 操动机构的作用

操动机构是用来使断路器进行分闸、合闸,并将断路器合闸后保持在合闸位置的电气设备。操动机构的工作性能和质量的优劣,对断路器的工作性能和可靠性起着极为重要的作用。对操动机构的要求主要有以下几个方面。

1)在各种规定的使用条件下,均应可靠地合闸,并维持在合闸位置。在正常工作时,电路中流过的是工作电流,必须能可靠地合闸。当断路器关合有故障的电路时,电路中流过的是短路电流,存在阻碍断路器合闸的电动力,操动机构必须能克服短路电流产生的电动力的阻碍,当合闸电源电压、气压或液压在一定范围内变化时,仍能可靠地工作。当电压、气压或液压在下限值(规定为额定值的80%或85%)时,操动机构应使断路器具有关合短路故障的能力;而当电压、气压或液压在上限值(规定为额定值的110%)时,操动机构不应出现由于操动力、冲击力过大等原因使断路器的零部件损坏的现象。

由于在合闸过程中,合闸命令的持续时间很短,而且操动机构的操作功也只在短时间内提供,因此操动机构中必须有保持合闸的部件,以保证在合闸命令和操作功消失后,能使断路器仍保持在合闸位置。

2)接到分闸命令后应迅速、可靠地分闸。操动机构应具有电动和手动分闸功能。当接到分闸命令后,为满足灭弧性能要求,断路器应能快速分闸,且分断时间应尽可能缩短,以减少短路故障存在的时间。为了能达到快速分闸和减少分断时间,在操动机构中应有分闸省力机构。对于电磁、气动、液压等操动机构,还要求当分闸电源电压、气压或液压在一定范围内变化时仍能可靠工作。当电压、气压或液压在下限值(规定为额定值的30%~65%)时,操动机构应仍使断路器正确分闸;而当电压、气压或液压在上限值(规定为额定值的110%)时,操动机构不应出现因操动力过大而损坏断路器零部件等现象。

3)具备自由脱扣功能。自由脱扣的含义是在断路器合闸过程中,如操动机构又接到分闸命令,则操动机构不应继续执行合闸命令而应立即分闸。当断路器关合有短路故障的电路时,若操动机构没有自由脱扣功能,则必须等到断路器的动触头关合到底后才能分闸。对于有自由脱扣功能的操动机构，则不管触头关合到什么位置，也不管合闸命令是否解除，只要接到分闸命令，断路器就能立即跳闸。

4）具备防跳跃功能。当断路器关合有短路故障的电路时，断路器将自动分闸。此时，若合闸命令还未解除，则断路器分闸后又将再次合闸，接着又会分闸。这样，就有可能使断路器连续多次合、分短路故障电路，这一现象称为"跳跃"。出现"跳跃"现象时，断路器将连续多次合、分短路电流，造成触头严重烧伤，甚至引起断路器爆炸事故。防"跳跃"措施有机械的和电气的两种方法。

5）机构各部件具备自动复位功能。断路器分闸后，操动机构中的各个部件应能自动地回复到准备合闸的位置。因此，操动机构中还需装设一些复位用的零部件。

6）联锁装置可靠、完备。为了保证操动机构的动作可靠，要求操动机构具有一定的联锁装置。常用的联锁装置有：

① 分、合闸位置联锁。保证断路器在合闸位置时，操动机构不能进行合闸操作；断路器在分闸位置时，操动机构不能进行分闸操作。

② 低气（液）压与高气（液）压联锁。当气体或液体压力低于或高于额定值时，操动机构不能进行分、合闸操作。

③ 弹簧机构中的位置联锁。弹簧储能不到规定要求时，操动机构不能进行分、合闸操作。

7）配有可靠的缓冲装置。断路器的分、合闸速度很高，要使高速运动的零部件立即停下来，不能采用在行程终了处装设止钉的简单办法，而必须用缓冲装置来吸收分、合闸后剩余的动能，以防止断路器中某些零部件因受到很大的冲击力而损坏。缓冲装置应有较短的复位时间，以便为下次动作做好准备。常见的缓冲装置有弹簧缓冲器、橡皮缓冲器、油、气缓冲器等。

2. 操动机构的结构

断路器的分、合闸要靠操动机构来实现，而操动机构需要能源才能动作，因此必须有传动系统来传动操作功，这样才能实现断路器的分、合闸。根据操动机构的作用，它一般由下列几部分组成：

（1）能量转换装置　能量转换装置的作用是把其他形式的能量转换成机械能，使操动机构按规定目的发生机械运动。这类装置有电磁铁、电动机、液压传动工作缸、压缩空气工作缸等。该装置应能提供足够的操作功用以克服断路器的机械静力矩和短时的电动力矩，保证断路器的分、合闸速度。

（2）传动机构　传动机构是操动机构的执行元件，用以改变操作功的大小、方向、位置，使断路器改变工作状态。它多由连杆机构、拐臂、拉杆、油、气管道等元件组成。要求它的机械惯性小，传动速度大，能量损失少，动作准确、可靠。

（3）保持与脱扣机构　既可使断路器可靠地保持在合闸位置，又可迅速解除合闸位置，使断路器进入自由分闸状态的装置称为保持与脱扣机构。

保持机构多由动作灵活的机械卡销组成。

脱扣机构的自由脱扣是指不论合闸做功元件处在何种位置（如断路器处在合闸过程中），只要分闸做功元件起动机构，机构都应使断路器可靠分闸。

（4）控制系统　操动机构的控制系统有电控、气控、油控等类型，用于实现对断路器的远距离控制，保持或释放操作功。

（5）缓冲装置　缓冲装置用于吸收做功元件完成分、合闸操作后剩余的操作功，使机构免受机械冲击。缓冲装置应有较短的复位时间，以便为下次动作做好准备。此外，在行程终了处运动部分不应有显著的反弹。它一般装在提升机构的旁边。常见缓冲装置有油缓冲器、弹簧缓冲器、气体缓冲器、橡皮缓冲器。

（6）闭锁装置　闭锁装置的作用是防止断路器的误操作和误动作，如位置闭锁（弹簧储能不合要求时机构拒动）、高压力与低压力闭锁（指油、气压力不合要求时机构拒动）等。

3. 操动机构的类型及特点

按操动机构所用操作能源的能量形式的不同可分为以下几种。

1）手动操动机构（CS）：指用人力合闸的操动机构。其优点是结构简单、价廉，不需要合闸能源。缺点是不能遥控和自动合闸；合闸能力小；就地操作，不安全。它一般用于10kV以下、开断电流为6kA以下的断路器或负荷开关。

2）电磁操动机构（CD）：指用直流螺线管电磁铁产生的电磁力合闸，靠已储能的分闸弹簧或分闸线圈分闸的操动机构。其优点是结构简单，加工容易，可进行远距离控制和自动重合闸。缺点是需要大功率的直流电源，耗费材料多。过去126kV及以下的油断路器大部分采用电磁操动机构，但不是主流发展方向。

3）电动机操动机构（CJ）：指用电动机合闸与分闸的操动机构。其优点是可用交流电源。缺点是要求电源的容量较大（但小于电磁操动机构），只用于容量较小的断路器，国内很少生产。

4）弹簧操动机构（CT）：指事先用人力或电动机使合闸弹簧储能进行合闸，靠已储能的分闸弹簧进行分闸的操动机构。其优点是动作快，可实现自动重合闸的功能，需要的电源容量较小，交直流电源均可用，暂时失去电源时仍能操作一次。缺点是结构较复杂，零部件的加工精度要求高。它可用于交流操作，适用于110kV及以下的断路器，是35kV及以下断路器配用的操动机构的主要品种。

5）气动操动机构（CQ）：指用压缩空气推动活塞实现分、合闸的操动机构。其优点是不需要直流电源，暂时失去电源时仍能操作多次。缺点是需要空压设备；属大功率的操动机构，结构比较笨重。它适用于有压缩空气源的开关站。

6）液压操动机构（CY）：指用高压油推动活塞实现分、合闸操作的操动机构。其优点是功率大，动作迅速，操作平稳，可实现自动重合闸，不需要直流电源，在暂时失去电源时仍能操作多次。缺点是结构复杂，加工精度要求高，价格较贵。它适用于110kV及以上的高压断路器，是超高压断路器配用的操动机构的主要品种。

二、电磁操动机构

下面以广泛应用于10kV和35kV断路器的CD2-40型电磁操动机构为例介绍电磁操动机构的基本结构和动作原理。

CD2-40型电磁操动机构由传动机构、自由脱扣机构、电磁系统及缓冲法兰等部分组成，配有辅助开关、接线板等辅助元件。图3-7-1为CD2-40型电磁操动机构的结构示意图。

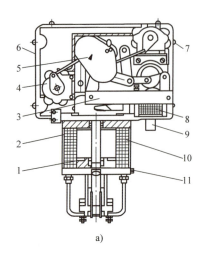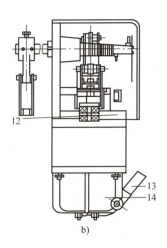

图 3-7-1 CD2-40 型电磁操动机构的结构示意图
a) 正面结构　b) 侧面结构
1—合闸铁心　2—方形磁轭　3—接线板　4—信号用辅助开关　5—分合指示牌
6—罩壳　7—分、合闸辅助开关　8—分闸线圈　9—分闸铁心　10—合闸线圈
11—接地螺栓　12—拐臂　13—操作手柄　14—盖

操动机构的中部是电磁系统,它由合闸线圈 10、合闸铁心 1 和方形磁轭 2 组成。操动机构的铸铁弯板及方板为电磁回路的一部分。为了防止铁心吸合时粘附板上,特加一黄铜垫圈和压缩弹簧以保证铁心合闸终了时迅速下落。线圈和铁心间装一铜套管,防止铁心运动时磨损线圈。

操动机构的下部由帽状铸铁盖和分闸橡胶缓冲垫组成。盖上装有手动合闸手柄,检修时在手柄上套入 500~800mm 长的铁管即可进行手动缓合闸。橡胶缓冲垫在铁心合闸后下落时起缓冲作用。该机构有铁罩做封盖,罩的中部有一圆孔指示分合状态。

电磁操动机构的分、合闸过程示意图如图 3-7-2 所示。主轴 O_1 与断路器的传动轴连接。操动机构有固接于主轴 O_1 上的拐臂 1,三个同样尺寸的连杆 2、3 及 4,在轴销 B 上有滚轮 11,还有两个同样尺寸的连杆 5 及 6,以及装有弹簧的鞍架 7。拐臂与连杆之间用轴销连接,连杆 4 可绕着不动轴 O_2 转动,连杆 6 可绕着不动轴 O_4 转动。

图 3-7-2a 是机构在准备合闸前的分闸位置,此时连杆 5 与连杆 6 连接点超过死点,调节螺栓 8 阻止其移动,这样使轴销 C 点变成一个瞬时的固定点。

(1) 合闸操作　合闸电磁铁通电,合闸滚轮 11 升起。此时,连杆 3 绕着 O_3 旋转,借助连杆 2、拐臂 1,使主轴 O_1 旋转,带动断路器传动轴使断路器合闸并保持合闸。当滚轮 11 升起时,迫使鞍架 7 向左。合闸结束后,鞍架 7 已脱离滚轮作用,在弹簧力的作用下,向右返回,顶住滚轮 11,保持机构在合闸位置。图 3-7-2b 为合闸过程。图 3-7-2c 为合闸动作结束(铁心未落下)。图 3-7-2d 为合闸位置。

(2) 分闸操作　分闸时电磁铁线圈 12 通电,分闸电磁铁铁心顶杆 9 向上运动,使轴销 C 点脱离死区向上运动,轴销 O_3 向右移动,于是滚轮 11 从鞍架 7 上落下,操动机构主轴 O_1 在断路器分闸弹簧的作用下,沿着逆时针方向转动,使断路器分闸。操动机构经过图 3-7-2e

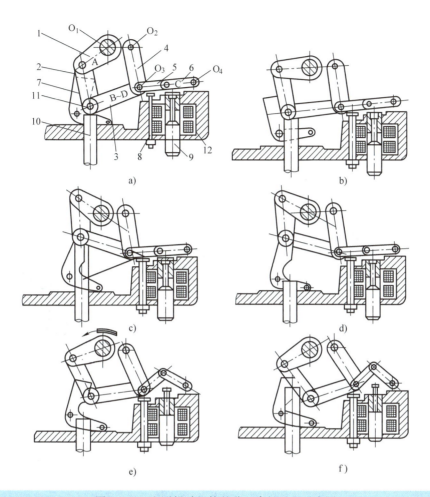

图 3-7-2 电磁操动机构的分、合闸过程示意图
a）准备合闸状态 b）合闸过程 c）合闸动作结束 d）合闸位置 e）分闸动作 f）自由脱扣动作
1—拐臂 2、3、4、5、6—连杆 7—鞍架 8—调节螺栓 9—分闸电磁铁铁心顶杆
10—合闸电磁铁铁心顶杆 11—滚轮 12—电磁铁线圈

到达图 3-7-2f 所示的分闸位置。

（3）自由脱扣 当断路器关合短路故障电流时，不管合闸命令是否解除，只要接到分闸命令，断路器能立刻分闸，图 3-7-2f 所示就是这种情况。当断路器操动机构接到分闸命令后，即使合闸命令尚未解除、合闸电磁铁铁心顶杆 10 仍在向上运动，但分闸电磁铁铁心顶杆 9 已向上运动，使轴销 C 点脱离死区，在连杆 4、5、6 的作用下，轴销 O_3 向右移动，于是滚轮 11 从合闸电磁铁铁心顶杆 10 上落下，断路器分闸，这就是自由脱扣。连杆 4、5、6 成为自由脱扣装置。

三、弹簧操动机构

弹簧操动机构是一种以弹簧作为储能元件的机械式操动机构，可用于交流操作，适用于 110kV 及以下的断路器，是 35kV 及以下断路器配用的操动机构的主要品种。

弹簧操动机构有多种形式，常用的有 CY2-XG 型、CT6-X 型、CT-14 型、CT-100 型等。

1. 弹簧操动机构的结构

利用已储能的弹簧为动力使断路器动作的操动机构称为弹簧操动机构。弹簧储能通常由电动机通过减速装置来完成。对于某些操作功不大的弹簧操动机构，为了简化结构、降低成本，也可手动来储能。弹簧操动机构通常由储能机构、电磁系统、机械系统三部分组成，其外形图如图 3-7-3 所示。

图 3-7-3　弹簧操动机构的外形图
1—储能电动机　2—储能弹簧　3—合闸按钮　4—合闸线圈
5—分合指示　6—辅助开关　7—端子板

断路器弹簧机构动作

1）储能机构通常由储能电动机、变速齿轮离合器、蜗轮、蜗杆、连杆、拐臂、合闸弹簧或带式轮、棘爪、棘轮等组成。在变速齿轮轴上可以套装储能的手柄和储能指示器。

2）电磁系统由合闸线圈、分闸线圈、辅助开关、联锁开关和端子板等组成。

3）机械系统包括合、分闸机构和输出轴。

2. 弹簧操动机构的工作原理

下面结合 CT-100 型弹簧操动机构的结构来具体介绍弹簧操动机构的动作原理。图 3-7-4 为 CT-100 型弹簧操动机构的结构示意图。弹簧操动机构的工作可以分为储能、合闸、分闸三个阶段。

（1）储能过程　电动机通电后转动或将摇把插入变速箱手动储能轴上，摇把顺时针方向转动，经两级蜗轮、蜗杆减速，将动能传至第二级蜗轮上，再通过轴销、棘爪来驱动储能轴转动，从而使合闸弹簧被拉伸而储能。当储能轴右端的拐臂过了最高点后，减速箱外的合闸掣子将凸轮定位件锁住，保证合闸弹簧储能，以备合闸。同时，通过装在储能轴上的拉杆将行程开关触点切换，电动机断电，储能过程结束。

（2）合闸过程　按合闸按钮，令合闸电磁铁受电动作，合闸铁心将撞击合闸掣子，合闸掣子与凸轮定位件解锁，合闸弹簧通过凸轮和两组四连杆机构将动能传至动导电杆上，动导电杆从而向上运动，断路器合闸。同时：①主传动轴上的拐臂带动分闸弹簧拉伸储能；②主传动轴上的拐臂转到合闸位置后，拐臂上的滚子被与之对应的合闸掣子锁扣，合闸弹簧处于储能状态；③与储能轴相连的拉杆将行程开关触点转换，接通电动机回路，电动机转动,再令合闸弹簧储能。

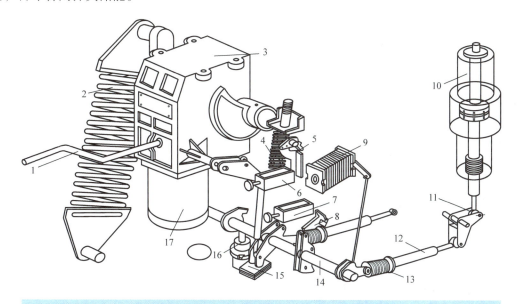

图 3-7-4　CT-100 型弹簧操动机构的结构示意图
1—摇把　2—合闸弹簧　3—变速箱　4—分闸弹簧　5—合闸掣子　6—合闸电磁铁　7—分闸电磁铁
8—分闸掣子　9—辅助开关　10—真空灭弧室　11—杆端关节轴承　12—绝缘拉杆　13—触头弹簧
14—主轴　15—橡皮缓冲器　16—油缓冲器　17—电动机

(3) 分闸过程　按分闸按钮,令分闸电磁铁受电动作,其铁心撞击分闸掣子,使其脱扣,分闸弹簧释放能量,通过拐臂使主传动轴反向转动,经传动四连杆令动导电杆向下运动,断路器分闸。同时,主传动轴上的拐臂撞击油缓冲器和橡皮缓冲器,起分闸缓冲和分闸定位作用。

与电磁操动机构相比,弹簧操动机构具有以下特点:

1) 弹簧操动机构成套性强,不需要配置其他附属设备,不受环境温度的影响,性能稳定,运行可靠。

2) 弹簧操动机构采用事先储存在弹簧内的势能作为断路器合闸的能量,不需要大功率的直流电源,紧急情况下也可用手动储能,电动机功率小(几百瓦到几千瓦);交直流两用;适宜于交流操作。

3) 根据需要可构成不同合闸功率的操动机构,其独立性和适应性强,可在各种场合使用,因此可以配用于 10~220kV 各电压等级的断路器中。

4) 动作比电磁操动机构快,可以缩短断路器的合闸时间。

其缺点是结构比较复杂,机械加工工艺要求比较高,随着机构操作功的增大,重量显著增加;合闸操作时的冲击力较大,要求有较好的缓冲装置。

四、液压操动机构

液压操动机构是指利用高压压缩气体(氮气)作为能源,液压油作为传递能量的媒介,注入带有活塞的工作缸,推动活塞做功,使断路器进行合闸和分闸的机构。液压操动机构按其操动方式可分为直接驱动式液压操动机构和储能式液压操动机构两种。常采用储能驱动方式，即利用蓄能器中预储的能量间接驱动操动活塞。

1. 液压操动机构的结构

液压操动机构主要由储能元件、控制元件、操动（执行）元件、辅助元件构成。

储能元件——蓄能器、液压泵、电动机等。蓄能器是充有高压力气体（氮气）的容器，由较小功率的电动机和液压泵组成。

执行元件——工作缸。它把能量转变为机械能，驱动断路器分、合闸。

控制元件——阀门。它用来实现分、合闸动作的控制以及联锁、保护等要求。

辅助元件——低压油箱、连接管路以及油过滤器、压力表、继电器、辅助开关等。

2. 液压操动机构的特点

液压操动机构的特点是：输出功率大，体积小，冲击力小，动作平稳，能快速自动重合闸，可采用交流或直流电动机供电，暂时失去电动机电源仍可操作，直至低压闭锁；但其结构复杂，密封及加工工艺要求高，价格较贵。

3. 液压操动机构的工作原理

液压操动机构采用差动原理，利用同一工作压力的高压油作用在活塞两侧的不同截面上产生作用力差，从而使活塞运动来驱动断路器进行分、合闸操作。

断路器液压操动机构的工作原理示意图如图 3-7-5 所示。

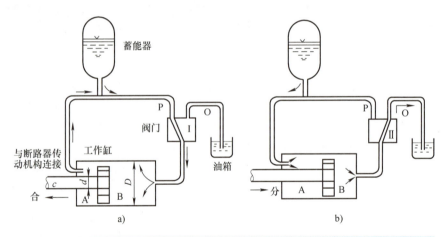

图 3-7-5 断路器液压操动机构的工作原理示意图
a) 合闸 b) 分闸

在图 3-7-5 中，工作缸活塞可以在水平方向左右移动，推动断路器分、合闸。活塞运动方向由阀门控制，图中工作缸左侧直接与蓄能器的高压油连通，右侧接阀门。如图 3-7-5a 所示，当阀门与蓄能器连通时，工作缸右侧也接高压油，但活塞两侧受压面积不等，右侧受压面积大，活塞将向左移动而带动断路器合闸。如图 3-7-5b 所示，当阀门转到与低压力的油箱连通时，活塞向右移动，使断路器分闸。

4. CY-3 型液压操动机构

CY-3 型液压操动机构是一种简易型液压操动机构，采用差动式工作缸，液压、连杆混合传动，控制部分只用一个主控阀和两个分合闸控制阀，元件少，结构简单，其结构如

图 3-7-6a 所示。

图 3-7-6b 中所示为机构处于分闸状态，主控阀 5 关闭，工作缸左侧接通高压油，右侧为低压，工作缸活塞维持在右边位置，断路器保持在分闸位置。

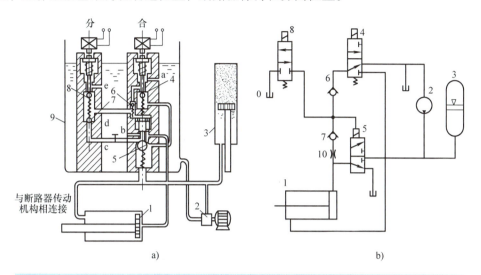

图 3-7-6 CY-3 型液压操动机构
a) 结构示意图 b) 液压油路示意图
1—工作缸 2—液压泵 3—蓄能器 4—合闸控制阀 5—主控阀
6、7—单向阀 8—分闸控制阀 9—油箱 10—节流阀

（1）合闸过程 合闸电磁铁通电，合闸控制阀 4 动作，关闭通向低压油箱的小孔 a，打开阀 4 的钢球使高压油进入单向阀 6 并使之开启。高压油通过阀 6 分为两路：一路通向主控阀活塞上方，使活塞动作，顶开钢球，同时关闭通向低压油箱的小孔 b，高压油经过主控阀 5 进入工作缸右侧，推动断路器合闸；另一路高压油通过单向阀 6 及小管 d 进入分闸控制阀 8 使之闭锁。

在合闸电磁铁断电后，合闸控制阀 4 及单向阀 6 关闭，而主控阀 5 依靠节流阀 10、小孔管 c、单向阀 7、小管 d 进来的高压油使其活塞及钢球维持在开启位置，工作缸及断路器维持在合闸状态。

（2）分闸过程 分闸电磁铁通电，打开分闸控制阀 8，主控阀 5 活塞上方高压油经过小管 d 与孔 e 泄放，主控阀关闭。工作缸右侧的高压油经小孔 b 流入油箱，而此时左侧仍接高压油，因此工作缸活塞向右方推动，断路器分闸。

差动式工作缸的液压操动机构存在着"慢分问题"。当机构处于合闸状态时，由于某种原因，机构的油系统失压，主控阀 5 活塞上面的维持油压也因泄漏而逐渐降低，致使主控阀 5 在弹簧作用下自动闭合。这时，工作缸活塞两侧都没有高压油，而断路器处于合闸位置。如果这时液压泵起动打压，由于主控阀已关闭，高压油只进入工作缸活塞左侧，因右侧为低压油，则随着压力上升，工作缸活塞连同断路器将做缓慢分闸。这种"慢分动作"是非常危险的，可能酿成严重事故，所以液压机构一般需设有防"慢分"的闭锁装置。

五、液压弹簧操动机构

液压弹簧操动机构是将弹簧作为储能部件、液压油作为传动载体的机构,具有结构紧凑、体积小、可靠性高、维护工作少、噪声小、安装方便、操作灵活的特点。

1. 结构

液压弹簧操动机构主要由储能部件、控制部件、控制回路、合分闸速度调节阀组成。储能部件包括电动机、液压泵、碟形弹簧、储能活塞及储能提升杆等。控制部件有行程开关。控制回路包括辅助开关、合分闸阀、切换阀。其结构示意图如图 3-7-7 所示。

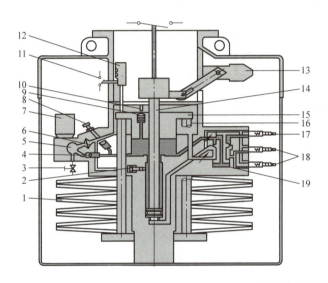

图 3-7-7 液压弹簧操动机构的结构示意图
1—储能弹簧 2—低压闭锁杆 3—放油阀 4—逆止阀 5—液压泵 6—过滤器 7—电动机
8—卸压顶针 9—过压卸压阀 10—过压卸压顶针 11—行程开关接点 12—行程开关压板
13—辅助开关 14—传动杆 15—储能活塞 16—储能提升杆 17—合闸阀(线圈)
18—分闸阀(线圈) 19—切换阀

2. 工作原理

(1) 储能 当机构失压时,行程开关的触点导通控制,电动机通电,电动机转动带动液压泵将油从低压区泵向高压区,随着高压油量的增加,高压油推动储能活塞向上运动,储能活塞带动提升杆向上运动,提升杆带动托盘压缩弹簧,到达预定位置时,行程开关的触点断开,电动机停转。由于密封系统的作用,弹簧被保持在压缩状态。

(2) 合闸 当碟形弹簧被压缩时传动杆的密封部位上部始终处于系统的高压之下,在分闸状态下,传动杆密封部位下部处于低油压状态下,这样传动杆被牢牢控制在分闸状态。当合闸阀接到合闸信号动作时,切换阀切换到合闸状态,传动杆底部与高压油相连,此时传动杆的上部和下部都充以高压油,由于压差的作用,传动杆向上运动,完成合闸操作,如图 3-7-8a 所示。在合闸状态下,当系统压力降低到一定程度时,闭锁杆上的弹簧推动其向里运动,顶住传动杆上的沟槽,使传动杆不能运动,实现机械闭锁。

（3）分闸 当分闸阀接到分闸信号动作时，切换阀切换到分闸状态，传动杆底部失压，传动杆上部的高压油推动传动杆向下运动，完成分闸操作，如图3-7-8b所示。

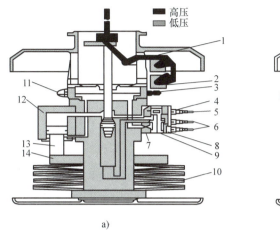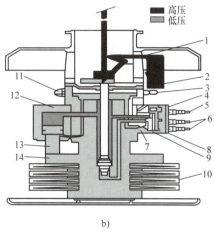

图3-7-8 液压弹簧操动机构的分、合闸示意图
a）合闸 b）分闸
1、2—辅助开关 3—低压接头 4—合闸节流螺塞 5—合闸控制阀 6—分闸控制阀 7—控制模块 8—换向阀
9—分闸节流螺塞 10—碟簧装置 11—油位观察窗 12—储能模块 13—储能活塞 14—支撑环

液压弹簧操动机构储能过程　　　液压弹簧操动机构合闸过程　　　液压弹簧操动机构分闸过程

第八节　成套设备

成套设备是按一定的接线方案，把一、二次电气设备（如开关电器、保护电器、检测仪表、载流导体）和必要的辅助设备组装在一起构成的在供电系统中进行接收、分配和控制电能的总体装置。

一、成套设备的分类与特点

按电气设备安装的地点，可分为户内式成套设备和户外式成套设备。按电压等级分成高压成套设备和低压成套设备，也可按结构形式分为固定式和移开式（抽屉式），或按开关柜隔离构成形式分为铠装式、间隔式、箱形、环网柜等。根据一次线路安装的主要元器件和用途，成套设备又可分为很多种柜，如油断路器柜、负荷开关柜、熔断器柜、电压互感器柜、隔离开关柜、避雷器柜等。按绝缘方式可分为敞开式和封闭式两种。

一般牵引变电所中常用到的成套配电装置有高压成套设备（也称高压开关柜）和低压

成套设备。低压成套设备只有屋内式一种，高压开关柜则有户内式和户外式两种。另外，还有一些成套设备，如高、低压无功功率补偿成套装置，高压综合起动柜、低压动力配电箱及照明配电箱等，在变电所也常使用。

　　成套设备的优点是体积小、安装容易、使用和检修方便，尤其适合于室内或地下使用。一般 35kV 及以下电气设备常采用户内式成套设备，既具有足够的可靠性，同时又能减少占地面积。若采用全封闭的形式，内充 SF_6 气体绝缘，则成套设备的体积更小，而且 110kV 及以上的电气设备也可以组合成成套设备，此类设备就是目前应用日益广泛的气体绝缘金属封闭组合电器。

二、高压开关柜

　　高压开关柜是常用的高压成套设备，根据一次电路的要求可分别组合成进线柜、馈线柜、联络柜等，在变电所中控制、保护变压器和高压线路，对供配电系统进行控制、监测和保护。其中安装有开关设备、保护电器、监测仪表、母线、绝缘子等。

　　高压开关柜分为固定式和手车式（移开式）两大类型。固定式高压开关柜柜内所有电器部件都固定在不能移动的台架上，构造简单，成本低。手车式高压开关柜检修方便，供电可靠性高。目前，常用的固定式高压开关柜都设置了防止电气误操作和保障人身安全的具有"五防"功能的闭锁装置。所谓"五防"为：①防止误操作断路器；②防止带负荷拉合隔离开关（防止带负荷推拉小车）；③防止带电挂接地线（防止带电合接地开关）；④防止带接地线（接地开关处于接地位置时）送电；⑤防止误入带电间隔。"五防"采用断路器、隔离开关、接地开关与柜门之间的强制性机械闭锁方式或电磁锁方式实现。

1. 固定式高压开关柜

　　图 3-8-1 为广泛应用于工频电压为 3～10kV、单相单母线系统的 GG-1A（F）-07S 型高压开关柜的外形图。柜体由角钢和薄钢板焊接而成，柜内用薄钢板隔开，上部为断路器室，下部为隔离开关室，主母线水平布置在开关柜顶部。

2. 手车式高压开关柜

　　手车式（或移开式）高压开关柜中一部分电器部件固定在可移动的手车上，另一部分电器部件装置在固定的台架上。当高压断路器出现故障需要检修时，可随时将其手车拉出，然后推入同类备用小车，即可恢复供电。因此，手车式高压开关柜检修方便、安全，恢复供电快，可靠性高，但价格较贵。图 3-8-2 为 GC-10（F）型手车式高压开关柜的外形图。

三、全封闭组合电器

1. 全封闭组合电器的定义

　　全部采用 SF_6 气体作为绝缘介质，并将所有的高压电器密封在接地金属筒中，金属封闭的开关设备称为全封闭组合电器（GIS）。它是由断路器、接地开关、隔离开关、电压互感器、电流互感器、避雷器、母线、套管 8 种高压电器组合而成的高压配电装置。英文全称为 Gas Insulated Substation。图 3-8-3 为 SF_6 全封闭组合电器的外形图。

第三章　城市轨道交通变电所中的一次设备

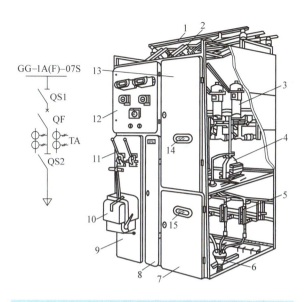

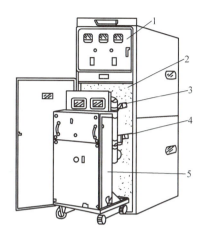

图 3-8-1　GG-1A（F）-07S 型高压开关柜的外形图
1—母线　2—母线侧隔离开关　3—断路器　4—电流互感器
5—线路侧隔离开关　6—电缆头　7—下检修门　8—端子箱门
9—操作板　10—操动机构　11—隔离开关操作手柄
12—仪表继电器屏　13—上检修门　14、15—观察窗

图 3-8-2　GC-10（F）型手车式高压
开关柜的外形图
1—仪表屏　2—手车室　3—上触头
4—下触头　5—断路器手车

图 3-8-3　SF_6 GIS 外形图

GIS 标准柜型

2. GIS 的组合元件

全封闭组合电器 GIS 一般由不同的间隔组成，由于采用了金属外壳全封闭的结构，因此其外形与前面所述的成套配电装置在外形上有很大的差别。从外表看，各种 GIS 只是形状各异的金属壳体，无法看到各种高压电气设备的连接情况。实际上其内部也是各种一次设备，但作为其组合元件，各一次设备也有各自的特点。图 3-8-4 为 GIS 的结构示意图。

（1）断路器　断路器常采用性能优良的 SF_6 断路器，在电压等级较低的场合，有时可以采用真空断路器，构成 SF_6 气体绝缘金属封闭的真空开关柜。

87

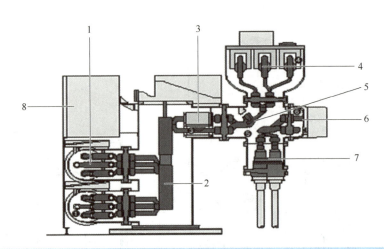

图 3-8-4　GIS 结构示意图

1—母线隔离/接地开关　2—断路器　3—电流互感器　4—电压互感器　5—馈线隔离/接地开关
6—快速接地开关　7—电缆终端　8—现地控制柜

(2) 隔离开关　隔离开关与传统的隔离开关有很大区别，外观上并无明显断点。按触头运动的方式，主要分为转动式和直动式两种。

(3) 接地开关　接地开关一般和隔离开关组合在一起，由同一机构进行操作。接地开关有低速和高速两种，快速接地开关必须具备关合短路电流的能力。

(4) 电流互感器　主要有两种结构。一种是以 SF_6 气体为主绝缘介质装在金属壳内的贯穿式，即一次导体就是互感器的一次绕组，可用于母线侧，又可用于断路器侧；另一种是开口式电缆结构，用于母线侧。

(5) 电压互感器　结构上和一般电压互感器相同，分为电容式和电磁式两种。电容式主要用于电压等级较高的场合。

(6) 避雷器　避雷器一般采用金属氧化物避雷器。金属氧化物避雷器体积小、保护性能优良的特点很适合 GIS。

(7) 母线　母线的布置形式主要有三相共筒式和分相式两种。三相共筒式是将三相母线封闭于一个金属圆筒内，分相式是将三相母线分别封闭在三个金属圆筒内。

(8) 充气套管与电缆密封终端　组合电器的进出线与架空线连接采用充气（SF_6）套管，进出线与电缆的连接则采用电缆密封终端。

3. GIS 的特点

SF_6 全封闭组合电器与一般配电装置相比有以下优点：

1) 运行安全、可靠。
2) 包装和运输以间隔为单元，检修周期长、维护工作量小。
3) 采用共箱式结构，高度集成，大量节省配电装置所占面积和空间。
4) 土建和安装工作量小，建设速度快，且配置灵活，环境适应性好。
5) 采用压气 + 自能式灭弧室，开断能力高，操作功小，减小电动力。
6) 抗震性能好。

SF_6 全封闭组合电器的缺点主要有：加工工艺要求高；金属消耗量大；造价较高；需要

专门的 SF_6 气体系统和压力监视装置，且对 SF_6 气体的纯度和水分都有严格的要求。

GIS 是一种性能优越的成套电器装置，其应用日益广泛，特别是在室内、地下（地铁供电系统）、高层建筑或电压等级较高的场合，GIS 的优越性是其他成套装置无法比拟的，因此 GIS 将成为未来高压成套电器装置的主流。目前，城市轨道交通的主变电所已普遍采用 GIS 作为高压开关柜，部分地铁公司的牵引变电所中采用 GIS 作为中压开关柜。

四、35kV 开关柜

1. 35kV 开关柜结构

在城市轨道交通变电所中的 35kV 开关柜主要是承担分配和接收主变压器提供的中压电能的作用。开关柜内的设备众多，主要有 ZX2 气体绝缘金属封闭开关柜本体、VD 真空断路器、三工位开关、电流互感器、电压互感器、开关柜保护和控制单元。ZX2 开关柜采用全金属进行封闭，分为母线气室、断路器室、电缆室和二次接线及断路器操作机构室。其中真空断路器、电缆插座安装在断路器气室内；三工位隔离开关、母线安装在母线气室内，每个气室设置一个泄压装置用以保护气室。控制和保护单元用于实现电量测量及状态的采集、联锁、报警、设备的控制、保护与监视等功能。

图 3-8-5 为 35kV 开关柜柜体外形图，图 3-8-6 为 35kV 开关柜的内部结构示意图。

图 3-8-5　35kV 开关柜柜体外形图

2. 35kV 开关手车三种位置

35kV 开关手车有"工作""试验""检修"三种位置。

1）工作位置：将开关手车推入柜内，使手车上的动触头与柜内的静触头构成电气连接；开关状态指示仪上"开关合位红灯"亮。

2）试验位置：将手车拉至试验位置使开关手车动、静触头断开；开关状态指示仪上，"开关分位绿灯"亮。

3）检修位置：开关手车在试验位置上，断开控制电源，拔开二次插件，将手车拉出柜外。

3. 35kV 开关柜联锁功能

为防止误操作，电气设备需设置联锁功能，联锁功能必须满足"五防"要求，联锁分电气联锁和机械联锁，电气联锁功能主要有：

1）断路器在操作过程中或处于合闸位置时，三工位隔离开关闭锁，不能操作。

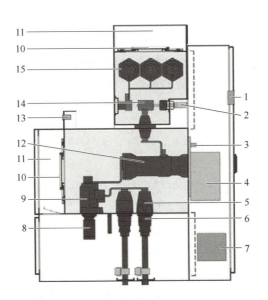

图 3-8-6 35kV 开关柜内部结构示意图
1—控制保护单元 REF542Plus 人机界面　2—三工位开关操动机构　3—压力传感器
4—断路器操动机构　5—电缆插座　6—插接式电缆头　7—智能型控制/保护单元
REF542Plus 主机　8—电压传感器　9—电流传感器　10—压力释放盘
11—压力释放通道　12—真空断路器　13—电容分压装置测试接口
14—三工位开关　15—主母线

2) 三工位隔离开关在操作过程中，闭锁断路器合闸。

3) 三工位隔离开关处于接地位置时，通过电缆侧高压带电显示装置监测电缆侧回路状态，确认回路失电时，断路器方可进行合闸操作。

4) 断路器、三工位隔离开关正常运行时可以实现远方电动操作，也可以实现就地电动操作，远方和就地操作有电气联锁。

5) 三工位隔离开关的手动操作和电动操作有联锁，即做到手动操作时不能电动操作；电动操作时，也不能手动操作。

五、400V 开关柜

400V 开关柜是封闭式户内成套开关设备，其功能是向轨道交通所有动力照明供电设备供电。柜内的主要元器件为框架式断路器、塑壳式断路器、交流接触器、熔断器、负荷开关、二次元器件及综合监控单元等。

每台低压开关柜完全采用标准化和模数化的模块构成，采取柜后开门，双面维护。开关柜框架由钢板型材相互连接而成，其结构尺寸精确而稳固，采用螺钉连接；是开关柜的承重部分，用来支撑外壳和成套设备中的各种元器件。设备框架和外壳具有足够的机械强度和刚度，能承受所安装元件及短路时所产生的机械应力和热应力，并采取了防腐措施，同时考虑使用及维修条件。

框架结构将开关柜分隔成装置小室、母线小室和电缆小室，装置小室中为功能单元组件；母线小室中为主母线和配电母线；电缆小室中为出线电缆通道及出线连接端子。

固定式开关用于分断一些较大的负荷，主要用作 0.4kV 母排进线、母联开关、三类负荷总开关，一些较大的环控负荷也使用框架开关，可设置的保护主要有：瞬时速断保护、短延时过电流保护、长延时过电流保护、零序保护。与直流小车类似，框架开关可分为运行、试验、隔离三个位置：在运行位时，一次、二次回路均接通；试验位时，一次回路隔离，二次回路接通；隔离位时，一次、二次回路均隔离。抽屉式开关主要用于分断一些较小的负荷，如电梯、照明、AFC 等。

正常运行时，两路 400V 电源分列运行，母联开关断开；当一路电源失电时，切除三级负荷，400V 母联开关投入。

六、直流开关柜

直流开关柜是户内直流牵引供电成套装置，适用于地铁或轻轨直流牵引供电系统，主要作用是接收和分配电能，并能实施测量、保护和控制。

大多数地铁工程所需开关柜设备主要由以下五种柜体或箱体组成：

进线柜：将整流器的正极连接到直流开关柜的主母排上。

馈线柜：将正极电压馈出到线路上。

负极柜：将轨道的负极与整流器的负极相连。

端子柜：柜间接口及对外接口。

钢轨电位限制装置：监测钢轨对地的电压，保护设备及人身安全。

1. 进线柜

进线柜是用于连接整流器和直流 1500V 母排的开关柜，主要由直流正极母线、直流快速限流断路器、断路器操作回路、分流器、综合测控保护单元及其他辅助设备组成。进线柜保护设置有大电流脱扣保护、逆流保护。逆流保护为反方向瞬时过电流跳闸，动作信号能在远方/当地进行显示，显示信号能在远方/当地进行复归。大电流脱扣保护是断路器本体保护。

2. 馈线柜

馈线柜是安装于 1500V 直流正极母线与接触网上网隔离开关之间的设备。由于馈线柜直接供电给负荷，故其保护和控制功能要求均较为复杂。对直流牵引馈线的短路故障及异常运行，设置了下列保护：大电流脱扣保护、电流速断保护（I_{max++}）、电流上升率及其增量保护（$di/dt + \Delta I$）、定时限过电流保护（I_{max+}）、热保护、双边联跳保护。为缩短瞬时性故障对牵引供电的影响，馈线断路器还具有自动重合闸功能。为避免合闸于故障线路上，馈线断路器还具有线路测试功能。为防止控制回路故障造成断路器频繁动作，馈线断路器还具有防跳功能。

3. 负极柜

负极柜是连接整流器阀侧负极与回流钢轨之间的开关设备，内有隔离开关、电流继电器、PLC 及柜间接口、综合测控保护单元及其他辅助设备，实现对 1500V 直流负极母线测量、保护和控制。图 3-8-7 为负极柜示意图。负极柜内设一套低阻抗框架泄漏保护装置，该装置能检测到采用绝缘安装的直流开关柜与保护地之间出现的电流以及开关柜与牵引系统负极之间的电位差。当检测到设备故障时，发出跳闸命令将交流断路器和直流断路器跳闸。用于防止直流设备内部绝缘损坏闪络时造成人身危险，同时对特殊故障进行防护。

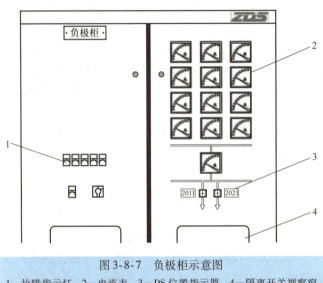

图 3-8-7 负极柜示意图
1—故障指示灯 2—电流表 3—DS 位置指示器 4—隔离开关视察窗

负极柜内设框架泄漏保护。框架泄漏保护由一个电流元件和一个电压元件组成，电压元件可以就地投入/切除，并可分别整定为报警和跳闸两段，动作电压及动作时间可以整定。框架保护动作跳闸后，闭锁被跳开的断路器的合闸，只有当故障消失，复归框架保护后，断路器才能合闸。

4. 端子柜

在馈线柜和进线柜排列一侧单独设立一台端子柜，用于旋转双边联跳保护的联跳继电器及联跳端子排。所有开关柜需输出的控制、信号、外部电源及控制线路的引入都接入端子柜的端子排，以确保变电站维护和检修的方便与安全。同时柜内也可放置综合自动化系统的光纤终端盒和通信服务器等通信设备。

端子柜内设置一套用于信息采集，并能与变电所综合自动化系统通信处理设备进行通信的智能监控单元。

5. 钢轨电位限制装置

在直流牵引系统中，由于操作电流和短路电流的存在，可能会引起回流回路和大地间产生超过安全许可的接触电压。在此情况下，就需要在回流回路与大地间装设一套钢轨电位限制装置，以限制运行轨电位，避免超出安全许可的接触电压的发生。当发生超出安全许可的接触电压时，此钢轨电位限制装置就将钢轨与大地快速短接，从而保证人员和设备的安全。图 3-8-8 为钢轨电位限制装置示意图。

钢轨电位限制装置由接触器、晶闸管回路、测量和操作回路、信号接口端子、保护装置、PLC 等组成。控制原理采用了闭环控制，即使在辅助电源失去的情况下，也可以保证将钢轨和大地短接，保证人身安全。

正常情况下，直流接触器的触头是断开的；非正常情况下，钢轨电位限制装置通过三级电压检测系统控制短路装置与大地有效短接：

1）第一级电压检测 $U > (90V)$，延时 0.8s 直流接触器动作，将钢轨与大地短接，经 10s 延时后恢复断开。

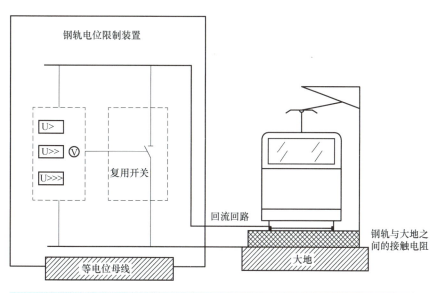

图 3-8-8　钢轨电位限制装置示意图

2）第二级电压检测 $U\gg$（150V），无延时短接，接触器将闭锁，保持合闸状态。

3）第三级电压检测 $U\gg$（600V），晶闸管快速接通，在接触器闭合后，晶闸管恢复高阻状态，此时接触器将闭锁，保持合闸状态。

当短路装置短接时，若在钢轨和大地之间仍有一个电压，则设备被认为出了故障，此时将由接点向 SCADA 系统发出故障信息。

若电压检测系统检测到钢轨与地之间电压低于 2V，持续时间超过 24h，则设备也被认为出了故障，此时接触器闭合，并由接点向 SCADA 系统发出故障信息。

钢轨电位限制装置和电压型框架保护的比较：

相同点是电压型框架保护与钢轨电位限制装置两者都是检测钢轨电位对地电压。

不同点是电压型框架保护的作用是保护直流设备安全，动作为跳闸，切除直流绝缘泄漏或短路故障；钢轨电位限制装置的作用是降低钢轨对地电压，保护线路上行走的人的人身安全，不动作跳闸，牵引直流系统不受影响，列车正常运行。

第九节　SVG 无功补偿装置

一、无功功率及其危害

城市轨道交通中包含了大量的自然功率因数较低的用电设备，如动力设备的功率因数一般为 0.8 左右，荧光灯等气体放电灯的功率因数则只有 0.5。这些设备的存在使得供电系统的功率因数较低，就会增大供电线路和设备的能量损耗，使供电设备的利用率较低，因此必须进行适当的无功补偿。

城市轨道交通供电系统中无功功率主要来源于感性负载（如异步电动机、变压器、荧光灯等）。另外，电力系统中的电抗器和架空线等也消耗一定无功功率；电力电子装置等非线性装置也要消耗无功功率，这些装置工作时也会产生大量的谐波电流，谐波源都是要消耗无功功率的。

无功功率危害主要表现在以下几方面：

1）供电线路中增加了无功功率的有功损耗，导致变送电设备、供电线路、用电设备发热程度加重。

2）无功电流在供电线路上产生的电压降，导致线路末端的输出电压降低，致使用电设备的实际输出功率降低。

3）变送电设备的负荷容量一定，增加了无功容量 Q，则有功输出容量 P 降低。

4）电网中的电流与电压的相位不同相，产生较为严重的谐波分量，导致供电网络电压不稳定和谐波干扰增大。

二、无功功率的补偿方式

城市轨道交通供电系统对无功功率补偿的方式按其补偿装置的安装地点不同，可以分为以下几种：

1. 就地补偿

就是将低压电容器组与电动机并联，通过控制、保护装置与电动机同时投切。这种方式适用于补偿电动机的无功消耗，以补偿励磁无功为主，它可较好地限制城轨供电系统的无功负荷。

对于荧光灯、气体放电灯的无功补偿也可采用就地补偿方式，让这些照明灯具自带电容器，将它们与自带电容器并联来补偿无功功率。

2. 集中补偿

集中补偿又分为主变电所集中补偿和低压集中补偿。

1）主变电所集中补偿是针对中压网络的无功平衡，在主变电所中进行集中补偿。其主要目的是改善高压侧电源的功率因数，提高降压变电所的电压和补偿变压器的无功损耗。主变电所集中补偿装置一般连接在主变电所中压母线上，因此具有管理容易、维护方便等优点。

2）低压集中补偿是以无功补偿装置作为控制保护装置，将低压电容器组设在变电所低压 0.4kV 母线上的补偿方式。它能根据低压侧负荷水平的波动投入相应数量的电容器来进行跟踪补偿。其主要目的是提高配电变压器的功率因数，实现无功的就地平衡，对降低中压网络和配电变压器的电压损失有一定作用，也有助于保证低压配电系统的电压水平。可以替代就地补偿方式，是目前补偿无功是最常见的手段之一。

集中补偿运行方式灵活，运行维护工作量小，寿命相对延长，运行更可靠。但不能降低配电线路及电气设备的功率损耗，且控制保护装置复杂，首期投资相对较大。集中补偿方式可与就地补偿方式结合使用。

三、静止无功发生器（SVG）

静止无功发生器（SVG）是指采用全控型电力电子器件组成的桥式变流器来进行动态无功补偿的装置。SVG 的思想早在 20 世纪 70 年代就有人提出，1980 年日本研制出了 20MVA 的采用强迫换相晶闸管桥式电路的 SVG，1991 年和 1994 年日本和美国分别研制成功了

80MVA 和 100MVA 的采用 GTO 晶闸管的 SVG。与传统的以 TCR 为代表的 SVC 相比，SVG 的调节速度更快，运行范围更宽，而且在采取多重化或 PWM 技术等措施后可大大减少补偿电流中谐波的含量。更重要的是，SVG 使用的电抗器和电容元件远比 SVC 中使用的电抗器和电容要小，这将大大缩小装置的体积和成本。由于 SVG 具有如此优越的性能，因此是今后动态无功补偿装置的重要发展方向。

1. SVG 的基本工作原理及特点

SVG 的基本工作原理是将桥式变流电路通过电抗器并联（或直接并联）在电网上，适当调节桥式变流电路交流侧输出电压的相位和幅值或者直接控制其交流侧电流，使该电路吸收或者发出满足要求的无功电流，从而实现动态无功补偿的目的。

简单地说，SVG 的基本原理就是将自换相桥式电路通过电抗器或者直接并联在电网上，适当地调节桥式电路交流侧输出电压的相位和幅值，或者直接控制其交流侧电流，就可以使该电路吸收或者发出满足要求的无功电流，实现动态无功补偿的目的。从结构上说，SVG 分为电压型桥式电路和电流型桥式电路两种类型。但由于运行效率的原因，迄今投入使用的 SVG 大都采用电压型桥式电路，因此 SVG 往往专指采用自换相的电压型桥式电路作动态无功补偿的装置。

下面以电压型桥式电路为例探讨 SVG 的工作原理。图 3-9-1 为采用自换相电压型桥式电路。

2. SVG 的结构

SVG 主要由主电路、控制电路、驱动电路等组成。功率开关器件采用具有自关断能力的开关器件 IGBT，主电路直流侧采用电容器作为储能元件和电压支撑元件，电压源逆变器经耦合变压器接入电网。SVG 正常工作时是通过电力半导体开关的通断，将直流侧电压转换成交流侧与电网同频率的输出电压，就像一个电压型逆变器。因此，SVG 可以等效地被视为幅值和相位均可以控制的一个与电网同频率的交流电压源。它通过交流电抗器连接到电网上。

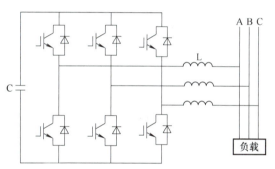

图 3-9-1 自换相电压型桥式电路

3. SVG 的三种运行模式

表 3-9-1 给出了 SVG 三种运行模式的原理说明。

表 3-9-1 SVG 的三种运行模式

运 行 模 式	波形和相量图	说　　明
空载运行模式	U_I　没有电流　U_S　U_S　U_I　a) $U_I=U_S$	$U_I = U_S$，$I_L = 0$，SVG 不吸发无功

(续)

运行模式	波形和相量图	说明
容性运行模式	b) $U_I > U_S$	$U_I > U_S$，I_L 为超前的电流，其幅值可以通过调节 U_I 来连续控制，从而连续调节 SVG 发出的无功
感性运行模式	c) $U_I < U_S$	$U_I < U_S$，I_L 为滞后的电流。此时 SVG 吸收的无功可以连续控制

SVG 可以补偿基波无功电流，也可同时对谐波电流进行补偿，在中低压动态无功补偿与谐波治理领域得到广泛应用。

教学评价

1. 什么是一次设备？什么是一次回路？一次设备按其功能可以分为哪几类？
2. 什么是二次设备？它与一次设备有何关系？
3. 变压器主要由哪几部分组成？它有什么功能？
4. 干式变压器有什么优点？
5. 整流机组由哪几部分组成？各组成部分有何功能？
6. 24 脉波整流机组与 12 脉波整流机组相比有何优势？简述 24 脉波整流的工作原理。
7. 什么是电弧？电弧由哪几部分组成？
8. 简述电弧的危害。
9. 交流电弧有什么特征？交流电弧熄灭的条件是什么？
10. 熄灭交流电弧的常用方法有哪些？
11. 什么是弧隙介质强度和弧隙恢复电压？
12. 直流电弧熄灭的条件是什么？常用的熄灭直流电弧的方法有哪些？直流电弧熄灭的原理是什么？
13. 断路器的作用是什么？对其有哪些基本要求？其主要参数有哪些？
14. 简述高压断路器的结构及各部分的功能。
15. 简述 SF_6 气体为什么具有优良的灭弧性能和绝缘性能。
16. 为什么 SF_6 断路器必须严格控制 SF_6 气体中的水分？应采取哪些措施？
17. 简述单压式 SF_6 断路器的灭弧原理。

18. 真空间隙独具的特点是什么？真空间隙为什么具有优良的灭弧性能和绝缘性能？
19. 真空电弧的本质是什么？简述真空电弧是怎样形成的。真空间隙的绝缘强度主要与什么因素有关？
20. 真空电弧熄灭的原理是什么？
21. 真空灭弧室主要由哪几部分组成？各部分的作用是什么？
22. 框架断路器有何作用？直流断路器的灭弧原理是什么？
23. 高压隔离开关的作用是什么？隔离开关和断路器的主要区别是什么？停送电时断路器、隔离开关、接地开关的操作顺序是什么？
24. 隔离开关的接地刀开关有何作用？为什么隔离开关不能带负荷操作？
25. 高压负荷开关的作用是什么？其应用与隔离开关、断路器的应用有何不同？
26. 高压熔断器的作用是什么？常用高压熔断器有哪些类型？各应用于什么场合？
27. 操动机构的功能是什么？
28. 弹簧操动机构的额定操作顺序是什么？
29. 根据设备结构图简述弹簧操动机构的工作过程。
30. CY3型操动机构主要由哪几部分组成？各组成部分的主要功能是什么？
31. 什么是全封闭组合电器？它有什么特点？GIS由哪些元件构成？
32. 什么是高压开关柜的"五防"？
33. 35kV开关柜有何作用？主要由哪些元件构成？
34. 直流开关柜主要包括哪些柜体？
35. 钢轨电位限制装置有何作用？它和框架保护的区别是什么？
36. 城市轨道交通无功功率的来源是什么？无功功率有哪些危害？
37. SVG无功补偿装置的基本工作原理是什么？它有哪几种运行模式？

第四章

城市轨道交通供电变电所的电气主接线

变电所中的各种电气设备之间主要是依靠电气接线来传输电能的。为了满足预定的功率传送和运行的要求，电气接线的形式必须满足供电可靠性、运行灵活性和经济合理性的要求，能够正确反映各种情况下的供电情况。本章将介绍城市轨道交通变电所中电气主接线有哪些形式、各有什么特点等知识。

学习目标

1. 通过学习电气主接线的基本知识，培养学生的科学探究意识。
2. 了解主变电所的结构，能识读主变电所的电气主接线图。
3. 了解牵引变电所的结构，能识读牵引变电所的电气主接线图。
4. 了解降压变电所的结构，能识读降压变电所的电气主接线图。

第一节 电气主接线的基本知识

一、主接线与主接线图

1. 主接线

主接线是指由电力变压器、各种开关电器及配电线路，按一定顺序连接而成的表示电能输送和分配路线的电路，亦称主电路。主接线是城市轨道交通供电系统变电所方案设计的核心部分，也是构成整个供电系统的基本环节。主接线的确定与供电系统及变电所本身运营的可靠性、灵活性和经济性密切相关，并对电气设备的选择、设备的布置、继电保护和控制方式的拟定有很大影响。

2. 主接线图

主接线常用主接线图（主电路图）表示，是用国家标准规定的电气设备图形符号并按电流通过顺序排列，表示供电系统、电气设备或成套装置的基本组成和连接关系的功能性简图。由于交流供电系统通常是三相对称的，故一次接线图一般绘制成单线图，当三相不完全相同时，则用多线图表示。

主接线图中的电气设备状态按正常状态画出。所谓正常状态是指电路中无电压和外力作用下开关的状态，即断开状态。

主接线图中常用电气设备的图形符号和文字符号见表4-1-1。

表 4-1-1　常用电气设备的图形符号和文字符号

电气设备名称	文字符号	图形符号	电气设备名称	文字符号	图形符号
刀开关	QK		母线（汇流排）	W 或 WB	
熔断器式刀开关	QKF		导线、线路	W 或 WL	
断路器	QF		电缆及其终端头		
隔离开关	QS		交流发电机	G	
负荷开关	QL		交流电动机	M	
熔断器	FU		单相变压器	T	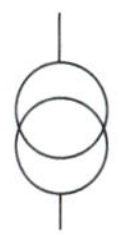
熔断器式隔离开关	FD		电压互感器	TV	
熔断器式负荷开关	FDL		三绕组变压器	T	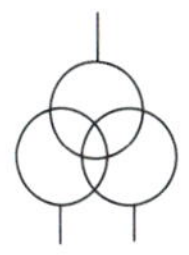
避雷器	F		三绕组电压互感器	TV	
三相变压器	T	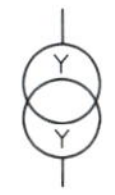	电抗器	L	
电流互感器（具有一个二次绕组）	TA	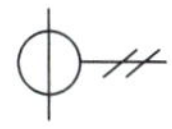	电容器	C	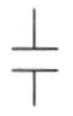
电流互感器（具有两个铁心和两个二次绕组）	TA	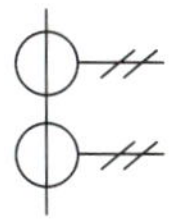	三相导线		

3. 电气主接线的主要作用

电气主接线的主要作用如下：

1) 电气主接线图是电气运行人员进行各种操作和事故处理的重要依据，因此电气运行人员必须熟悉本所电气主接线图，了解电路中各种电气设备的用途、性能和维护、检查项目以及运行操作的步骤等。

2）电气主接线表明了变压器、断路器和线路等电气设备的数量、规格、连接方式及可能的运行方式。电气主接线直接关系着变电所电气设备的选择、配电装置的布置、继电保护和自动装置的确定，是变电所电气部分投资大小的决定性因素。

3）电能生产的特点是发电、变电、输电和供电、用电是在同一时刻完成的，所以电气主接线直接关系着电力系统的安全、稳定、灵活和经济运行。

4. 主接线的分类

母线又称汇流排，是接收和分配电能的装置，在原理上它是电路中的一个电气节点。若母线发生故障，将使用户供电全部中断，所以在主接线的设计中，选择什么样的母线就显得特别重要。因此，电气主接线可按是否有母线分为有母线型电气主接线和无母线型电气主接线。

有母线型电气主接线包括单母线型电气主接线和双母线型电气主接线。单母线型又可分为单母线无分段、单母线有分段、单母线带旁路母线等形式；双母线型又分为普通双母线、双母线分段、3/2断路器、双母线及带旁路母线的双母线等多种形式。无母线型的主接线形式主要有单元接线、桥形接线和角形接线等。

图4-1-1为单母线不分段接线示意图，图4-1-2为单母线分段接线示意图，图4-1-3为双母线接线示意图。

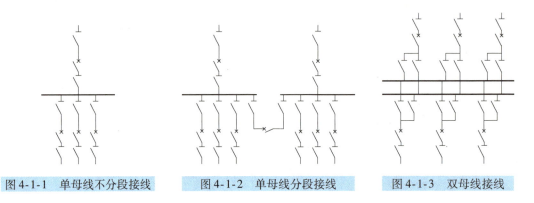

图4-1-1　单母线不分段接线　　　图4-1-2　单母线分段接线　　　图4-1-3　双母线接线

二、对电气主接线的基本要求

电气主接线应满足以下基本要求：

1）保证必要的供电可靠性和保证电能质量。牵引负荷是一级负荷，中断供电将造成重大经济损失与社会影响。所以，保证必要的供电可靠性和保证电能质量，是电气主接线应满足的最基本要求。

2）具有一定的灵活性。电气主接线不仅在正常运行情况下能根据调度的要求，灵活地改变运行方式，实现安全、可靠、经济地供电；而且在系统故障或电气设备检修及故障时，能尽快地使设备退出、切除故障，缩短停电时间和影响范围；在检修设备时，还应能保证检修人员的安全。

3）操作应尽可能简单、方便。这就要求电气主接线简洁、明了，没有多余的电气设备，投入或切除某些设备和线路的操作简单方便，避免误操作。

4）尽量减少一次投资和降低年运行费用。主接线决定了电气设备的数量和运行方式，

第四章 城市轨道交通供电变电所的电气主接线

从而影响到一次投资和年运行费用。在满足供电可靠性和运行灵活性的基础上，尽量使投资和运行费用最省。

5）应具有扩建的可能性。随着经济的高速发展，城市轨道交通的运量会相应地迅速增长，牵引变电所就有可能增容，增加馈线和其他设备。因此，主接线应考虑将来发展和扩建的方便性，在需要的时候可以很方便地改造和扩建。

第二节 主变电所的电气主接线

主变电所的电气主接线应与当地部门协商确定。城市轨道交通主变电所高压侧与城市电网之间应设有明显的电气分断点。

一、高压侧电气主接线

主变电所高压侧主接线有线路-变压器组接线、内桥形接线、外桥形接线三种形式。

1. 线路-变压器组接线

主变电所两路高压电源进线（如110kV），可以都是专线，也可以是一路专线、另一路"T"接。高压侧主接线采用线路-变压器组、两断路器的形式，如图4-2-1a所示。这种接线的优点是接线简洁、高压设备少、占地少、投资省、继电保护简单。

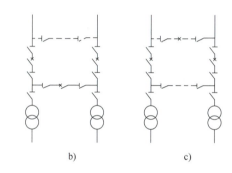

图4-2-1 线路-变压器组接线及桥形接线
a) 线路-变压器组接线 b) 内桥形接线
c) 外桥形接线

在正常运行方式下，两路线路各带一台主变压器。如主变压器一、二级负荷的负载率较低，系统发生故障时，恢复供电操作十分方便。当一台中压变压器或一条线路故障退出运行时，只需在主变电所中压侧做转移负载操作，由另一路进线的主变压器承担本主变电所范围内的全部一、二级用电负荷，对相邻主变电所无影响。如主变压器一、二级负荷的负载率较高，当主变压器或线路发生故障时，需要通过相邻主变电所联络来转移部分负荷，实现相互支援。

这种接线方式的适用范围：主变电所不设高压配电装置，一台主变压器退出时，其他主变压器能承担主变电所供电范围内的全部一、二级负荷。线路－变压器组接线形式被广泛应用于城市轨道交通供电系统中。

2. 内桥形接线

高压侧主线采用内桥形接线形式，如图4-2-1b所示。这种接线方式的优点是有3台断路器，需要的断路器较少，而且线路故障时操作简单方便，在正常运行方式下，桥连断路器打开，类似于线路-变压器组接线，两路线路各带一台主变压器。

因内桥形接线线路侧装有断路器，线路的投入和切除十分方便。当送电线路发生故障时，只需断开故障线路侧的断路器，不影响另一回路正常运行。需要时也可以合上桥连断路器，由一路进线带两台主变压器。但主变压器故障时，则与该变压器连接的两台断路器都要断开，从而影响了另一回路没有故障线路的正常运行。另外，桥连断路器检修时，电源线路需较长时间停运；出线断路器检修时，电源线路也需较长时间停运。

因为主变压器运行可靠性比线路高，因此主变压器故障率低于线路故障率，且主变压器也不需要经常切换，因此这种主接线形式在城市轨道交通供电系统中应用也较多。

内桥形接线适用于电源线路较长、故障率较高的场合。

3. 外桥形接线

主变电所两路高压电源进线可以都是专线，也可以是一路专线、另一路"T"接。高压侧主接线采用外桥形接线形式，如图 4-2-1c 所示。这种接线方式的优点是有 3 台断路器，需要的断路器较少。

在正常运行方式下，外桥连断路器打开，类似于线路-变压器组接线，两路线路各带一台主变压器。当一路进线电源失电后，外桥连断路器合闸，由另一路进线电源向分挂在两段母线上的两台主变压器供电，承担本主变电所范围内的全部一、二级用电负荷，根据供电系统负荷变动情况，确定三级负荷的切除与保留。

这种接线方式中线路的投入和切除不太方便，需操作两台断路器，并有一台主变压器暂时停运。桥连断路器检修时，两个回路均需解列运行；主变压器侧断路器检修时，主变压器需较长时期停运。

外桥形接线适用于电源线路较短、故障率较少的场合。目前，国内城市轨道交通主变电所基本不采用这种接线方式。

二、中压侧主接线形式

目前，城市轨道交通主变电所中压侧一般采用单母线分段形式，并设置母线分段开关，如图 4-2-2 所示。

在正常情况下，两段母线分列运行，牵引变电所和降压变电所可以从不同母线段取得中压电源；当主变电所一段中压母线失电时，另一段中压母线可以通过母线分段开关迅速恢复对牵引变电所和降压变电所的供电。

当一路高压进线失电或一台主变压器退出运行后，通过中压母线分段开关迅速合闸，由另一台主变压器承担本主变电所范围内的全部一、二级负荷的供电，根据供电系统负荷的变动情况，确定是否切除三级负荷。

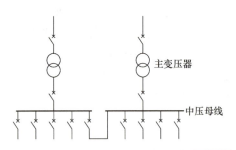

图 4-2-2　主变电所中压侧单母线分段接线

当一段中压母线故障时，该段母线上的进线开关分闸，同时该段母线上馈线所接的第一级牵引或降压变电所进线开关也应失电压跳闸，根据中压网络运行方式，将由另一段中压母线继续供电。

三、主变电所主接线举例

图 4-2-3 为某城市轨道交通公司的主接线示意图。

由图中可看出，该主变电所由两路独立的电源进线供电，内部设置两台相同的三绕组主变压器。110kV 侧采用单母线分段的内桥形接线，分段开关为隔离开关，正常运行时分段开关打开，一路电源进线发生故障时，通过倒闸，两台变压器即可从正常一路电源进线取得电能。35kV 侧和 10kV 侧均采用单母线分段接线。在有两个主变电所时，为了确保牵引变电所的可靠供电，可从 35kV 的两段母线上各引一路送到专设在其他合适地点的线路联络开关处，以供故障时联络之用。当某一主变电所停电时，由该所母线供电的牵引变电所可通过线路联络开关从另一主变电所 35kV 侧获得电能，任一主变电所停电并且另一主变电所一路电源失电压时，可切除二、三级负荷，以保证牵引变电所的不间断供电，使电动列车仍能继续运行。

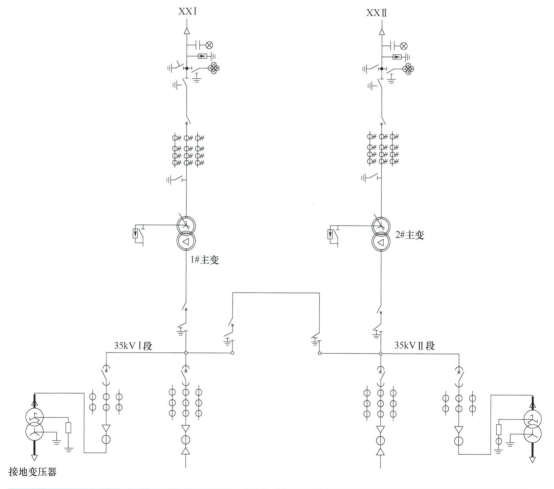

图 4-2-3　主变电所主接线示意图

第三节　牵引变电所的电气主接线

城市轨道交通牵引变电所的功能是将城市电网区域变电所或地铁主变电所送来的 35kV 电能经过降压和整流变成牵引变电所用的直流电能，其主接线包括高压（35kV）受、配电系统和直流（750V 或 1500V）受、馈电系统两部分，整流机组（整流变压器-整流器组）则是作为交、直流系统变换的重要环节设置的。牵引变电所的容量和设置的距离是根据牵引供电计算的结果,并作经济技术比较后确定的,一般设置在沿线若干车站及车辆段附近,变电所间隔一般为 2~4km。牵引变电所按其所需总容量设置两组整流机组并列运行,沿线任一牵引变电所发生故障,由两侧相邻的牵引变电所承担其供电任务。

下面以集中式供电系统为例介绍牵引变电所的主接线。前面已经介绍过集中式供电系统的中压网络分为两种:独立的牵引网络与独立的动力照明网络;牵引动力照明混合网络。

一、中压网络的接线形式

1. 独立的牵引网络与独立的动力照明网络接线方式

(1) 独立牵引网络的接线方式　当中压网络为两个独立的网络时,牵引网络的常用接线方式有 A、B、C、D 四种类型,如图 4-3-1 所示。

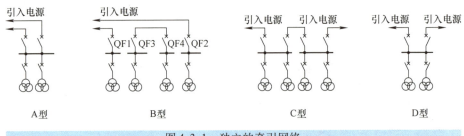

图 4-3-1　独立的牵引网络

A 型:牵引变电所主接线为单母线,牵引变电所的两个独立电源来自于同一个主变电所的不同母线,牵引变电所的进线与出线均采用断路器。该类型接线适用于位于线路始末端及紧邻主变电所的牵引变电所。

B 型:两个牵引变电所为一组,牵引变电所主接线均为单母线。这一组牵引变电所的两个独立电源来自于同一个主变电所的不同母线,每个牵引变电所均从主变电所接入一路主电源,两个牵引变电所通过联络电缆实现电源互为备用。牵引变电所的进线与出线均采用断路器。该类型接线适用于位于线路始末端的牵引变电所。

C 型:两个牵引变电所为一组,牵引变电所主接线均为单母线。这一组牵引变电所的两个独立电源来自于不同的主变电所,左侧牵引变电所从左侧主变电所接入一路主电源,右侧牵引变电所从右侧主变电所接入一路主电源,两个牵引变电所通过联络电缆实现电源互为备用。牵引变电所的进线与出线均采用断路器。该类型接线适用于位于两个主变电所之间的牵引变电所。

D 型:牵引变电所主接线为单母线。牵引变电所的两个独立电源来自于左右两侧不同的主变电所,牵引变电所的进线与出线均采用断路器。该类型接线适用于位于两个主变电所之间的牵引变电所。

B、C 型接线方式的备用电源投入方式比较复杂。现以 B 型接线为例进行分析。QF1、QF2 分别为两个牵引变电所主电源的断路器,QF3、QF4 分别为两个牵引变电所备用电源的断路器。为避免变电所合环运行,QF1、QF2、QF3、QF4 不得同时处于合闸状态。假设 QF1、QF2、QF3 同时处于合闸状态,当 QF1 因进线电源失电压跳闸后,QF4 开关合闸,以保障该牵引变电所正常运行,故此两个牵引变电所之间需要建立联锁关系。

（2）独立的动力照明网络的接线方式　独立的动力照明网络的基本接线方式如图4-3-2所示。

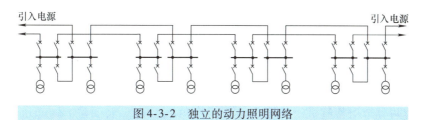

图 4-3-2　独立的动力照明网络

将全线的降压变电所分成若干个供电分区，每一个供电分区均从主变电所的主变压器上就近引入两个独立电源。根据需要，确定每个供电分区内的降压变电所数量。中压网络采用双环网接线方式，两个主变电所各自负责的供电区间（彼此相邻的两个供电分区）可以通过环网电缆联络，建立电源关系。降压变电所主接线一般采用分段单母线形式，其进线开关架用断路器，该接线方式运行灵活。

2. 牵引动力照明混合网络

当牵引网络与动力照明网络采用同一个电压等级时，就可以采用牵引动力照明混合网络。其基本接线方式如图4-3-3所示。

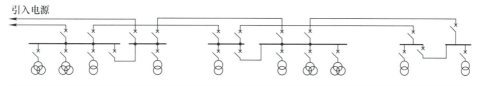

图 4-3-3　牵引动力照明混合网络

将全线的牵引变电所及降压变电所分成若干个供电分区，根据需要，确定每个供电分区内的牵引变电所和降压变电所的数量。每一个供电分区均从其变电所的不同母线就近引入两个中压电源。中压网络采用双线双环网接线方式。

牵引降压混合变电所、牵引变电所的主接线采用分段单母线加母线分段开关形式；降压变电所的主接线可采用分段单母线加母线分段开关形式，也可以取消母线分段开关。对于同一城市轨道交通线路的降压变电所，其主接线应尽量一致。

同一个主变电所供电范围内的供电分区间可以不设联络电缆（尤其是当这些供电分区分别只有一个牵引变电所时）。

牵引动力照明混合网络的接线方式运行灵活。一般情况下，35kV牵引动力照明混合网络输电容量大、距离长，一般应用于地下和运能大的线路；10kV牵引动力照明混合网络输电容量小、距离短，一般适用于地面线路。

二、整流机组的接线形式

1. 两套牵引整流机组分别接至两段母线

在牵引变电所两段母线电压平衡或差别甚微的情况下，两套牵引整流机组分别接至两段母线，单套牵引整流机组为12脉波整流。如图4-3-4所示，当牵引变电所两段母线电压不平衡时，容易引起两套牵引整流机组输出负荷不均衡，有时差别比较大，造成一套重载另一套轻载。在两套牵引整流机组输出侧设置平衡电抗器，实现两套牵引整流机组的输出负荷一致性。经实践证明，这种接线形式效果不理想，电源电压误差将导致牵引整流机组选择困难。

2. 两套牵引整流机组同接一段母线

为了平衡两套牵引整流机组的输出负荷，将两套牵引整流机组接在同一段中压母线上，构成等效 24 脉波整流，利于谐波治理。当一套牵引整流机组故障退出后，另一套牵引整流机组在过负荷允许的情况下，可以继续维持运行。

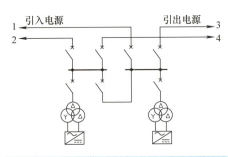

图 4-3-4　两套牵引整流机组分接两段母线

3. 单母线接线

牵引变电所中压侧单母线不分段。母线引入两个电源，并根据工程实际条件和需要组建中压网络结构方案，如图 4-3-5 所示。

正常运行时，一个进线电源供电，并向相邻牵引变电所供电。

中压部分包括中压开关、电压互感器、电流互感器、微机综合测控保护装置等主要设备。设备配置如下：

（1）中压开关　进线、联络以及馈线开关可采用真空断路器，利于继电保护设置和运行灵活性。进线、联络开关也可以采用负荷开关，应注意负荷开关的短时耐流能力不得小于开关下口的短路容量。由于该方式无法设置继电保护，对系统恢复送电的及时性有一定影响。

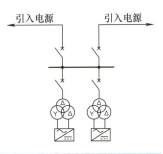

图 4-3-5　单母线接线

（2）电压互感器　电压互感器主要为测量（计量）提供电压信号，为联锁提供电压信号。

（3）微机综合测控保护装置　微机综合测控保护装置是集保护、控制、联锁、测量为一体的综合装置，配有与变电所综合自动化系统连接的通信接口，是变电所综合自动化系统的基础设备。

单母线不分段接线简单，造价低，但可靠性较低。

4. 分段单母线接线

牵引变电所中压侧采用分段单母线接线方式，设分段开关。每段母线各引入一个进线电源，并根据中压网络结构方案在牵引变电所中压母线上设置联络开关或应急联络开关，如图 4-3-6 所示。

正常运行时，两个独立的进线电源同时供电，两段母线分列运行。

中压部分包括中压开关、隔离手车、电压互感器、电流互感器、微机综合测控保护装置等主要设备。设备基本

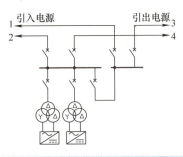

图 4-3-6　分段单母线接线

配置参见单母线接线。分段单母线接线较为复杂，造价较高，但可靠性大为提高。

5. 三段母线接线

设有两段进线电源母线和一段牵引整流机组工作母线，两段进线电源母线分别接至Ⅰ段和Ⅱ段母线，两套牵引整流机组接于牵引整流机组工作母线。两段进线电源母线和一段牵引整流机组工作母线分别用断路器分段，通过分段断路器进行两路进线电源的自动切换，如图4-3-7所示。

正常运行时，一台分段断路器合闸，另一台分段断路器分闸，两路中压进线电源分列运行。

中压部分包括中压开关、隔离手车、电压互感器、电流互感器、微机综合测控保护装置等主要设备。具体配置参见单母线接线。

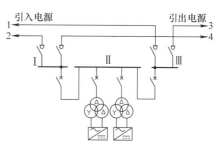

图4-3-7　三段母线接线

三、直流主接线

直流侧主接线按照母线形式有单母线、双母线系统两种主要接线形式，因设备配置及运行方式的差异，可以演变出多种形式。

A型单母线系统，进线为直流断路器，设置纵向电动隔离开关。
B型单母线系统，进线为电动隔离开关，设置纵向电动隔离开关。
C型双母线系统，进线为直流断路器，不设置纵向电动隔离开关。
D型双母线系统，进线为直流断路器，设置纵向电动隔离开关。

A、B、C、D四种类型属于常用接线形式，还有一些其他形式，如双母线系统，进线为电动隔离开关，设置纵向电动隔离开关；双母线系统，进线为电动隔离开关，不设置纵向电动隔离开关；单母线系统，进线为直流断路器，不设置纵向电动隔离开关；单母线系统，进线为电动隔离开关，不设置纵向电动隔离开关。由于这些类型是从A、B、C、D型接线形式中演变出来的，且应用很少，因而下面仅描述A、B、C、D型接线形式。

1. A型单母线系统

A型主接线为单母线系统，两路进线采用直流断路器，设置四路直流馈出线。牵引整流机组的负极采用电动隔离开关，为实现自动化、远动调度操作提供条件。同一馈电区电分段处上行和下行之间设有纵向电动隔离开关，如图4-3-8所示。

除北京地铁外，国内其他线路多采用A型主接线系统。这种形式简单实用，可靠性高。在上行、下行同一馈电区电分段处设置一台纵向电动隔离开关，当牵引变电所退出运行时，可以通过它实现大双边供电。

A型单母线系统无论是在牵引整流机组、直流进线、直流母线、直流馈线开关故障还是检修退出时，均能实现不影响直流牵引供电系统运行的要求，

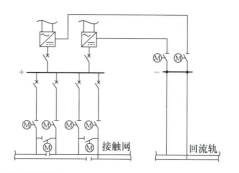

图4-3-8　A型单母线接线

系统运行的可靠性很高，造价较低。由于没有直流馈线备用开关，可采用较为简单的运行方式，任一台馈线开关退出时需要相邻牵引变电所进行大双边供电。

由于隔离开关的电气特性，使纵向电动隔离开关的操作限制条件较多，操作判断时间较长，正常双边供电转为大双边供电时间也较长。

2. B 型单母线系统

在 A 型单母线系统基础上，将进线直流快速断路器改为电动隔离开关，即为 B 型单母线接线，如图 4-3-9 所示。

由于进线开关采用电动隔离开关，设备造价较低，但联锁复杂；另外，母线发生故障时，中压开关跳闸时间较长，一般为 65ms，不利于母线故障的迅速切除。

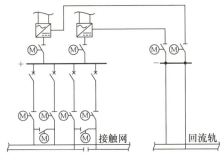

图 4-3-9　B 型单母线接线

3. C 型双母线系统

C 型主接线为双母线系统，设有工作母线、备用母线和旁路开关。两路进线采用直流断路器，设置四路直流馈线，工作母线和备用母线之间设有备用直流断路器。牵引整流机组的负极采用电动隔离开关，为实现自动化、远动调度操作提供条件，如图 4-3-10 所示。

备用直流断路器可以代替四路馈线开关中的任何一个，具备馈线开关的所有功能，包括合闸线路测试功能、与相邻牵引变电所相同供电分区馈出线的双边联跳以及所内故障联跳功能等，属于热备用的直流馈线开关。

如牵引变电所两套牵引整流机组退出，可利用主母线构成大双边供电；如其中馈线开关（断路器）同时退出，而备用母线完好，仍可利用备用母线构成大双边供电。

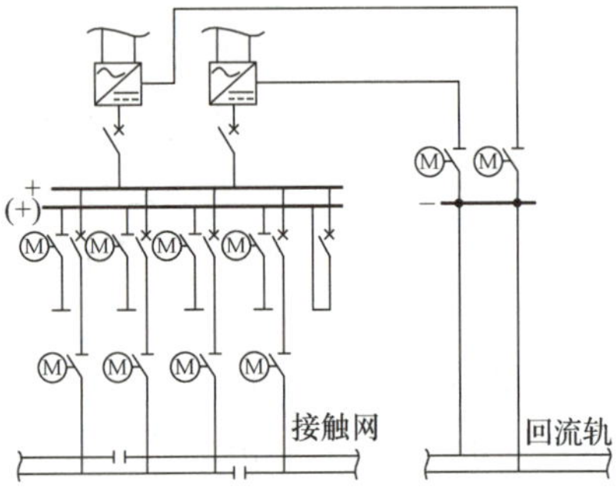

图 4-3-10　C 型双母线系统示意图

4. D 型双母线系统

在 C 型双母线系统基础上，同一馈电区电分段处上行和下行增加了纵向电动隔离开关，当牵引变电所整体退出运行时，可以通过它构成大双边供电。D 型双母线系统联络关系比较复杂，如图 4-3-11 所示。

D 型双母线系统无论是在牵引整流机组、直流进线、直流母线、直流馈线开关故障或检修退出时，均能实现不影响直流牵引供电系统运行的要求，系统运行的可靠性很高，但造价也高。设置备用直流断路器后，使每个馈线开关柜增加一台旁路电动隔离开关。电动隔离开关较多，增加了操作联锁的复杂性。

由于隔离开关的电气特性，使纵向电动隔离开关的操作限制条件较多，操作判断时间较长，正常双边供电转为大双边供电时间也较长。

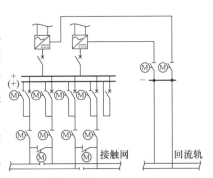

图 4-3-11　D 型双母线系统示意图

四、牵引变电所电气主接线举例

图 4-3-12 为城市轨道交通牵引变电所的电气主接线。图中，两路 35kV 进线电源来自城市电网区域变电所或地铁主变电所，两组整流机组均由相同的牵引降压变压器和整流器组成，它们的直流侧并联工作，为使并联时的直流电压相等且负荷分配均衡，35kV 侧采用不分段母线，牵引变压器一般采用三绕组变压器，两个二次绕组和整流器组成多相整流，整流器输出的直流电的正极（+）经直流高速断路器接到直流侧的正母线上，直流电的负极（-）经开关接到负母线上，通过直流馈线将电能送到接触网，负母线通过开关、回流线与走行轨相连，这样，通过电动列车的受电器与接触网的接触滑行，就构成一个完整的直流牵引电动机受电回路。

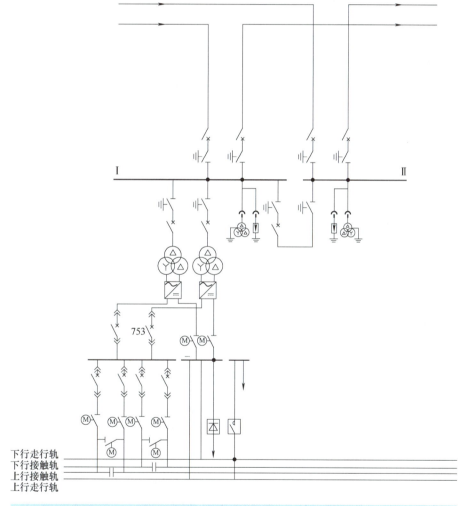

图 4-3-12 牵引变电所主接线示意图

五、牵引降压混合所电气主接线举例

图 4-3-12 是某城轨交通牵引变电所主接线示意图。

从图中可以看出，该所将主变电所来的交流 35kV 电压经整流机组（包括变压器及整流器）降压、整流为直流 1500V，再经直流开关柜向接触网供电。35kV 中压采用单母线分段的接线形式，中间通过母联开关相连，两段 35kV 母线间的母联开关打开，两段母线分别运行。牵引变电所设两套整流机组，并接于同一段母线。每套整流机组采用三相桥 12 脉波整流方式，两套整流机组构成等效 24 脉波整流。整流变压器接线形式采用 Dy5d0/Dy7d2（相位正移 7.5°/相位负移 7.5°）接线形式。整流机组进线侧通过断路器与 35kV 母线相连；整流机组阀侧正极通过直流快速断路器与直流 1500V 母线相连，负极与负极柜的负极母排连接。

1500V 直流母线采用单母线不分段接线形式，通过 1500V 直流馈线接至接触网上网开关。每个直流馈线均设置直流快速断路器。牵引变电所、接触网（或接触轨）、馈电线、电动机车、回流线、走行轨等共同构成了牵引网。牵引变电所的作用是提供一定区域内的牵引电能；接触网（或接触轨）的作用是通过列车的受电器（受电弓或集电靴）向列车提供电能；馈电线的作用是把牵引变电所 1500V 直流母线上的电能输送给接触网；回流线的作用是使牵引电流返回牵引所；电分段的作用是便于检修和缩小事故范围。

（1）正常运行方式　直流 1500V 上行或下行两条馈出线间设电动操作的越区隔离开关，正常运行方式下，越区隔离开关打开，一个供电区由相邻的 2 个牵引变电所同时供电（车辆段及正线首末端除外），这种双边供电的方式提高了供电的可靠性，同时分区段的方式使故障被隔离在某个区段以内，而不致影响其他供电区段。

（2）故障运行方式　当一座牵引变电所解列退出运行时，正线一牵引变电所解列由相邻牵引变电所越区"大双边"向接触网供电。

如图 4-3-13 所示为牵引变电所越区供电示意图，采用双边供电时，当牵引变电所 B 故障退出运行时，A 所和 B 所之间、B 所和 C 所之间的接触网供电区域就成为了单边供电，此时可合上 B 所的越区隔离开关 2113，构成对受影响区域的大双边供电。

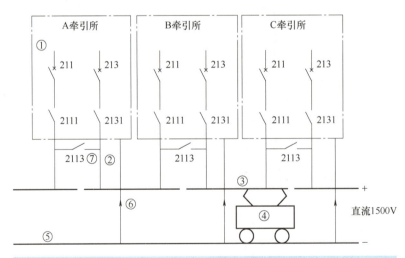

图 4-3-13　牵引变电所越区供电示意图

第四节　降压变电所的电气主接线

城市轨道交通降压变电所是为车站与线路区间的动力、照明负荷和通信信号电源供电而设置的，可与直流牵引变电所合并，形成前述的牵引、降压混合变电所，多数是单设置的。受环境条件制约及安全保障的需要，列车牵引、通信信号电源、站厅事故照明和必要的安全环卫设施（通风、排水、防灾、消防和自动扶梯等）都属于一级负荷，它们对不间断供电的要求基本相同，此外还有其他的二、三级动力和照明负荷。全部负荷都由同一专用的环形供电系统网络所属的直流牵引变电所、降压变电所（动力用电）和牵引、降压混合变电所供电，各变电所之间设有互联网络，如图4-4-1所示。

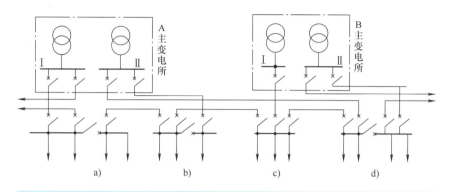

图4-4-1 城轨专用供电系统的连接方式
a）牵引降压混合所 b）降压变电所 c）牵引变电所 d）牵引降压混合所

一、降压变电所主接线的特点及功能

降压变电所对供电电源的要求，应按一级负荷考虑，由环行电网或两路电源供电，进线电压侧采用整流单母线分段系统，一般设有两台动力、照明变压器，每台变压器应满足一、二级负荷所需的容量。正常情况下，由两台变压器分别供电。

动力、照明的一级负荷，包括排烟事故风机、消防泵、事故照明、通信信号、防灾报警系统、售检票系统、防淹门等。这类负荷如中断供电，将导致地下车站及其通信、信号设备不能工作，引起列车运行秩序混乱，并在发生事故时不能报警和消防。二级负荷包括车站、线路区间和作业场所的工作照明，地下车站风机、排水、排污泵、自动扶梯、人防工程等，这类负荷一旦断电，将对正常运营造成困难。除上述一、二级负荷以外，还有维修、清扫机械、空调等动力和其他照明为三级负荷。

动力、照明负荷配电系统采用380V/220V、中性点直接接地的三相四线制。配电母线为单母线断路器分段，动力变压器低压侧通过断路器与每段母线连接，动力与照明的一、二级负荷应有两路低压电源供电，且前者应为专用电缆。此外，设有联络电缆与相邻变电所的低压电源连接，作为事故备用电源，也可采用设备用发电机组、蓄电池组电源作为事故备用电源。图4-4-2为低压配电系统示意图。其中事故电源母线的设计，应保证在本降压变电所全部停电时，由相邻变电所的电源或自备发电机等自动投入，为车站和区间的事故照明供电。

二、降压变电所的主接线形式

1. 分段单母线接线（设母线分段开关）

降压变电所中压电源侧为分段单母线，设母线分段开关，母线分段开关可手动和自动操

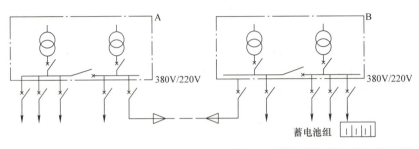

图 4-4-2 降压变电所低压配电系统示意图

作。降压变电所在两段母线上各设一台配电变压器，其联结组标号采用 Dyn11，如图 4-4-3 所示。

中压部分包括中压开关、中压隔离手车、电压互感器、电流互感器、微机综合测控保护装置等主要设备。

1）中压开关：进线、联络、馈出以及分段开关可采用真空断路器，利于继电保护设置和运行方式的灵活性。进线、联络以及分段开关也可以采用负荷开关，应注意负荷开关的短时耐流能力不得小于开关下口的短路容量，弊端是由于无法设置继电保护，对系统恢复送电的及时性有一定影响。馈出开关也可以采用负荷开关加配熔断器组合电器。

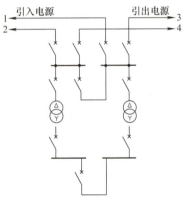

图 4-4-3 分段单母线接线
（设母线分段开关）

2）中压隔离手车：母线分段开关连接两段母线时，由于制造工艺的需要，隔离手车起母线转换作用。

3）电压互感器：主要为测量（计量）提供电压信号，为联锁提供电压信号。

4）电流互感器：主要为测量（计量）、保护电路提供电流信号。

5）微机综合测控保护装置：集保护、控制、联锁、测量为一体的综合装置，配有与变电所综合自动化系统连接的通信接口，是变电所综合自动化系统的基础设备。

2. 分段单母线接线（不设母线分段开关）

降压变电所中压电源侧为分段单母线，不设母线分段开关。降压变电所在两段母线上各配一台配电变压器，变压器联结组标号采用 Dyn11，如图 4-4-4 所示。

中压部分包括中压开关、电压互感器、电流互感器、微机综合测控保护装置等主要设备。除无母线分段开关外，其余设备配置参见设母线分段开关的情况。

此类主接线形式应用较为广泛。

3. 线路-变压器组接线

线路-变压器组接线由带熔断器的负荷开关（或断路器）和配电变压器组成。此接线形式一般用在跟随式降压变电所，如图 4-4-5 所示。

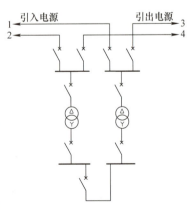

图 4-4-4 分段单母线接线
（不设母线分段开关）

中压部分包括中压负荷开关、熔断器等主要设备。

1) 中压负荷开关可以带负荷操作，但不能切除故障，应注意负荷开关的短时耐流能力不得小于开关下口的短路容量。

2) 熔断器与负荷开关配合，切除故障。

4. 低压侧的主接线形式

0.4kV 配电系统直接面向车站、区间的低压用户，从用电设备负荷分类来讲，一、二级负荷占绝大多数，对低压电源的可靠性要求高。主变电所、电源开闭所、中压网络等输变电环节采取了一系列措施以提高供电系统的可靠性，在 0.4kV 配电系统这一环节采用分段单母线接线，设母线分段开关，如图 4-4-6 所示。

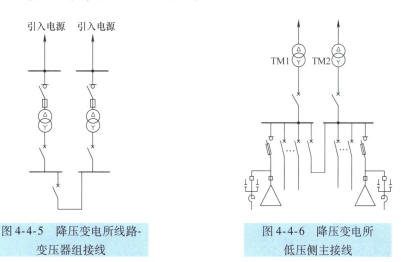

图 4-4-5　降压变电所线路-变压器组接线

图 4-4-6　降压变电所低压侧主接线

两段低压母线上的负荷应尽量均衡分配，与配电变压器安装容量相匹配。采用低压集中补偿，0.4kV 低压母线设电力电容器组，电容器通过无功功率补偿控制器进行分组循环投切。

三、降压变电所的主接线举例

图 4-4-7 为某地铁公司降压变电所的主接线图。由图可知，该降压变电所有两台动力变压器，分别接于两段母线上，低压侧采用单母线分段接线方式。

四、牵引降压混合所的电气主接线举例

图 4-4-8 为城轨牵引降压混合所的电气主接线。图中交流侧电源进线设有两回路互为备用的独立电源，其中一路的进线由专用供电系统主变电所的低压侧母线的 1 段馈出，另一路电源进线则由该车站另一端设置的降压变电所高压母线引入，此高压母线的电源进线，是由该主变电所（或另一主变电所）降压变压器的低压 II 段母线馈出（母线分段断路器处于断开运行），每路电源进线容量应满足车站两个变电所（牵引、降压混合所和降压所）全部一、二级负荷的要求。此外，高压母线的馈出线是相邻变电所电源进线所需要的。正常运行时两路进线同时为两段母线连接的负荷供电，进线断路器均合闸，母线分段断路器（或电动刀闸）断开。

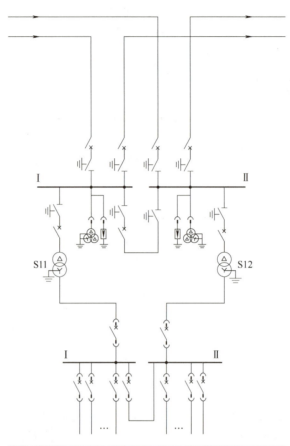

图 4-4-7 某地铁公司降压变电所的主接线图

当任一电源进线发生故障而断路时，自动装置动作使母线分段断路器合闸，全变电所负荷由另一电源进线供电。高压汇流母线采用断路器或电动刀闸分段，有利于母线维修和任一电源进线故障时电路转换的灵活性。

交流高压配电回路设有两台并联工作的整流机组 RCT，两台动力变压器 SB1、SB2 分别连接于分段汇流母线的两段上，每台动力变压器容量应满足一、二级动力与照明负荷的需要。当整个供电系统环网只有一路电源时，允许将二、三级负荷部分或全部切除。高压断路器柜采用手车式真空断路器、金属全封闭开关柜。单纯的直流牵引变电所高压侧母线可不必分段。直流侧系统主接线，包括从整流机组的直流输出至直流正母线的电路、回流线、负母线和整流器阳极连接电路，以及从直流母线馈出的馈线电路等（图 4-4-8）。每台整流机组的直流输出通过直流快速开关 1GDL、2GDL 与正母线相连，其作用是当任一整流机组和母线之间发生短路故障时，由快速开关动作跳闸以保护机组，并使全部馈线快速开关联锁跳闸，切断相邻牵引变电所通过接触轨（网）向故障点馈出故障电流的电路。从正母线馈出的馈电线也设有快速开关 GDL 作为接触网短路的保护。直流快速开关为手车式结构，装于直流开关柜内。

直流负母线通过负极开关柜的隔离开关与整流器阳极相连接，同时它经回流线电缆与走行轨相连或经回流线缆与专用的回流轨相连（国外较常见）。轻轨交通牵引变电所的直流母

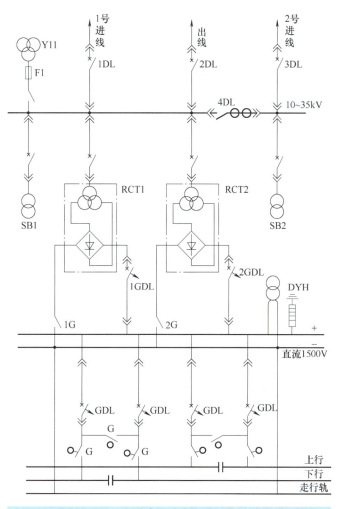

图 4-4-8　牵引降压混合所的电气主接线

线，为防止雷电浪涌过电压和操作过电压对设备造成损坏，一般在正、负母线上都应安装避雷器。

教学评价

1. 什么是电气主接线？对电气主接线有哪些基本要求？
2. 电气主接线有哪些基本类型？
3. 补全下表中相应的图形符号、文字符号。

题3表

文字符号	图形符号	电气元件名称	文字符号	图形符号	电气元件名称
		单相变压器			断路器
		隔离开关			电流互感器
		电压互感器			避雷器

4. 画出外桥式接线原理图。

5. 内桥式接线与外桥式接线有何区别？

6. 画出内桥带外跨条式接线原理图。

7. 单母线分段接线方式有什么特点？

8. 下图为某牵引降压混合所的电气主接线图，请说明其33kV进线侧和0.4kV侧各采用了什么接线方式？设了几组牵引整流机组？站2B有几条直流馈线？

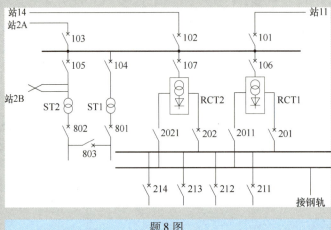

题 8 图

9. 什么叫大双边供电？

第五章

城市轨道交通供电系统的接地与过电压保护

接地系统是城市轨道交通供电系统中非常重要的组成部分。城市轨道交通供电系统的接地，除需满足一般电气系统的接地要求之外，还有其一定的特殊性。

学习目标

1. 了解接地、接地装置、等电位联结、综合接地系统的基本概念；掌握接地的分类和作用；了解等电位联结的作用及分类。
2. 了解城市轨道交通供电系统中接地系统的构成，培养学生的安全意识。
3. 掌握过电压的分类；了解城市轨道交通供电系统的防雷装置的种类；了解城市轨道交通供电系统的防雷和限制过电压措施，加强学生的环保意识。

第一节 接地的基本知识

一、接地与接地装置

接地是指将电气装置或电气设备的某些导电部分与大地之间作良好的电气连接。接地的目的是为电路或系统提供一个零电位参考点，在电路或系统与"地"之间建立低阻抗通道。

接地的作用主要是防止人身遭受电击、设备和线路遭受损坏，预防火灾和雷击，防止静电损害并保障电力系统正常运行。

接地是为保证电气设备正常工作和人身安全而采取的一种用电安全措施，它是通过金属导线与接地装置连接来实现。直接与土壤接触的金属导体称为接地体或接地极。接地体可分为自然接地体和人工接地体两类。自然接地体是兼做接地体用的直接与大地接触的各种金属构件、金属管件及建筑物混凝土基础中的钢筋等，常见的自然接地体有：①埋在地下的自来水管及其他金属管道（液体燃料和易燃、易爆气体的管道除外）；②金属井管；③建筑物和构筑物与大地接触的或水下的金属结构；④建筑物的钢筋混凝土基础等。人工接地体是专门为接地而人为装设的接地体，按埋入地下的方式不同可以分为垂直接地体和水平接地体两种，一般采用角钢、扁钢、圆钢或钢管等材料制成。

将电气装置或电气设备与接地体相连接的金属导体称为接地线。接地线可分为接地干线和接地支线。在实际应用中通常将接地干线和接地支线统称为接地线。如果接地线路中没有接地支线，则接地线是指接地体与设备接地点之间的连接线。

接地装置是接地体和接地线的总称。图 5-1-1 为接地装置示意图。

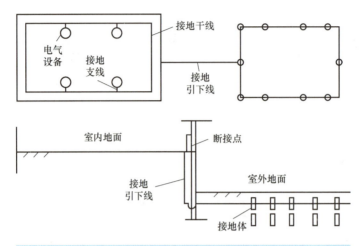

图 5-1-1　接地装置示意图

接地装置按接地体数量的多少，分为单极接地装置、多极接地装置和接地网。由一个接地体与接地线组成的接地装置，称为单极接地装置。图 5-1-2 为单极接地装置示意图。单极接地是将接地线一端与接地体相连，另一端与电气设备的接地点直接相连，如图 5-1-2a 所示。如果有几个接地点时，可用接地支线把它们连接起来，如图 5-1-2b 所示。单极接地装置适用于对接地要求不太高和电气设备接地点较少的场合，其特点是只有一个接地体。

由两个或两个以上接地体与接地线组成，各接地体之间用接地干线连成一体的接地装置称为多极接地装置。接地干线与电气设备的接地点由接地支线相连。图 5-1-3 为多极接地装置示意图。多极接地可靠性较大，接地电阻小，适用于对接地要求较高、电气设备接地点较多的场合。

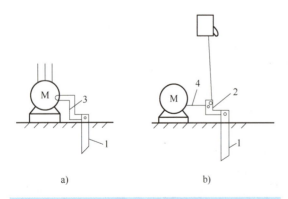

图 5-1-2　单极接地装置
a) 单接地点　b) 多接地点
1—接地体　2—接地干线　3—接地线　4—接地支线

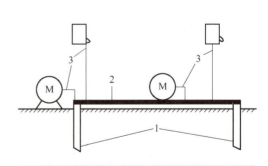

图 5-1-3　多极接地装置示意图
1—接地体　2—接地干线　3—接地支线

第五章 城市轨道交通供电系统的接地与过电压保护

将多个接地体在大地中用接地线连接成的一个整体称为接地网，简称地网。图 5-1-4 为接地网的示意图。一般情况下，应至少用两根导体在不同地点将接地干线与接地网相连接。接地网具有接地可靠、接地电阻小的特点，适合大量电气设备接地的需要，多用于发电厂、变电所、大型车间等场所。

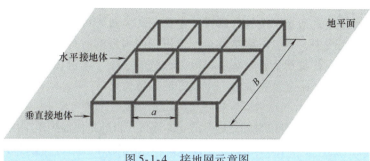

图 5-1-4 接地网示意图

二、接地的分类

接地的分类方式有多种，比如按照供电系统电流制式和频率可划分为交流供电系统的工频接地、直流牵引供电系统的接地和雷电及过电压的冲击接地；按照供电系统电压等级可划分为高压系统的接地、中压系统的接地和低压系统的接地。目前接地的分类多按其作用进行划分。

接地按其作用可分为两类：其一为功能性接地，这是为了系统正常运行的可靠性及异常情况下保障系统的稳定性而设置的，如工作接地、电磁兼容接地等，主变压器、配电变压器的中性点接地就属于工作接地；其二为保护性接地，这是以人身和设备安全为目的的，如保护接地、防雷及过电压接地、防静电接地等。

工作接地是为了保证电气设备在正常情况下可靠地工作而进行的接地。如主变压器、配电变压器的中性点直接接地能在运行中维持三相系统中相线对地电压不变，可在系统发生接地故障时，产生较大的接地故障电流，使继电保护迅速动作，切除故障回路。

电磁兼容是指电气设备或系统在其电磁环境中能够正常工作，且不对该电磁环境中的任何器件、电路、设备或系统构成不能承受的电磁干扰。电磁兼容接地是指为满足电磁兼容要求进行的接地。电磁兼容接地包括屏蔽接地、滤波器接地、噪声和干扰抑制等。

保护接地就是将正常情况下不带电，而在绝缘材料损坏后或其他情况下可能带电的电器金属部分（即与带电部分相绝缘的金属结构部分）用导线与接地体可靠连接起来的一种保护接线方式。因为保护接地能够在设备绝缘破坏时，降低电气设备外露的可导电部分对地的电压，从而降低人体接触该可导电部分对地的接触电压，从而达到保护人身安全的目的，故称为保护接地或安全接地。

防雷接地就是将建筑物等设备设施和电气设备的外壳与大地相连，为雷电流提供导入大地的通路，将雷电流引入大地，从而保护设施、设备、人身安全，使之免遭雷击，保证电气设备正常工作。防雷接地分为直击雷接地和雷击感应过电压保护装置接地。

内部过电压设备的接地也是为系统运行产生的异常电磁能量提供向大地释放的通路，避免设备绝缘破坏。内部过电压保护设备也是避雷器或阻容吸收装置，一端接在相线上，另一端接地，当内部过电压超过避雷器的放电值时，避雷器被击穿，从而保护电气设备绝缘不被损坏。

防静电接地是为了防止由于静电积聚对人体和设备造成危害而进行的将静电荷引入大地的接地。

三、等电位联结

等电位联结是将建筑物中各电气装置和其他装置外露的金属及可导电部分、人工接地体或自然接地体用导体连接起来,使各外露可导电部分和装置外可导电部分电位基本相等的电气连接。在具体的实践中,等电位联结就是把建筑物内附近的所有金属物,如建筑物的基础钢筋、自来水管、煤气管及其金属屏蔽层,电力系统的零线、建筑物的接地系统,用电气连接的方法连接起来,使整座建筑物成为一个良好的等电位体。

1. 等电位联结的作用

等电位联结是指为达到等电位目的而进行的导体连接,目的是使保护范围内的电位处在同一电位上从而避免因产生电位差而发生事故,确保设备和操作人员的安全。主要保护作用如下:

(1) 雷击保护　IEC 标准中指出,等电位联结是内部防雷措施的一部分。当雷击建筑物时,雷电传输有梯度,垂直相邻层金属构架节点上的电位差可能达到 10kV 量级,危险极大。但等电位联结将本层柱内主筋、建筑物的金属构架、金属装置、电气装置、电信装置等连接起来,形成一个等电位联结网络,可防止直击雷、感应雷或其他形式的雷击,避免雷击引发的火灾、爆炸、生命危险和设备损坏。

(2) 静电防护　静电是指分布在电介质表面或体积内,以及在绝缘导体表面处于静止状态的电荷。传送或分离固体绝缘物料、输送或搅拌粉体物料、流动或冲刷绝缘液体、高速喷射蒸汽或气体,都会产生和积累危险的静电。静电电量虽然不大,但电压很高,容易产生火花放电,引起火灾、爆炸或电击。等电位联结可以将静电电荷收集并传送到接地网,从而消除和防止静电危害。

(3) 电磁干扰防护　在供电系统故障或直击雷放电过程中,强大的脉冲电流对周围的导线或金属物形成电磁感应,敏感电子设备处于其中,可能会造成数据丢失、系统崩溃等。通常,屏蔽是减少电磁波破坏的基本措施,做了等电位联结后,由于所有屏蔽和设备外壳之间实现良好的电气连接,最大限度地减小了电位差,外部电流不能侵入系统,得以有效防护电磁干扰。

(4) 触电保护　等电位联结使电气设备外壳与建筑物楼板墙壁电位相等,可以极大地避免电击的伤害,其原理类似于站在高压线上的小鸟,因身体各部位间没有电位差而不会被电击。

(5) 接地故障保护　若相线发生完全接地短路,PE 线上会产生故障电压。有等电位联结后,与 PE 线连接的设备外壳及周围环境的电位都处于这个故障电压,因而不会因产生电位差而引起电击危险。

2. 等电位联结的分类

等电位联结分为总等电位联结、辅助等电位联结、局部等电位联结。

(1) 总等电位联结(MEB)　总等电位联结将总保护导体、总接地导体或总接地端子、建筑物内的金属管道(通风、空调、水管等)和可利用的建筑物金属部分进行连接,在一定程度上可以降低车站、建筑物内间接接触电压和不同金属部件间的电位差,并消除自建筑物外经电气线路和各种金属管道引入危险故障电压的危害。总等电位联结作用于整个建筑物。图 5-1-5 为总等电位联结示意图。

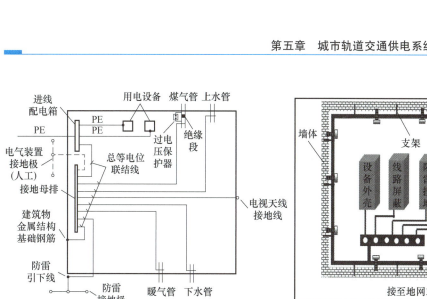
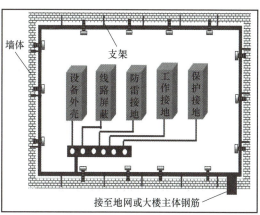

图 5-1-5　总等电位联结示意图

（2）辅助等电位联结（FEB）　如果在一个装置内或装置的一部分内，或供电线路的末端，不能满足自动切除供电的安全条件时，应实施辅助等电位联结。将两导电部分用导线直接做等电位联结，使故障接触电压降至接触电压限值以下，称为辅助等电位联结。辅助等电位联结应包括所有可同时触及的固定式设备的外露可导电部分和外部可导电部分的相互连接，如有可能还应包括钢筋混凝土结构中的主钢筋。

当低压配电系统内部发生接地故障时，接地故障保护应在规定的时间内切除故障回路，当不能满足切除时间要求时，辅助等电位联结能够避免被接触可导电物本身如低压设备外壳所在系统产生漏电带来异常电位的危害。

（3）局部等电位联结（LEB）　在一局部电气场所范围内将各电气设备外露的可导电部分和外部可导电部分等进行电气连通，称为局部等电位联结。局部等电位联结是将两个可接触导电部分用导体进一步做等电位联结，因此它可以使该局部范围内故障的接触电压小于接触电压的安全限值。

对于机柜、机架、设备外壳、PE 线、金属桥架、公用设施的金属管道、泵房等潮湿场所均应做局部等电位联结。

四、综合接地系统

接地系统是接地网系统的简称，是对由埋在地下一定深度的多个金属接地极和由导体将这些接地极相互连接组成一网状结构的接地体的总称。图 5-1-6 为接地系统结构示意图。

城市轨道交通接地系统是一个复杂的系统工程，它涉及信号、通信（有线、无线）、信息、供电、机电、线路、环评等专业，从接地的种类来看，主要包括建筑物的防雷、强弱电设备系统的工作接地、保护接地、防过电压接地、防静电接地、屏蔽接地等。城市轨道交通中的接地系统包括：电气设备的工作接地、保护接地、电子信息设备信号电路接地、防雷接地等。我国早期修建的城市轨道交通采用强电设备（供电系统等）和弱电设备（通信、信号）分设接地装置的方式，但分设接地装置时强电和弱电接地装置需要相距 20m 以上。在分开设置不同的接地装置时，若距离不能满足要求，将导致由于接地装置电位不同所带来的不安全因素，不同接地导体之间的耦合影响也难以避免，会引起相互干扰，因此，目前城市轨道交通工程多采用综合接地系统。

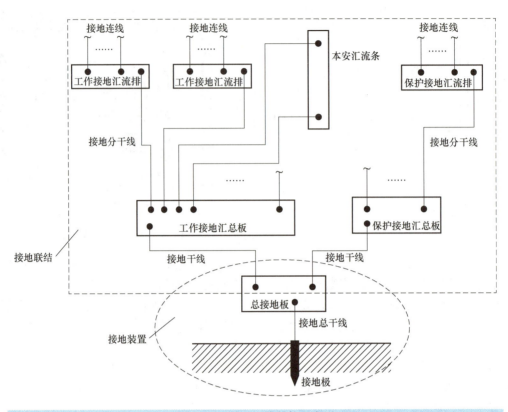

图 5-1-6 接地系统结构示意图

综合接地系统是为满足强电、弱电专业及其他非电气金属管道的全部接地要求,将城市轨道交通供电系统和需要接地的其他设备系统的系统接地、保护接地、电磁兼容接地和防雷接地等采用共同的接地装置,并实施等电位联结措施。各类接地可以采用单独的接地线,但接地极和"等电位面"是共用的,不存在不同接地系统接地导体之间的耦合问题,也避免了采用不同接地导体时产生的电位不同问题。

综合接地系统在防雷电流、防杂散电流、工作接地等方面均起到重要作用,是城市轨道交通工程人身安全、设备安全及运营可靠性的重要保证。

城市轨道交通的综合接地系统由接地网、接地引出线、接地母排(接地母排为汇集各系统、设备接地线并与接地极电气连接的金属导体)、接地端子箱和接地电缆等组成。综合接地系统一般由共用接地极引出两个接地母排,即一个强电接地母排,一个弱电接地母排,分别用于供电系统和通信信号等弱电系统的各类接地,如图 5-1-7 所示。

城市轨道交通高架车站、地面车站、车辆段及停车场、控制中心等建筑物一般采用共用接地系统,建筑物防雷接地、地铁各系统的工作接地、电源系统的保护接地等共用建筑物的自然接地体和补充敷设的人工接地体。

地下车站及地下跟随变电所的接地装置则采取"外引接地极,绝缘引入"的方式敷设。在车站基础底板垫层下方的土壤中,由水平接地体和垂直接地体构成接地网,其材料多采用铜材。接地引出线在穿过结构底板时,经由内部灌注了环氧树脂固定的钢管引出,在站台层下方的电缆夹层内分别设置若干块强电母排、弱电母排。强电母排设在变电所,供变电所设

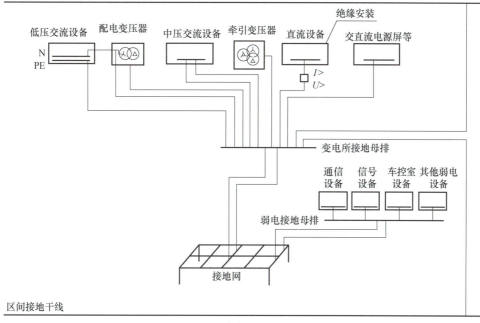

图 5-1-7　综合接地系统结构示意图

备工作接地和安全接地用,从强电接地母排引出 2 回电缆至车站设备接地母排,供车站设备工作接地和安全接地用。弱电接地母排供车站通信、信号、控制等弱电设备接地用。地下车站建筑物的结构钢筋与接地网绝缘,车站结构处于悬浮状态,不与综合接地网连接。各车站接地网通过接地扁钢、接触网地线以及电缆外铠相连接,使全线形成一个综合接地网。区间强电侧的接地扁钢在车站接至变电所强电接地母排;区间弱电侧的接地扁钢接至车站弱电接地母排;区间电气设备金属外壳接至区间接地扁钢上。

高架区间桥梁的接地目前存在两种方式:

1) 桥梁上的各正常不带电的金属体(包括灯杆、声屏障架、电缆支架、金属围栏、避雷带等)直接与桥墩内结构钢筋连接,利用桥墩的基础接地。

2) 桥梁上的各金属体经专设的地极隔离器与桥墩内结构钢筋实现雷击时的瞬态连接,以减弱列车经过时经轨道、道床流出的杂散电流对桥墩内金属结构的腐蚀作用。

采用架空接触网的牵引系统,在区间内每隔 200m 预留接地端子供架空地线接地使用。由于轨道是牵引网供电回路的一部分,经馈电电缆与牵引电源的负极连接,走行轨则不允许接地。

进入到车站及车辆段等各建筑物内部的金属管道(如上下水、热力、燃气等管道)、电缆的金属铠装层及高架站建筑物金属结构、共用接地装置(含人工接地体)或综合接地网连接,建立起建筑物的总等电位联结。

车站及车辆段等部位的照明配电室、风机、排污泵、冷冻机组等各机电设备经预留的、与强电等电位端子板(MEB)连接的接地端子或扁钢连接。

在信号室、通信室、综合监控室、自动售检票室、屏蔽门控制室等各弱电机房内设置局部等电位端子板 LEB；各设备及其他正常不带电的金属体与 LEB 星形连接；各 LEB 经接地干线与弱电总等电位端子板 MEB 连接；为保证车站各弱电系统等电位联结的可靠，接地干线采用截面积不小于 90mm² 的两条电缆敷设。

图 5-1-8 为某车站综合接地及等电位联结端子板的设置。

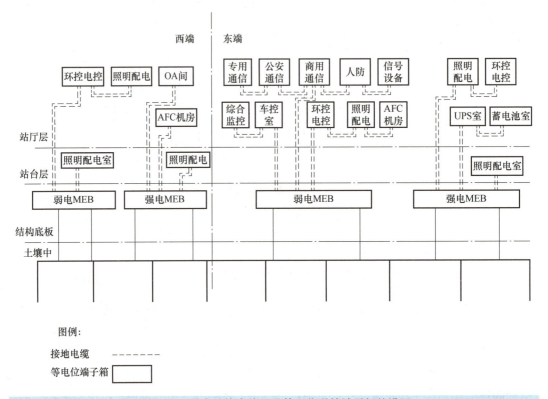

图 5-1-8　某车站综合接地及等电位联结端子板的设置

第二节　城市轨道交通供电系统的接地

一、概述

1. 城市轨道交通接地系统的设计

城市轨道交通全线接地的设计原则是，使城市轨道交通全线形成统一的高低压兼容、强弱电合一的、能同时满足车站内各类设备的工作接地、安全接地及防雷接地功能的综合接地系统。该综合接地系统应具有以下功能：

1）保护运营人员及乘客的安全，防止电击。
2）保护城市轨道交通设备、设施，防止电气损坏。
3）保护弱电设备，防止电气干扰。

2. 城市轨道交通接地系统设计方案

每个车站变电所单独设置一个接地网，接地网的接地电阻一般应不大于1Ω，并校验接触电动势和跨步电压。

对于地下车站,接地网上设 2 组引出接线点,每组接线点设 3 个引出线,2 组引出线沿接地极的电气距离应大于 20m。一组引出线接至强电接地母排,另一组引出线接至弱电接地母排。强电接地母排设在变电所内,供变电所设备工作接地和安全接地用。从强电接地母排引出 2 回电缆至车站设备接地母排,供车站设备工作接地和安全接地用。弱电接地母排供车站通信、信号、控制等弱电设备接地用。

各个车站接地网通过接地扁钢、接触网地线以及电缆外铠相连接,使全线形成一个综合接地网。

图 5-2-1 为某地铁线路的综合接地网的构成示意图。

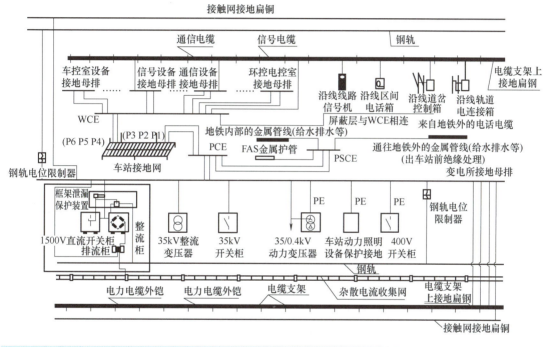

图 5-2-1　某地铁综合接地网示意图

城市轨道交通变电所的接地网是由两部分组成的,一部分是由设备的基础槽钢用镀锌扁钢联接起来构成的内部接地网;另一部分就是外引接地极用镀锌扁钢联接起来构成的外部接地网。外部接地网绝缘引入在接地端子箱处和内部接地网联接构成城市轨道交通的接地网,如图 5-2-2 所示。

变电所设备通过变电所接地母排接地。车站低压设备(如水泵、电梯等)通过车站设备接地母排接地。车站弱电设备(如通信、信号等)通过车站弱电接地母排接地。区间强电侧的接地扁钢在车站接至变电所强电接地母排;区间弱电侧的接地扁钢接至车站弱电接地母排。区间电气设备金属外壳接至区间接地扁钢上。

二、交流供电系统的接地

交流接地系统包括高压、中压和低压配电系统的工作接地、保护接地、防雷及过电压接地等。

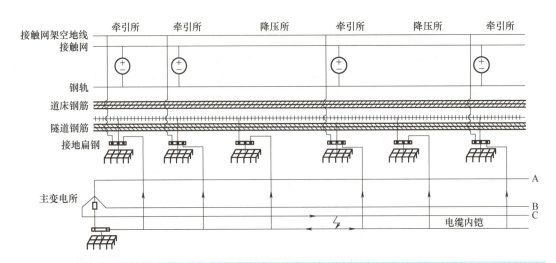

图 5-2-2　地铁变电所综合接地网的构成

城轨交流供电系统的电压等级一般有 110kV、35kV、10kV、0.4kV 等，其接地内容包括工作接地、电磁兼容接地等功能性接地和电气装置的接地、防雷接地、过电压设备接地等保护性接地。

1. 工作接地

（1）工作接地及其分类　工作接地是为了保证供电系统正常运行，防止系统振荡，保证继电保护的可靠性而进行的接地。

城市轨道交通供电系统的工作接地包括交流系统接地、直流系统接地、过电压保护接地（防雷接地）。

（2）交流系统的工作接地　城市轨道交通交流供电系统的工作接地包括电源中性点、中性线、保护中性线、电流互感器、电压互感器、三工位负荷开关、接地开关等接地。

按接地方式不同，交流系统的工作接地分为电源中性点直接接地方式、电源中性点非直接接地两种接地方式。电源中性点非直接接地方式也称为小电流接地，包括中性点不接地、中性点经消弧线圈接地和中性点经高电阻接地，由于发生单相对地短路时，接地电流较小，也称为小电流接地方式。电源中性点直接接地或小电阻接地方式也称为大电流接地方式。

电源中性点、中性线、保护中性线的接地是指主变压器、配电变压器中性点的接地方式，是与变电所接地母排直接连接关系。

电流互感器、电压互感器、三工位负荷开关、接地开关等设备或电气元件均设在成套开关设备中，这些接地不直接与变电所接地母排单独连接，而先与开关设备中的接地母排相连，通过设备的保护接地线与变电所接地母排相连。

交流高压系统的接地方式由当地城市电力部门确定。目前，城市轨道交通供电系统中，交流 110kV 系统多采用直接接地或小电阻接地方式；交流中压系统的接地方式既有消弧线圈接地，也有小电阻接地。交流 10k~66kV 电压等级采用中性点不接地方式时，电容电流不能超过允许值；当接地电容电流超过不接地方式允许值时，则采用中性点经消弧线圈接地方式，但其消弧线圈的容量较大。

交流 10kV 及以上电压等级的工作接地方式是指系统电源中性点的接地方式，其选择是

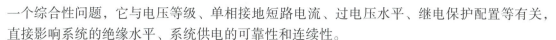

第五章 城市轨道交通供电系统的接地与过电压保护

一个综合性问题，它与电压等级、单相接地短路电流、过电压水平、继电保护配置等有关，直接影响系统的绝缘水平、系统供电的可靠性和连续性。

交流低压系统的工作接地，分为中性点直接接地和不接地两种方式。在具体型式上，我国等效采用国际电工委员会（IEC）标准，将工作接地和低压电气设备接地进行组合，形成了 TN、TT、IT 三种接地型式。这三种接地型式分别构成了 TN 低压配电系统、TT 低压配电系统和 IT 低压配电系统（这几种配电系统的特点，在相关课程中已讲，在此就不赘述了）。

城市轨道交通工程车站低压配电系统的接地型式一般采用 TN-S 系统，在车辆段、停车场可采用 TN-C-S 或 TN-S 系统，也可根据工程实际情况，同时采用局部 TT 系统。

2. 保护接地

变电所中的交流电气设备的保护接地采用将各种电气装置外露可导电部分与变电所接地母排进行电气连接。

交流电气设备的接地范围包括：

1）主变压器、牵引变压器、配电变压器的底座和外壳。
2）交流高压封闭式组合电器（GIS）和箱式变电所的金属箱体。
3）中压、低压开关设备的金属外壳。
4）交直流电源屏的金属外壳。
5）电气用各类金属构架、支架。
6）电缆桥架和金属线槽。
7）电力电缆、控制电缆穿线金属管。
8）电力电缆、控制电缆的金属护套和外铠装等。

变电所的防雷接地是通过接闪器、防雷引下线与大地连接；过电压设备的接地就是为防止过电压击穿设备绝缘而设置的避雷器的接地，由于避雷器装在开关设备内，因此避雷器的接地端与开关设备接地母排相连接，通过开关设备的保护接地线与变电所接地母排连接，实现接地。

电磁兼容接地就是屏蔽层的接地，如对于继电保护装置金属外壳作为屏蔽层的接地，对于中压开关柜金属外壳的接地，对于电缆屏蔽层的接地。

对于不同电压等级的交流供电系统，其工作接地具有其特殊性，而保护性接地的要求和做法是基本相同的。

三、直流牵引供电系统的接地

直流牵引供电系统的接地系统是城市轨道交通工程有别于其他工程的接地系统，由直流牵引供电系统的工作接地、保护接地、防雷及过电压接地组成。

城市轨道交通工程的牵引供电制式多采用直流 750V 或直流 1500V，直流牵引供电系统的主要设备有牵引整流器、直流开关设备、上网开关设备、钢轨电位限制装置、接触网、回流轨等。

1. 系统接地方式

城轨直流牵引供电系统的负极相当于交流系统的中性点，直流牵引供电的工作接地就是负极对地关系问题。为减小直流杂散电流对金属结构的腐蚀，直流牵引供电的工作接地采用不接地系统，即正常情况下系统设备的所有正极和负极均与地绝缘。这里的"地"包括大地也包括结构地。

采用走行轨回流，在直流大双边越区供电情况下，走行轨对地电位将高于正常双边供电，有时会超过允许值。另外在运行过程中，走行轨也可能出现不明原因的电位升高。此时为保护乘客及运行人员的安全，可通过钢轨电位限制装置将走行轨与地进行短时电气连接，以钳制走行轨对地电位。

走行轨对地电位超过允许限值时，为避免乘客上下车受到跨步电压的影响，钢轨电位限制装置本应将走行轨与结构地短时连接，但考虑到杂散电流问题，目前的做法是将走行轨与电位同结构地基本相当的外引接地装置短时连接。

2. 牵引变电所内直流牵引供电设备的接地

牵引整流器、直流开关设备，包括直流进线柜、直流馈线柜、负母线柜、钢轨电位限制装置，都安装于牵引变电所内，其外露可导电部分即金属外壳不与地直接电气连接，而是通过直流框架泄漏保护装置与地形成单点电气连接。

金属外壳与基础槽钢之间设有硬质绝缘板，设备固定采用绝缘安装方法。当系统标称电压为750V时，绝缘电阻一般不小于50kΩ；当标称电压为1500V时，绝缘电阻一般不小于100kΩ。各设备金属外壳之间采用电缆实现电气连接，一般在负母线柜接地端子单点通过电缆与直流框架泄漏保护装置连接后，接至变电所接地母排，实现变电所内直流牵引供电设备单点接地。

3. 区间直流上网开关设备的接地

区间直流上网开关包括区间检修线隔离开关设备的接地，可以有以下四种方式：

1）当上网开关设备设在站台的独立设备房间或牵引变电所内时，纳入直流开关柜的框架泄漏保护中，在发生设备外壳漏电时框架保护联跳直流馈出断路器。上网开关设备安装要求与牵引变电所内直流牵引供电设备相同，金属外壳与基础槽钢之间设置硬质绝缘板。这种方式需增加接地电缆。

2）采用非金属绝缘外壳，当柜内发生直流漏电时，设备外壳不会带直流异常电位，也没有杂散电流泄漏问题。这种方式设备投资较高。

3）设备外壳与基础槽钢之间设置硬质绝缘板，设备外壳与附近走行轨电气连接，发生直流漏电时会产生系统正负短路，直流馈线保护动作并切除故障，这种方式要求设备操作维护只能在直流停电后进行，应用受限。

4）设备金属外壳直接与附近结构钢筋电气连接，相当于交流低压IT系统的接地方式，这种方式需要保证并保持正极对外壳的绝缘，使正常泄漏的直流电流不能对结构钢筋产生腐蚀，并需要在正极碰壳发生时能迅速切除故障或进行报警。

4. 车辆段、停车场直流上网开关等设备的接地

车辆段、停车场范围大，直流上网开关设备与检修设备的数量多、分布广，内部金属管线较多。直流上网开关等设备的接地问题可通过柜内设置绝缘护板、绝缘电缆支架或采用非金属绝缘外壳等措施解决。

第三节 城市轨道交通供电系统的过电压保护

一、过电压及其分类

过电压是指电气线路或电气设备上出现的超过正常工作电压的异常电压升高的现象。电工设备的绝缘长期耐受着工作电压，同时还必须能够承受一定幅度的过电压，这样才能保证电力系统安全可靠地运行。过电压现象属于电力系统中的一种电磁扰动现象。电力系统中电路状态和电磁状态的突然变化是产生过电压的根本原因。

在电力系统中按照过电压产生的原因不同，可分为外部过电压和内部过电压两大类。

1. 内部过电压

内部过电压是由于电力系统内部运行方式发生改变（如开关操作、发生故障等）而引起的过电压称为内部过电压，又分为暂态过电压、操作过电压和谐振过电压三种。

1）暂态过电压是由于断路器操作或发生短路故障而使电力系统经历过渡过程以后重新达到某种暂时稳定的情况下所出现的过电压，又称工频电压升高。

2）操作过电压是由系统中的开关操作、负荷骤变或由于故障出现断续性电弧而引起的过电压。

3）谐振过电压是电力系统中电感、电容等储能元件在某些接线方式下与电源频率发生谐振所造成的过电压。

内部过电压的幅值一般不超过电网额定电压的 3~3.5 倍，对供电系统的危害较小。一般不作特别防护。

2. 外部过电压

外部过电压又称雷电过电压、雷闪过电压或大气过电压，它是由于电力系统的设备或建筑物遭受来自大气中的雷击或雷电感应引起的过电压。外部过电压是大气中的雷云对地面放电而引起的，它持续时间约为几十微秒，但其电压幅值可高达 1 亿伏，其电流幅值可高达几十万安，因此对供电系统的危害极大，必须加以防护。

外部过电压一般分为直击雷、间接雷击和雷电波侵入三种类型。

1）直击雷过电压是雷电直接击中电气设备、线路或建筑物时所出现的过电压。直击雷过电压幅值可达上百万伏，引起的强大的雷电流通过这些物体放电入地，从而产生破坏性极大的热效应和机械效应，同时还有电磁效应和闪络放电。

2）感应雷过电压是雷电未直接击中电气设备、线路或建筑物，而由雷电对设备、线路或建筑物的静电感应或电磁感应产生的过电压。感应雷过电压也称为感应过电压、间接雷击或感应雷，它是由于电磁场剧烈改变而产生的过电压。感应雷过电压的幅值一般不超过 500kV，这对于 35kV 及以下电压等级的设备绝缘是危险的，因此这类设备必须采取相应的防护措施；而对于 110kV 及以上电压等级的设备绝缘，由于其冲击耐压水平通常已高于此值，因此无须采取防护措施。

3）雷电波侵入是感应雷的另一种表现形式，是由于直击雷或感应雷在电力线路的附近、地面或杆塔顶点，从而在导线上感应产生的冲击电压波，它沿着导线以光速向两侧流动，故又称为过电压行波。行波沿着电力线路侵入变配电所或其他建筑物，并在变压器内部引起行波反射，产生很高的过电压。据统计，雷电侵入波造成的雷害事故，要占所有雷害事故的 50%~70%。雷电波侵入可毁坏电气设备的绝缘，使高压窜入低压，造成严重的触电事故。

因为雷电过电压，具有持续时间短、能量集中的特性，故常称为雷电冲击波。

二、城轨变电所的防雷装置

防雷装置是接闪器、避雷器、接地引下线和接地装置等的总和。

1. 接闪器

接闪器是专门用来接收直击雷的金属物体。接闪的金属杆称为避雷针；接闪的金属线称为避雷线，或称为架空地线；接闪的金属带称为避雷带；接闪的金属网称为避雷网。所有的接闪器都必须经过引下线与接地装置相连。

（1）避雷针　避雷针由针头、接地引下线和接地体组成。针头一般采用镀锌圆钢或焊接钢管制成，头部呈尖形，如图 5-3-1 所示。避雷针的接地引下线既可用扁钢制成，也可利用钢筋混凝土内的钢筋或铁塔本身作为引下线；接地引下线再与接地装置焊接，形成可靠连接。避雷针通常安装在构架、支柱或建筑物上。

避雷针的安装高度高于被保护物，而且与大地相连，因此，当雷电先导临近地面时，避雷针能使雷电场发生畸变，改变雷电先导的通道方向，将之引向避雷针的本体。一旦雷电经避雷针放电，强大的雷电流就经避雷针、引下线泄放至大地而避免了被保护物遭受雷击。从这一意义上说，避雷针实质上是"引雷针"，而不是"避雷针"。

避雷针的保护范围是有一定范围的。单支避雷针的保护范围如图 5-3-2 所示。在避雷针的保护范围内被保护物遭受直接雷击的概率非常小。

图 5-3-1　避雷针

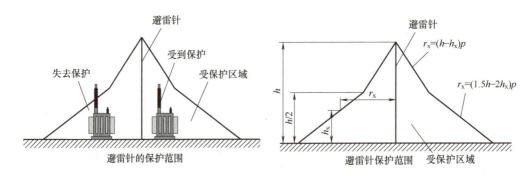

图 5-3-2　单支避雷针的保护范围

（2）避雷线　避雷线也由三部分组成：悬挂在空中的导线（接闪器）、接地引下线、接地体。避雷线一般采用截面积不小于 $35mm^2$ 的镀锌钢绞线架设在架空线路的上方，并与大地直接相连接。它的原理及作用与避雷针基本相同，起引雷的作用，保护架空线路或其他物体（如保护面积较大的电厂或变配电所的户外配电装置、其他建筑物等）免遭直接雷击。避雷线又称为架空地线。避雷线分为单根避雷线和双根避雷线两种，双根避雷线的保护范围大一些。避雷线保护范围的确定可参见相关资料。

（3）避雷网和避雷带　避雷网和避雷带普遍用来保护高层建筑物免遭直击雷和感应雷的侵害。避雷带采用直径不小于 8mm 的圆钢或截面不小于 $48mm^2$、厚度不小于 4mm 的扁钢，沿屋顶周围装设，高出屋面 100~159mm，支持卡间距为 1~1.5m。避雷网则除了沿屋顶周围装设外，屋顶上面还用圆钢或扁钢纵横连接成网状。避雷带、避雷网必须经 1~2 根引下线与接地装置可靠地连接。

第五章 城市轨道交通供电系统的接地与过电压保护

2. 避雷器

避雷器是一种过电压保护设备，可用来防止雷电所产生的大气过电压沿架空线路侵入变电所或其他建筑物内，以免危及被保护设备的绝缘。避雷器也可用来限制内部过电压。避雷器实质上是一个放电器，它与被保护设备并联且位于电源侧，其放电电压低于被保护设备的绝缘耐压值，如图 5-3-3 所示。沿线路侵入的过电压超过避雷器的放电电压时，避雷器就对地放电，将过电压能量泄放到大地中，从而保护了设备的绝缘。当过电压消失后，避雷器又能自动恢复到放电前的状态。

常用的避雷器有保护间隙、管式避雷器、阀式避雷器和金属氧化物避雷器等几种。

（1）保护间隙　保护间隙又称为角式避雷器，是最简单的防雷设备。保护间隙一般用镀锌圆钢制成，由主间隙和辅助间隙两部分组成，其结构如图 5-3-4 所示。主间隙做成角形的，水平安装，以便灭弧。为了防止主间隙被外来的物体短路而引起误动作，在主间隙的下方串联有辅助间隙。保护间隙的一个电极接线路，另一个电极接地。保护间隙与被保护设备并联，当雷电侵入波的幅值超过保护间隙的击穿强度以后，间隙先被击穿，把一部分过电压能量泄入大地，防止被保护设备上电压的升高。

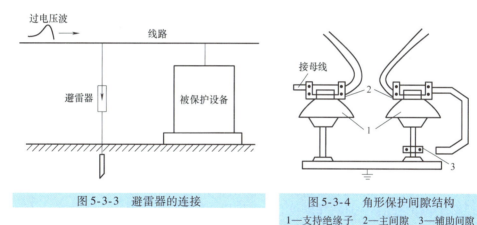

图 5-3-3　避雷器的连接　　　图 5-3-4　角形保护间隙结构
1—支持绝缘子　2—主间隙　3—辅助间隙

保护间隙结构简单，维护方便，但保护性能差，灭弧能力差，雷电流泄放完毕，工频短路电流将继续存在，会导致继电保护动作而造成停电。因此在装有保护间隙的线路上，一般要装自动重合闸装置，才能保证供电的可靠性。

保护间隙用于室外且负荷次要的线路上。

（2）管式避雷器　管式避雷器实质上是一个具有灭弧能力的保护间隙，其外形及原理结构示意图如图 5-3-5 所示。

管式避雷器的基本元件是安装在产气管（也称灭弧管）内的火花间隙，称为内间隙。内间隙由棒形和环形电极构成，灭弧管一般用纤维胶木等能在高温下产生气体的材料制成。管式避雷器由灭弧管内间隙和外间隙组成。

当雷电波过电压来临时，管式避雷器的内、外间隙被击穿，雷电流通过接地线泄入大地。接踵而来的工频电流产生强烈的电弧，电弧燃烧管壁并产生大量气体从管口喷出，很快地吹灭电弧。同时外部间隙恢复绝缘，使灭弧管或避雷器与系统隔开，系统恢复正常运行。

管式避雷器具有残压小、简单经济的特点，但动作时有气体吹出，如果开断的短路电流

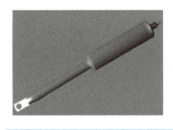 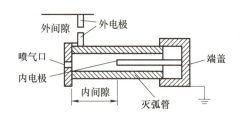

图 5-3-5 管式避雷器的外形及原理结构示意图

过大，产气过多超出灭弧管的机械强度时，会使其开裂或爆炸，因此一般只用于户外线路。

（3）阀式避雷器 如图 5-3-6 所示，阀式避雷器主要由装在密封的瓷管内的火花间隙（又称空气间隙、放电间隙）及阀片电阻组成，外壳有接线螺栓供安装用。

阀片电阻是用碳化硅（SiC）焙烧制成的直径为 5～100mm 的圆柱形阀片。碳化硅电阻具有非线性特性，在正常电压时其阻值很大，过电压时其阻值随之变小的特性。总阀片电阻是由多个阀片电阻串联而成。为了使各串联阀片之间保持良好的接触，阀片上下两面用喷涂，阀片侧面涂以无机绝缘涂料，以防发生沿面闪络。由于阀片易受潮变质，因此需装在密封的瓷套管中。

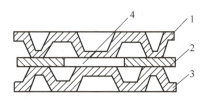

图 5-3-6 阀式避雷器
1—上电极 2—云母片
3—下电极 4—火花间隙

火花间隙由两片电极及一个云母垫圈组成，如图 5-3-6 所示。火花间隙在正常情况下起隔离作用，以防阀片电阻因长期通过工频电流而损坏；在冲击电压作用下间隙击穿放电，使雷电流顺利导入大地；在工频恢复电压下，间隙切断工频续流。

阀式避雷器的工作原理如图 5-3-7 所示。当系统正常时火花间隙将阀片电阻和工作母线隔离，以免由工作电压在阀片电阻中产生的电流使阀片电阻烧坏，一旦工作母线上的电压超过其击穿电压时（在雷电波过电压下），避雷器的火花间隙被击穿；阀片电阻的阻值随之变得很小，雷电波巨大的雷电流顺利地通过电阻流入大地中。此时阀片电阻两端的压降变小（此压降称为残压）。雷电流消失后，作用在阀片电阻上的电压即为工频电压，此时阀片电阻的阻值将自动变大，对尾随雷电流而来的工频电压呈现很大的电阻，从而工频电流被火花间隙阻断，线路恢复正常运行。由此可见，阀片电阻和火花间隙的密切配合使避雷器很像一个阀门，对于雷电流"阀门"打开，对于工频电流"阀门"则关闭，故称之为阀式避雷

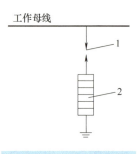

图 5-3-7 阀式避雷器
工作原理图
1—火花间隙 2—阀片电阻

器。普通阀式避雷器内采用多个间隙串联，使工频续流电弧被分隔为多个短弧，在电流过零后就难于再燃。

阀式避雷器主要分为普通阀式避雷器和磁吹阀式避雷器两大类。普通阀式避雷器有 FS 和 FZ 两种系列；磁吹阀式避雷器有 FCD 和 FCZ 两种系列。阀式避雷器型号中的符号含义如下：F——阀式避雷器；S——配（变）电作用；Z——电站用；Y——线路用；D——旋转电机用；C——具有磁吹放电间隙。

FS 系列阀式避雷器的结构如图 5-3-8a 所示，此系列避雷器阀片直径较小，通流容量较低，一般用于保护变配电设备和线路。FZ 系列阀式避雷器的结构如图 5-3-8b 所示，此系列避雷器阀片直径较大，且火花间隙并联了具有非线性的碳化硅电阻，通流容量较大，一般用于保护 35kV 及以上大、中型工厂中变电所的电气设备。

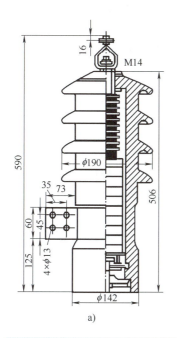
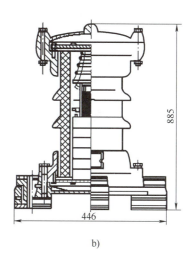

图 5-3-8　阀式避雷器的结构
a）FS-10 阀式避雷器　b）FZ-10 阀式避雷器

磁吹阀式避雷器（FCD 型）的内部附有磁吹装置来加速火花间隙中电弧的熄灭，专门用来保护重要的或绝缘较为薄弱的设备，如高压电动机等。图 5-3-9 为磁吹阀式避雷器的外形及内部结构图。

（4）金属氧化物避雷器　金属氧化物避雷器（亦称压敏避雷器，英文缩写 MOA）是 20 世纪 70 年代开始出现的一种由压敏电阻片构成的新型避雷器。金属氧化物避雷器的电阻片是以氧化锌（ZnO）为主要原料，附加少量其他金属氧化物，经高温焙烧而成的多晶半导体陶瓷元件。金属氧化物避雷器又被称为氧化锌避雷器。与传统的碳化硅阀式避雷器相比，金属氧化物避雷器没有火花间隙，且用氧化锌（ZnO）代替碳化硅（SiC），在结构上采用压敏电阻制成的阀片叠装而成，该阀片具有优异的非线性伏安特性：工频电压下，它呈现极大的电阻，有效地抑制工频电流；而在雷电波过电压下，它又呈现极小的电阻，能很好地泄放雷电流。图 5-3-10 所示为几种常见的金属氧化物避雷器。

在额定电压下，流过氧化锌避雷器阀片的电流非常小，阀片相当于绝缘体。因此，它可以不用火花间隙来隔离工作电压与阀片。当作用在金属氧化锌避雷器上的电压超过定值（起动电压）时，阀片"导通"，将大电流通过阀片泄入地中，此时其残压不会超过被保护设备的耐压，达到了保护目的。此后，当作用电压降到动作电压以下时，阀片自动终止"导通"状态，恢复绝缘状态，因此，整个过程不存在电弧燃烧与熄灭的问题。图 5-3-11

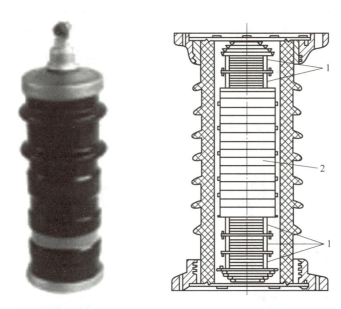

图 5-3-9　磁吹阀式避雷器的外形及内部结构图
1—火花间隙组　2—阀片

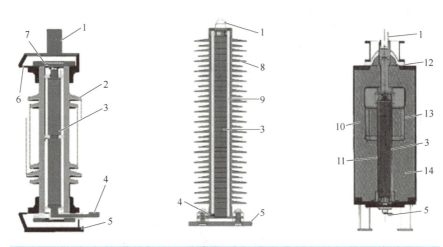

图 5-3-10　几种常见的金属氧化物避雷器
1—接线端子　2—瓷套　3—ZnO 阀片　4—接地端子　5—底座　6—压力释放口　7—防爆膜
8—硅橡胶伞群　9—绝缘筒　10—筒体　11—绝缘杆　12—绝缘子　13—均压罩　14—SF_6 气体

为氧化锌避雷器的外形及原理结构图。

金属氧化物避雷器具有无间隙、动作迅速、通流能力强、残压低、无续流,对大气过电压和内部过电压都能起到保护作用,且体积小、重量轻、结构简单、可靠性高、使用寿命长、维护方便等优点。目前金属氧化物避雷器已广泛地应用于高、低压电气设备的保护。

氧化锌避雷器的常用参数有:

1) 额定电压 (U_r):施加到避雷器端子间的最大工频电压有效值,按照此电压所设计的避雷器,能在规定的动作负载试验中确定的暂时过电压下正确地动作。

图 5-3-11 氧化锌避雷器的外形及原理结构图

2）持续运行电压（U_c）：允许持久的施加在避雷器端子间的工频电压有效值。该电压决定了避雷器长期工作的老化性能，即避雷器吸收过电压能量后温度升高，在此电压下应能正常冷却，不发生热崩溃。

3）持续运行电流（I_c）：指在持续运行电压下，流过避雷器的电流，包含阻性电流分量和容性电流分量，持续电流随温度的变化而变化，并受对地杂散电容的影响。

4）直流参考电压（$U_{\text{ref.dc}}$）：避雷器直流参考电流是其伏安特性曲线拐点附近的某一电流值，其值大约为 1mA。在直流参考电流下测出的避雷器的直流电压平均值即直流参考电压。直流 1mA 参考电压（$U_{1\text{mA}}$）值一般等于或大于避雷器的额定电压的峰值。

5）工频参考电压（$U_{\text{ref.ac}}$）：在避雷器通过工频参考电流时测出的避雷器的工频电压有效值。通常 $U_{\text{ref.ac}}$ 低于或接近于"拐点"，高于 U_r。$U_{\text{ref.ac}}$ 的作用是选择试品，给用户作为监控运行情况的参考。

6）残压（峰值）：放电电流流过避雷器时其端子间出现的电压峰值。

三、城轨供电系统的防雷和限制过电压措施

城轨供电系统针对不同的区段需采取不同的防雷和限制过电压措施以及接地方案。

1. 地下区段变电所

在全线变电所每段中压母线对地间设置一套避雷器；在变压器及其保护断路器之间设置避雷器或阻容吸收装置；变压器低压侧宜采用避雷器保护；若中压母线设置带有开口三角形零序回路的电压互感器宜采用阻尼电阻保护；牵引变电所的直流正、负母线间及正母线对地设置避雷器，以防止过电压对设备的损害；在牵引变电所直流馈出线与接触网交界处的隔离开关处安装避雷器；地下区段临近洞口负回流箱内设置避雷器；在隧道洞口的接触网上设置氧化锌避雷器，以限制雷电波的入侵；为了防止走行轨电位超过允许值，应设置钢轨电位限制装置。

2. 地面及高架线变电所

地面及高架线变电所需要设置避雷针或避雷线以防止直击雷的危害；为防止感应雷的危害应安装避雷器或保护间隙；变电所每段中压母线对地间设置一套避雷器；在变压器及其保护断路器之间设置避雷器或阻容吸收装置；若中压母线设置带有开口三角形零序回路的电压互感器宜采用阻尼电阻保护；在变电所低压母线设 I 级 SPD 浪涌保护器；直流开关柜正极和负极母线均设置避雷器保护；为了防止走行轨电位超过允许值，应设置钢轨电位限制

装置。

3. 车辆段、停车场

变电所每段中压母线上设置一套避雷器；变电所直流正、负母线间及正母线对地、负母线对地设置一套避雷器；牵引所负回流箱内设置避雷器；试车线和出入段线接触网每隔200m设置一处避雷器；车辆段牵引变电所每个直流馈出线上网隔离开关处设置一套避雷器；车辆段接触网架空地线需引至牵引变电所的专用防雷接地引出端子上；试车线和出入段线接触网支柱接地的接地电阻不得大于10Ω；车辆段牵引变电所屋顶需设置避雷带并可靠接地，接地入地点与变电所设备接地的入地点沿接地体的距离不得小于20m。

> **教学评价**
>
> 1. 简述什么是接地，接地装置由哪几部分组成？
> 2. 接地按作用分为哪几类？
> 3. 接地有什么作用？
> 4. 城市轨道交通交流供电系统的接地包括哪些内容？
> 5. 城市轨道交通直流供电系统的接地包括哪些内容？
> 6. 过电压按产生原因可分为哪几种？
> 7. 避雷器有什么作用？城市轨道交通供电系统中常用避雷器有哪几种？各种避雷器各适用哪种场合？
> 8. 金属氧化物避雷器有什么特点？

第六章

城市轨道交通供电变电所二次回路

问题导入

城市轨道交通电力系统是由电源、输电网络、变电所共同组成的，而电力的特点是生产、输送、分配和使用在同一时间完成，因此需要大量的、各种类型的电力设备。为了使主系统能安全、稳定、连续、可靠地向用户提供充足、合格的电能，必须存在一些能对主系统进行操作、监视、测量、调节和保护的电气设备，这些称为二次设备。

学习目标

1. 了解二次回路的定义、范围及作用。
2. 掌握各类二次接线图的应用及二次回路的编号方法。
3. 掌握阅读二次回路图的基本方法和相对标号法，培养学生规范作业的意识。
4. 掌握电压互感器、电流互感器的接线方式及二次回路的要求。

第一节 二次系统概述

一、二次系统的概念

电能的生产、输送、分配和使用，需要大量的电气设备，这些设备经各种接线相连接，构成复杂的电力系统。在供变电系统中，电气设备按其用途来说，通常分为一次设备和二次设备两大类，其接线可分为一次接线和二次接线。一次设备一般都是大容量、高电压的设备，为了满足运行维护人员对一次设备进行监控的要求，就必须配置与一次设备保持电气隔离（互感器相连）的低电压、小容量的相应设备，统称这些设备为二次设备。在城市轨道交通牵引供变电系统中，二次设备按一定顺序相互连接而成的电路，称为二次系统。二次系统是一个多功能的复杂网络。

二、二次系统的功能

二次系统是电力系统安全、经济、稳定运行的重要保障，是变电所电气系统的重要组成部分，它附属于一定的一次接线或一次设备，是对一次设备进行控制操作、测量监视和保护的有效手段，是电力系统安全生产、经济运行、可靠供电的重要保障。二次系统的基本任务是反映一次设备的工作状况，控制一次设备；当一次设备发生故障时，能将故障部分迅速退出工作，以保持电力系统处于最佳运行状态。

三、二次系统的分类

二次系统按电流分为直流回路和交流回路；按工作性质分为监视、测量回路，控制回路，信号回路，调节回路，继电保护与自动装置，自动和远动装置以及操作电源系统等几个部分。

1. 监视、测量回路

监视、测量回路主要由各种显示仪表、测量元件及其相关回路组成，其作用是监视、测量一次设备的工作状态，以便运行人员掌握一次设备运行情况，为运行管理、事故分析提供参数。

2. 控制回路

控制回路主要由控制开关、相应的控制继电器组成，其作用是对次高压开关设备进行分、合闸操作。控制回路按自动化程度可分为手动控制和自动控制两种；按控制距离可分为就地控制和距离控制两种；按控制方式可分为分散控制和集中控制两种，分散控制均为"一对一"控制，集中控制有"一对一"控制和"一对N"的选线控制；按操作电源性质可分为直流操作和交流操作两种；按操作电源电压和电流的大小可分为强电控制和弱电控制两种，强电控制采用较高电压（直流220V）和较大电流（交流5A），弱电控制采用较低电压（直流60V以下，交流50V以下）和较小电流（交流0.5~1A）。

3. 信号回路

信号回路主要由开关设备的位置信号、继电保护和自动装置的动作信号、中央信号三部分组成。其主要作用是反映一次设备和二次设备的工作状态。

4. 调节回路

调节回路是指调节型自动装置，主要由测量机构、传动机构、调节器和执行机构组成。其作用是根据一次设备运行参数的变化，实时在线调节一次设备的工作状态，以满足运行要求。

5. 继电保护与自动装置

随着城市轨道交通牵引供变电系统的发展，牵引供变电系统的调节、控制、保护、测量等操作已日趋自动化。这些自动化中的一个重要方面，就是在电力系统发生故障或出现不正常运行状态时，能够自动反映和处理故障，例如测定故障的参数和位置、切除故障设备、投入备用设备等，这些设备统称为电力系统的继电保护与自动装置，主要由继电保护、自动装置和相应的辅助元件组成。其作用是：自动辨别一次设备的工作状态；在事故和不正常运行状态时，继电保护装置能自动跳开断路器和消除不良状态并发出报警信号；当事故或不正常运行状态消失后，快速投入断路器，恢复系统正常运行。

6. 自动和远动装置

为了完成城市轨道交通变电所与调度所之间远距离信息的实时自动传输，必须应用远动技术，采用远动装置。远动技术即调度所（主所或总站）与各被控端（包括变电所等）之间实现遥控、遥测、遥信和遥调技术的总称。远动化的主要任务是：集中监视，提高安全经济运行水平；正常状态下实现合理的系统运行方式；事故时及时了解事故的发生和范围，加快事故处理；集中控制，提高劳动生产率。调度人员可以借助远动装置进行遥控或遥调，实现无人化或少人化，提高运行操作质量，改善运行人员的劳动条件。随着变电所调度自动化技术应用的不断发展，变电所的自动功能和远动功能都在不断地发展和完善，供电系统的可靠性、现代化程度有了显著的提高。

7. 操作电源系统

操作电源系统主要由电源设备和供电网络组成，它包括直流电源系统和交流电源系统。其作用是供给上述各回路工作电源。现今城市轨道交通变电所的操作电源多采用直流电源系统，简称为直流系统。

上述二次接线各部分之间的关系可用框图的形式表示，如图 6-1-1 所示。

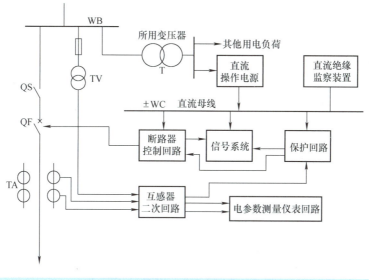

图 6-1-1　二次接线的结构与功能示意图

第二节　二次接线图概述

在城市轨道交通电力牵引供变电系统中，根据各种电气设备的作用和要求，以一定的方式用导体连接起来所形成的电路称为电气接线。电气接线通常用电气接线图来表示，接线图是用于安装和检查的。二次接线图主要描述二次电气设备的外部接线和接线原理图。

一般将二次接线图分为归总式原理接线图、展开式原理接线图和安装接线图。现在的地铁变电所中，一般画其展开式原理接线图和安装接线图。

一、电气图的图形符号和文字符号

电气图中元件、部件、组件、设备装置、线路一般是采用图形符号、文字符号和项目代号来表示。图形符号、文字符号和项目代号可看成是电气工程语言中的"词汇"。阅读电气图，首先要了解和熟悉这些符号的形式、内容、含义以及它们之间的相互关系。

1. 图形符号

通常用于图样或其他文件表达一个设备或概念的图形、标记或字符，统称为图形符号。

电气图中所用的图形符号主要是一般符号和方框符号。

1) 一般符号：用以表示一类产品和此类产品特征的一种通常很简单的符号。

2) 方框符号：用以表示元件、设备等的组合及其功能的一种简单图形符号，既不给出元件、设备的细节也不考虑所有连接，例如正方形、长方形、圆形图形符号。

根据国家标准《电气简图用图形符号》的规定，将电气图形符号分为13类，常用的图形符号参见附录B。

图形符号均是按无电压、无外力作用的正常状态表示的，例如继电器、接触器的线圈未通电，断路器、隔离开关未合闸，按钮未按下，行程开关未到达等。因此，常开触点是指设备在正常状态时断开着的触点，称为动合触点或正触点；常闭触点是指设备在正常状态时闭合着的触点，也称为动断触点或反触点。

在选用图形符号时，应尽可能采用优选形，在满足需要的前提下，尽可能采用最简单的形式；在同一图号的图中只能选用同一种图形形式。大多数图形符号的取向是任意的，在不会引起错误理解的情况下，可根据图面布置的需要将符号旋转或取其镜像放置。

2. 文字符号

在电气图中，除了用图形符号来表示各种设备、元件等外，还在图形符号旁标注相应的文字符号，以区分不同的设备、元件以及同类设备或元件中不同功能的设备或元件。电气图中常用文字符号参见附录A。

文字符号分为基本文字符号和辅助文字符号。基本文字符号分为单字母符号和双字母符号。

（1）单字母符号　单字母符号是用拉丁字母将各种电气设备、装置和元器件划分为23大类，每大类用一个专用单字母符号表示，由于拉丁字母"I"和"O"易同阿拉伯数字"1"和"0"混淆，因此不把它们作为单独的文字符号使用。字母"J"也未采用。

（2）双字母符号　双字母符号是由一个表示种类的单字母符号与另一字母组成，其组合形式是单字母符号在前，另一字母在后。当用单字母符号不能满足要求需要进一步划分时，可采用双字母符号，以便较详细和更具体地表述电气设备、装置和元器件。

（3）辅助文字符号　辅助文字符号是用以表示电气设备、装置和元器件以及线路的功能、状态和特征的，通常是由英文单词的前一两个字母构成。辅助文字符号一般放在基本文字符号的后面，构成组合文字符号，也可单独使用，如"ON"表示接通，"OFF"表示关闭。文字符号的组合形式一般为：基本符号+辅助符号+数字序号。

例如：第4组熔断器，其符号为FU4；第1个接触器，其符号为KM1。

二、二次接线图的类型

1. 归总式原理接线图

归总式原理接线图（简称原理图），是以整体的形式表示各二次设备之间的电气连接及其工作原理的接线图，一般与一次接线中有关部分画在一起。归总式原理接线图的主要特点如下：

1) 二次接线和一次接线的有关部分画在一起，且电气元件以整体的形式来表示，能表明各二次设备的构成、数量及电气连接情况，图形直观形象，便于设计和记忆，并可清晰地表明二次接线对一次接线的辅助作用。

2) 原理图用统一的图形和文字符号表示，按动作顺序画出，便于分析整套装置的动作原理，使我们对整套装置的工作原理有个整体概念，是绘制展开式原理图等其他工程图的原始依据。

3）这种原理图的缺点是，如果元件较多，接线互相交叉显得零乱，而且元件端子及连线均无标号，使用就不方便，因此工程图样不用这种画法。现场广泛使用的是展开式原理图。

现以图 6-2-1 所示牵引变电所 10kV 馈线过电流保护原理图为例，说明这种接线图的特点。

由图 6-2-1 可见，该电流保护装置由一个过电流继电器 KA、时间继电器 KT、信号继电器 KS 组成，并通过电流互感器 TA 和断路器分闸线圈 YT 与主电路联系在一起。合闸后，正常时，由于负荷电流经电流互感器变流后流入电流继电器线圈的电流值小于 KA 的动作值，所以导致各继电器均处于正常状态，常开触点断开。断路器处于合闸位置的动作状态，其常开辅助触点闭合。

当一次电路发生短路故障时，馈线电流增大，TA 的二次电流也随之增大，当二次电流增大至 KA 的整定动作值时，KA 动作，其常开触点闭合，接通了线圈 KT 的直流回路，其带时限的常开触点延

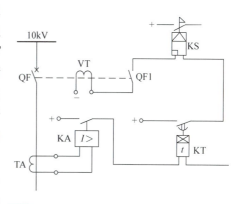

图 6-2-1　馈线过电流保护原理图

时闭合，使直流电源的正极经 KT 的常开触点、KS 的线圈、断路器常开辅助触点 QF1、分闸线圈 YT 与直流电源的负极接通，分闸线圈受电，断路器操动机构动作使断路器跳闸，自动切除故障线路。同时，信号继电器受电动作，其触点转换，发出分闸信号。

图 6-2-1 只是用来使读图者对整个二次回路的构成以及动作过程，都有一个明确的整体概念。而在现今的城市轨道交通变电所微机保护系统中，读图者要根据模块框图加以分析。

2. 展开式原理图

展开式原理图的特点是以二次回路的每个独立电源来划分单元而进行编制的。具体内容参见本章第三节所述。

3. 安装接线图

安装接线图是加工制造屏柜和安装屏柜上设备的依据。上面每个元件的排列、布置，是根据运行操作的合理性，并考虑维护运行和施工的方便来确定的，因此应按一定比例进行绘制，并标注尺寸。其详细内容见本章第四节所述。

第三节　展开式原理图

展开式原理图（简称展开图）一般是以二次回路的每个独立电源来划分单元而进行编制的，如交流电流回路、交流电压回路、直流控制回路、继电保护回路及信号回路等。根据这个原则，必须将同属于一个元件的电流线圈、电压线圈以及触点分别画在不同的回路中，为了避免混淆，属于同一元件的线圈、触点等，采用相同的文字符号表示。展开图的接线清晰，易于阅读，便于掌握整套继电保护及二次回路的动作过程、工作原理，特别是在复杂的继电保护装置的二次回路中，用展开图表示其优点更为突出。

一、展开图的结构及特点

展开图的主要特点是"以分散的形式表示二次设备之间的电气连接"。

1) 按不同电源回路划分成多个独立回路。例如直流与交流回路分开绘制,直流回路又分为控制回路、测量回路、保护回路和信号回路等,交流回路又分电流回路和电压回路。

2) 同一元件的线圈、触点按其通过电流性质的不同,分别绘入对应的直流回路、交流回路中去。例如交流电流线圈接入电流回路,交流电压线圈接入电压回路。为了避免看图时产生混淆,属于同一元件的线圈和触点标有相同的文字符号。

下面以图 6-3-1 所示 10kV 馈线过电流保护展开图为例,说明这种接线图的特点。

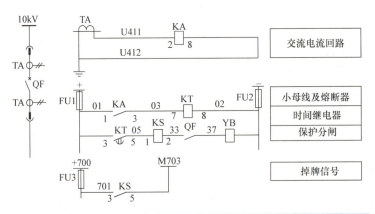

图 6-3-1　10kV 馈线过电流保护展开图

图 6-3-1 为在图 6-2-1 的基础上绘制的 10kV 馈线过电流保护展开图。该馈线过电流保护装置的接线,可用交流电流回路、直流回路两部分图来表示。

展开图中,属于同性质电路内的线圈、触点按电流通过的方向顺序(该顺序应便于接线)连接构成各自的回路。在同一回路里,继电器的线圈、触点及其他二次配备按电流流通的顺序从左至右依次连接,称为展开图的"行",并在各行的右侧标出回路作用的文字说明。各回路的排列顺序一般是先交流电流回路、交流电压回路,后直流回路。在每个回路当中,对交流回路来说是按 A、B、C、N 相序分行排列的,对直流回路则是按各元件动作的先后顺序由上而下逐行垂直排列的。如图 6-3-1 所示,全图从左到右、从上到下层次清楚,动作的先后次序分明,看起来一目了然。

二、二次接线图的标号原则

为了便于二次电路安装施工和在投入运行后进行检修,对展开图不同的回路及回路中各元件间的连接导线应分别编制不同的标号。标号应做到:根据标号能了解该回路的用途;根据标号进行正确的连接。

二次回路的标号一般采用"等电位编号原则",即回路中连于同电位点的所有分支线均应编相同的标号。回路中由线圈、触点、开关、按钮、电阻、连接片等元件间隔的不同线段,用不同的数字标号组表示。因为在触点断开时触点两端已不是等电位,应给予不同的编号。

1. 直流回路的标号细则

1) 对于不同用途的直流回路，使用不同的数字范围，如控制和保护回路用 001～099 及 1～599，励磁回路用 601～609。

2) 控制和保护回路使用的数字标号，按熔断器所属的回路进行分组，每 100 个数分为一组（根据约定俗成的用法，其中的 100，200，300，…没有用），如 101～199，201～299，301～399，…，其中每段里面先按正极性回路（编为奇数）由小到大，再编负极回路（偶数）由大到小，如 100，101，103，133，…，142，140，…。

3) 信号回路的数字标号组，应按事故、位置、预告、指挥信号进行分组，按数字大小进行排列。

4) 开关设备、控制回路的数字标号组，应按开关设备的数字序号进行选取。例如：有 3 个控制开关 1KK、2KK、3KK，根据熔断器所属回路，则 1KK 对应的控制回路数字标号选 101～199，2KK 对应的控制回路数字标号选 201～299，3KK 对应的控制回路数字标号选 301～399。

5) 正极回路线段按奇数标号，负极回路线段按偶数标号。每经过回路的主要压降元（部）件（如线圈、绕组、电阻等）后，即行改变其极性，其奇偶顺序随之改变。对不能标明极性或其极性在工作中改变的线段，可任选奇数或偶数。

6) 对于某些特定的主要回路通常给予专用的标号组。例如：正电源为 101、201；负电源为 102、202；合闸回路中的绿灯回路为 105、205、305、405，跳闸回路中的红灯回路编号为 35、135、235、…，等等。

直流回路的回路标号组见表 6-3-1。

表 6-3-1 直流回路的回路标号组

回 路 名 称	回路标号组			
	一	二	三	四
正电源回路	1	101（110kV）	201（35kV）	301（10kV）
负电源回路	2	102	202	302
合闸回路	3～31（7）	103～131	203～231	303～331
绿灯或合闸回路监视继电器回路	5	105	205	305
跳闸回路	33～49（37）	133～149	233～249	333～349
红灯或跳闸回路监视继电器回路	35	135	235	335
备用电源自动合闸回路	50～69	150～169	250～269	350～369
开关设备的位置信号回路	70～89	170～189	270～289	370～389
事故跳闸音响信号回路	90～99	190～199	290～299	390～399
保护回路	01～099（或 11～199）			
发电机励磁回路	601～699			
信号及其他回路	701～999			

2. 交流回路的标号细则

1) 交流回路按相别顺序标号，它除用三位数字编号外，还加有文字标号以示区别，例如 A411、B411、C411，见表 6-3-2。

表 6-3-2 交流回路的回路标号组

回路名称	互感器的文字符号	回路标号组				
		A 相	B 相	C 相	中性线	零序
保护装置及测量表计的电流回路	TA	A401～A409	B401～B409	C401～C409	N401～N409	L401～L409
	TA1	A411～A419	B411～B419	C411～C419	N411～N419	L411～L419
	TA2	A421～A429	B421～B429	C421～C429	N421～N429	L421～L429
	TA9	A491～A499	B491～B499	C491～C499	N491～N499	L491～L499
	TA10	A501～A509	B501～B509	C501～C509	N501～N509	L501～L509
	TA19	A591～A599	B591～B599	C591～C599	N591～N599	L591～L599
保护装置及测量表计的电压回路	TV	A601～A609	B601～B609	C601～C609	N601～N609	L601～L609
	TV1	A611～A619	B611～B619	C611～C619	N611～N619	L611～L619
	TV2	A621～A629	B621～B629	C621～C629	N621～N629	L621～L629
在隔离开关辅助触点和隔离开关位置继电器触点后的电压回路		110kV	A（B、C、N、L、X）710～719			
		220kV	A（B、C、N、L、X）720～729			
		35kV	A（B、C、N、L）730～739			
		10kV	A（B、C）760～769			
绝缘监察电压表的公用回路		A700	B700	C700	N700	
母线差动保护公用的电流回路		110kV	A310	B310	C310	N310
		220kV	A320	B320	C320	N320
		35kV	A330		C330	N330
		10kV	A360		C360	N360
保护、控制、信号回路		A1～A399	B1～B399	C1～C399	N1～N399	

2) 对于不同用途的交流回路，使用不同的数字组。回路类别为控制、保护、信号回路、电流回路、电压回路的标号范围为 1～399，400～599，600～799。电流回路的数字标号一般以 10 个数为一组（根据约定俗成的用法，其中的整数部分 A400，B400，C400，…没有用，下同），如 A401～A409，B401～B409，C401～C409，…，A591～A599 等；若不够也可以 20 个数为一组，供一套电流互感器之用。几组并联的电流互感器的并联回路，应取数字组中较小的一组数字标号。不同相的电流互感器并联时，并联回路应选任何一组电流互感器的数字组进行标号。电压回路的数字标号应以 10 个数字为一组，如 A601～A609，B601～B609，C601～C609，A791～A799，…，以供一个单独的互感器回路标号之用。

3) 电流互感器和电压互感器的回路，均须在分配给定的数字标号范围内，自互感器引出端开始，按顺序编号。例如："TA"的回路标号用 411～419，"TV2"的回路标号用 621～629 等。

4) 某些特殊的交流回路（如母线电流差动保护公共回路、绝缘监察继电器电压表的公共回路等）给予专用的标号组。

小母线的文字符号及固定标号组见表 6-3-3。

第六章　城市轨道交通供电变电所二次回路

表 6-3-3　小母线的文字符号及固定标号组

小母线的名称		文字符号及固定标号组	
直流控制和信号的电源及辅助小母线			
控制回路电源小母线		＋WC	－WC
信号回路电源小母线		＋WS	－WS
事故声响信号小母线	用于不发遥远信号	WF（708）	
	用于直流屏	WF1（728）	
	用于配电装置	WF2（727）	
	用于发遥远信号	WF3（808）	
预告信号小母线	配电装置（瞬间动作信号）	WP	
	瞬间动作信号	WP1（709）	WP2（710）
	延时动作信号	WP3（711）	WP4（712）
	直流屏（延时动作信号）	WP5	WP6
控制回路断线预告信号小母线		WCF	
灯光信号小母线		（－）WL	
配电装置内的信号小母线		WX	
闪光信号小母线		（＋）WF（100）	
合闸小母线		＋WH	－WH
掉牌未复归光字牌小母线		WP（716）	
辅助小母线		WA（703）	
电源小母线（交流）		WPA	WPC

三、看二次接线图的基本方法

看二次接线图的基本方法：先一次，后二次；先交流，后直流；先电源，后接线；先线圈，后触点；先上后下；先左后右。

所谓的"先一次，后二次"，就是当图中有一次接线和二次接线同时存在时，应先看一次部分，弄清是什么设备和工作性质，再看对一次设备起监控作用的二次部分，具体起什么监控作用。所谓"先交流，后直流"，就是当图中有交流和直流两种回路同时存在时，应先看交流回路，再看直流回路。因交流回路一般由电流互感器和电压互感器的二次绕组引出，直接反映一次接线的运行状况；而直流回路则是对交流回路各参数的变化所产生的反应（监控和保护作用）。所谓"先电源，后接线"，就是不论在交流回路还是直流回路中，二次设备的动作都是由电源驱动的，所以在看图时，应先找到电源（交流回路的电流互感器和电压互感器的二次绕组），再由此顺回路接线往后看；交流沿闭合回路依次分析设备的动作；直流从正电源沿接线找到负电源，并分析各设备的动作。所谓"先线圈，后触点"，就是先找到继电器或装置的线圈，再找到其相应的触点。因为只有线圈通电（并达到其起动值），其相应触点才会动作；由触点的通断引起回路的变化，进一步分析整个回路的动作过程。所谓"先上后下"和"先左后右"，可理解为：一次接线的母线在上而负荷在下；在二次接线展开图中，交流回路的互感器二次侧（即电源）在上，其负载线圈在下；直流回路电源在上，负电源在下，驱动触点在上，被起动的线圈在下；端子排图、屏背面接线图一般也是由上到下；单元设备编号，则一般是由左至右的顺序排列的。这是基本方法和一般规律，对于个别情况还要具体问题具体分析。

第四节　安装接线图

为了安装施工和维修试验的方便，在前述原理接线图、展开图的基础上，还需要绘制用于具体安装施工接线用的安装施工图，用来表明二次接线的实际安装情况。

用于表明配电盘的类型、各二次设备在盘上的安装位置以及设备间的尺寸及二次设备接线情况的图叫作安装接线图。在安装接线图中，各种仪表、继电器和端子排，都是按国家标准图形符号绘制的。为了便于安装接线和运行中检查，所有设备的端子和连接导线都加上走向标志。安装接线图一般包括盘面（屏前）布置图、端子排图和盘后接线图。有时盘后接线图和端子排图画在一起。安装接线图是生产厂家制造控制盘、保护盘以及现场施工安装接线所依据的主要图样，也是变电所运行维护等工作的主要参考图。

一、盘面布置图

根据配电盘内各二次设备的实际尺寸，按一定比例绘制而成的盘面设备布置图，称为盘面布置图，如图 6-4-1 所示。它表示了配电盘正面各安装单位二次设备的实际安装位置，是正视图，并附有设备明细表列出了盘中各设备的名称、型号、技术数据及数量等，由厂家提供。

盘面布置总的原则是：应便于监视、操作、检修、试验且保证安全，设备应布置得对称、整齐、美观、紧凑，并有余地，便于加装。

二、端子排图

在控制盘和继电保护盘的盘后左右两侧侧面，通常垂直布置了接线端子排，少数端子排采用水平布置方式，安装在盘后的下部。端子排由各种形式的单个接线端子（简称端子）组合而成，是二次接线中各设备间接线的过渡连接设备。表示各接线端子的组合及其与盘内外设备连接情况的图称为端子排图，如图 6-4-2 所示。端子排图是背视图，它反映了盘柜上需要

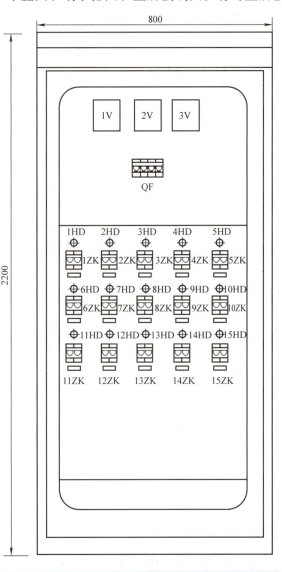

图 6-4-1　盘面布置图

装设的端子数目、类型、排列次序、导线去向及端子与盘上设备、盘外设备的连接情况，是变电所各盘柜的生产、安装以及运行维护必不可少的图样。

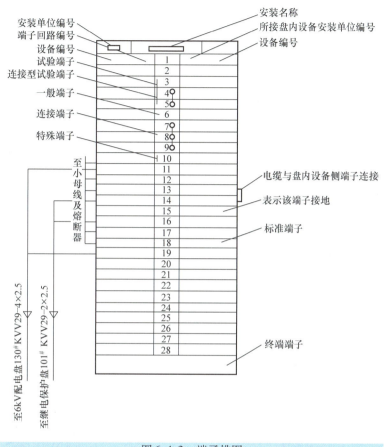

图 6-4-2　端子排图

与电缆相连接侧的标号，标明所接盘外设备的二次回路标号和所接盘顶设备的名称符号。端子排中间列的编号用于表明端子顺序号及端子类型。与盘内设备相连侧的标号是到盘内各设备的编号（或回路标号）。注意：端子排两侧的标记在安装接线中是标在连接导线所套的胶木头或塑料套管上的。端子排的起始、终端端子上，标注端子排所属的回路名称、文字符号及安装单位。同盘内有多个安装单位时，端子排按各安装单位划分成段，并以终端端子分隔。同类安装单位的端子排的结构、接线顺序相同。

1. 端子排的设计及接线原则

端子排的设计应满足运行、检修、调试的要求并适当与盘内设备的位置对应，一般布置在盘后的两侧。

端子排的设置应与盘内设备相对应，如当设备位于盘的上部时，其端子排也最好排于上部，靠近盘左侧的设备接左侧端子排，右侧设备接右侧端子排，盘外引出线接端子排外侧，盘内引出线接端子排内侧，以便节省导线，便于查找和维修。

同一盘内不同安装单位设备间的连接、盘内设备与盘外设备间的连接及为节省控制电缆需要经本盘接的回路（也称过渡回路），需经过端子排，其中交流电流回路应经过试验端子、事故音响信号回路、预告信号回路及其他在运行中需要很方便地断开的回路（例如至闪光小母线的回路）经过特殊端子或试验端子。

同一盘上相邻设备之间的连接不经过端子排，而设备相距较远或接线不方便时，需经端子排。

盘内设备与盘顶设备间的连接需经过端子排。

各安装单位主要保护的正电源一般均由端子排引接；保护的负电源应在盘内设备之间接成环形，环的两端应分别接至端子排。

端子排的上、下两端应装终端端子，且在每一安装单位端子排的最后留 2~5 个端子作为备用。当端子排长度许可时，各组端子之间也可适当地留 1~2 个备用端子。正、负电源之间，经常带电的正电源与合闸或跳闸回路之间的端子应不相邻或者以一个空端子隔开，以免在端子排上造成短路使断路器误动作。

一个端子的每一端一般只接一根导线，在特殊情况下 E 形端子最多接两根。连接导线截面积不超过 $6mm^2$。

目前国内通用 B_1、D_1 系列接线端子，这些接线端子的结构形式很多，按用途可分为以下几种类型，如图 6-4-3 所示。

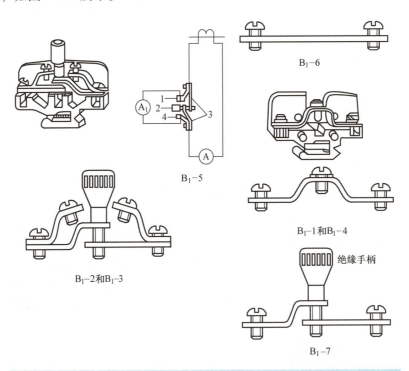

图 6-4-3　端子结构

B_1-1——一般端子　B_1-2——试验端子　B_1-3——连接型试验端子
B_1-4——连接端子　B_1-5——终端端子　B_1-6——标准端子　B_1-7——特殊端子

2. 端子排的排列方法

每一安装单位都应有独立的端子排。不同安装单位的端子应分别排列，不得混杂在一起，每排端子一般不宜超过 20 个，最多时不应超过 145 个。为接线方便，规定端子排垂直布置时，从上到下顺序排列；水平布置时，从左到右按下列回路分组顺序地排列。

1）交流电流回路（不包括自动调整励磁装置的电流回路）。按每组电流互感器分组。同一保护方式下的电流回路（例如差动保护）一般排在一起。其中，又按回路标号数字大小的顺序由上而下排列，数字小的在上面，然后再按相别 U、V、W、N 排列，如 U411、V411、W411、N411、U421、V421、W421、N421 等。

2）交流电压回路（不包括自动调整励磁装置的电压回路）。按每组电压互感器分组。同一保护方式下的电压回路一般排在一起。其中，又按回路标号数字大小的顺序及相别 U、V、W、N 自上而下排列，如 U611、V611、W611、U613、V613、W613、U710、V710、W710、N710。

3）控制回路。同一安装单位内按熔断器配置原则分组，按回路标号数字范围先排 100 系列，其次 200 系列，再排 300 系列等。其中，每段里先排正极性回路（单号），顺序为由小到大；再排负极性回路（双号），顺序为由大到小，100 系列如 101、103、133、142、140、102 等，200 系列如 201、203、233、242、240、202 等。

4）信号回路。按预告信号、位置信号及事故信号分组，每组按数字大小排列，先排正电源，后排负电源。即先是信号正电源 701，接着是 901、903 和 951、953，其次是 701、732 等，再次是 94、194、294 等，最后是负电源 702。

5）转接回路。先排本安装单位转接端子，再排其他安装单位的转接端子，最后排小母线转接用的转接端子。

6）其他回路。其他回路包括远动装置、励磁保护自动调整励磁装置的电流和电压回路、远方调整及联锁回路。每一回路又按极性、编号和相序顺序排列。

三、电缆的标号

在一个变电所或发电厂里，二次回路的控制电缆也有相当数量，为方便计，需要对每一根电缆进行唯一编号，并将编号悬挂于电缆根部。电缆编号由打头字母和横杠加上三位阿拉伯数字构成，如 1Y—123，2SYH—112，3E—181A，…。打头字母表征电缆的归属，如"Y"就表示该电缆归属于 110kV 线路间隔单元，若有几个线路间隔单元，就以 1Y、2Y、3Y 进行区分；"E"表示 220kV 线路间隔单元；"2UYH"表示该电缆归属于 35kV Ⅱ段电压互感器间隔。阿拉伯数字表征电缆走向，如 121～125 表示该电缆是从控制室到 110kV 配电装置的，180～189 表示该电缆是连接本台配电装置（电流互感器、刀开关辅助触点）和另一台配电装置（端子箱）的，130～149 表示该电缆是连接控制室内各个屏柜的。有时还在阿拉伯数字后面加上英文字母以示区别。

为方便安装和维护，在电缆牌和安装接线图上，不仅要注明电缆编号，还要在其后标注电缆规格和电缆详细走向，如图 6-4-4 所示。

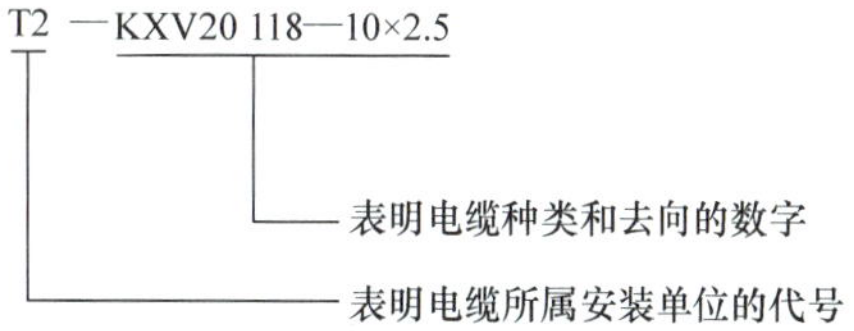

如 T2—KXV20118—10×2.5 表示 2 号主变压器从主控室到 35kV 配电装置的第三根电缆，规格型号为 KXV20，10 芯，每芯截面积为 2.5mm^2。

图 6-4-4　电缆的标号

四、盘后接线图

盘后接线图是以展开图、盘面布置图和端子排图为原始资料而绘制的实际接线图。它是背视图，即是从盘的背后看到的设备图形。盘后接线图标明了盘上各个设备引出端子之间的连接情况，以及设备与端子排之间的连接情况，是制造厂生产盘过程中配线的依据，也是施工和运行的重要参考图样。它由制造厂的设计部门绘制并随产品一起提供给用户。

1. 盘后接线图的布置

图 6-4-5 是常见的盘后接线图的布置形式。对于安装在盘正面的设备，在盘后看不见设备轮廓者以虚线表示，在盘后看得见设备轮廓者以实线表示。由于盘后接线图为背视图，看图者相当于站在盘后，所以左右方向正好与盘面布置图相反。安装于盘后上部的设备，如熔断器、小刀开关、电铃、蜂鸣器等在盘后接线图中也画在上部，但对于这些设备来说，相当于板前接线，应画成正视图。盘后的左、右端子排画在盘的左右两边，端子排上面画小母线。

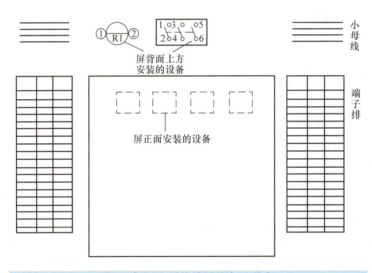

图 6-4-5　盘后接线图的布置形式

画盘后接线图时，应先根据盘面布置图，按在盘上的实际安装位置把各设备的背视图画出来。设备形状应尽量与实际情况相符。因盘上设备的相对位置尺寸已在盘面布置图确定，所以盘后接线图不要求按比例尺绘制，但要保证设备间相对位置的准确。盘后接线图的设备图形内有设备内部接线和接线柱的实际安装位置和顺序编号。成套装置和仪表可以只画出外部接线端子的实际排列顺序。

2. 设备图形的编号

盘后接线图中在各个设备图形的上方应加以编号，如图 6-4-6 所示，编号的内容有：

1) 与盘面布置图相一致的安装单位编号及设备顺序号，如 I_1、I_2、I_3 等，其中罗马数字 I 表示安装单位代号，阿拉伯数字脚注 1、2、3 表示设备安装顺序。

2) 与展开图相一致的该设备的文字符号和同类设备编号，如 A 表示电流表，A 后面的 l 表示第一块电流表。

3) 与设备表相一致的设备型号。

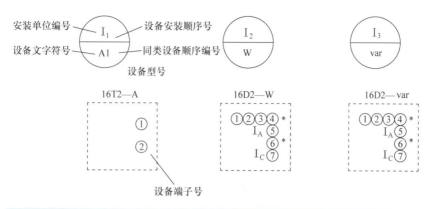

图 6-4-6 盘后接线图中的设备图形标示法

这种设备编号是以罗马数字和阿拉伯数字组合的编号,多用于屏(箱)内设备数量较多的安装接线图,如中央信号继电器屏、高压开关柜、断路器机构箱等。罗马数字表示安装单位编号,阿拉伯数字表示设备顺序号,在该编号下边,通常还有该设备的文字符号和参数型号。例如一面屏上安装有两条线路保护,把用于第一条线路保护的二次设备按从上到下顺序编为 I_1、I_2、I_3…,端子排编为 I;把用于第二条线路保护的二次设备按从上到下顺序编为 II_1、II_2、II_3…,端子排编为 II。为对应展开图,在设备编号下方标注有与展开图相一致的设备文字符号,有时还注明设备型号,如图 6-4-6 所示。这种编号方式便于查找设备,但缺点是不够直观。

另一种是直接编设备文字符号(与展开图相一致的设备文字符号),用于屏(箱)内设备数量较少的安装接线图。微机保护将大量的设备都集成在保护箱里了,整面微机保护屏上除保护箱外就只有断路器、按钮、压板和端子排了,所以现在的微机保护屏大都采用这种编号方式。例如保护装置就编为 1n、2n、11n,断路器就编为 1K、2K、31K,压板就编为 12XB,连接片编为 1LP、2LP、21LP 等,按钮就编为 1FA、2FA、11FA,属于 1n 装置的端子排就编为 1D,属于 11n 装置的端子排就编为 11D,等等。

3. 接线端子的编号

将盘上安装的设备图形画好之后,下一步是根据订货单位提供的端子排图绘制端子排。将其布置在盘上的一侧或两侧,给端子加以编号,并根据订货单位提供的小母线布置图在端子排的上部,标出盘顶的小母线,并标出每根小母线的名称。最后,根据展开图对盘上各设备之间的连接线及盘上设备至端子排间的连接线进行标号,常用相对编号。

相对编号常用于安装接线图中,供制造、施工及运行维护人员使用。当甲、乙两个设备需要互相连接时,在甲设备的接线柱上写上乙设备的编号及具体接线柱的标号,而在乙设备的接线柱上写上甲设备的编号及具体接线柱的标号,这种相互对应编号的方法称为相对编号法。图 6-4-7 即是用相对编号标示的二次安装接线图,其中以罗马数字和阿拉伯数字组合为设备编号。

(1)相对编号的作用 回路编号可以将不同安装位置的二次设备通过编号连接起来,对于同一屏内或同一箱内的二次设备,相隔距离近,相互之间的连线多,回路多,采用回路编号很难避免重号,而且不便查线和施工,这时就只有使用相对编号:先把本屏或本箱内的所有设备顺序编号,再对每一设备的每一个接线柱进行编号,然后在需要接线

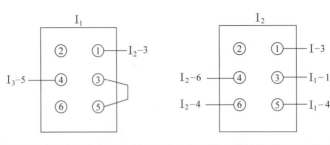

图 6-4-7 相对编号法

的接线柱旁写上对端接线柱编号,以此来表达每一根连线。

(2) 相对编号的组成 一个相对编号就代表一个接线桩头,一对相对编号就代表一根连接线,对于一面屏、一个箱子,接线柱数百个,每个接线柱都得编号,编号要不重复、好查找,就必须统一格式,常用的是"设备编号"-"接线桩头号"格式,如图 6-4-8 所示。

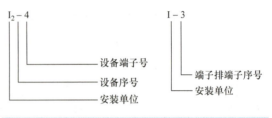

图 6-4-8 相对编号的意义

相对编号法具有表示简单清晰、连线方便等优点,当二次接线复杂时尤为突出。

4. 安装接线图举例

本安装单位内设有 3 个继电器(KA、KT、KS),分别安装在盘面上,在盘后接线图中布置在中间相对应的位置。设备序号分别编为 I_1、I_2、I_3。左侧为端子排,经电缆与盘外的电流互感器、断路器及馈线控制盘端子排相连,采用等电位标号法表示。左上侧为小母线,上部中间为盘顶设备(如电阻)。盘内设备与端子排间、盘内设备与设备间的连接关系采用相对编号法表示。

图 6-3-1 中交流电流回路(U411、U412)经试验端子与电流继电器线圈 KA 相连,即电流继电器 KA 的端子②通过端子排的端子 1 与 U411 相连,KA 的端子⑧通过端子排的端子 2 与 U412 相连,而 U411 与 U412 都连接到电流互感器 TA 上。图 6-4-9 用相对编号法在端子排的端子 1 内侧标 I_1-2,电流继电器端子②处标记 I-1,这表明了二者的相互连接关系。同理,在端子排的端子 2 内侧标 I_1-8,电流继电器端子⑧标记 I-2,这也表明了二者的相互连接关系。而在端子排的外侧,回路 U411 和 U412 都连接到电流互感器上。

控制回路和信号回路的直流正、负电源由馈线控制盘引来,经端子排分别与相应的设备连接。例如控制回路正电源由端子排的端子④与电流继电器的端子①相连,并经端子①转接至时间继电器的端子③,满足了二次回路中正电源与设备的相互连接关系。其他接线的连接原理同上,如图 6-4-9 所示。

同设备端子相连的电流继电器端子④和⑥的回路简单,且两端子相邻,故用线段直接连接的方法,这能清晰地表达连接关系。

根据展开图及设备安装地点,可确定经电缆连接的线段,即可确定电缆连接数量及每根电缆的芯数。例如电流互感器引来交流电流回路(U411、U412)为一根 2 芯电缆,由控制

第六章 城市轨道交通供电变电所二次回路

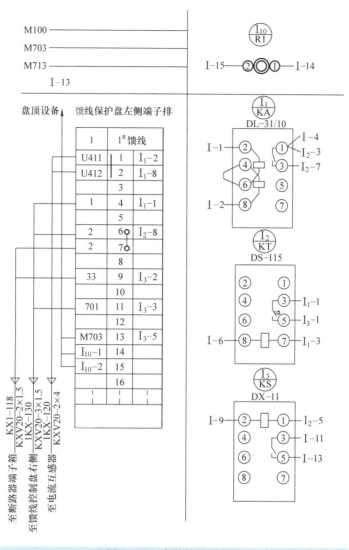

图 6-4-9 安装接线图举例

盘引来控制信号正负电源（1、2、701）为一根 3 芯电缆，向断路器送去控制回路负电源及分闸回路（2、33）的为一根 2 芯电缆，共采用了 3 根电缆。经端子排与盘顶设备相连采用直径为 1.5mm² 的绝缘线，各芯线的走向如图 6-4-9 中符号所示。

第五节 互感器的二次回路

一、概述

在本章第一节中讲到互感器可分为电压互感器和电流互感器，是一次回路和二次回路的联络设备。它们分别将一次回路的高电压、大电流变换为所需的低电压、小电流，供电给测量仪表、远动装置、继电保护和自动装置等。

1. 互感器的作用

1）变换作用：将一次回路的高电压和大电流变为二次回路标准的低电压（即额定电压为100V）和小电流（即额定电流为1A或5A），使测量仪表和保护装置标准化、小型化。

2）电气隔离作用：将二次设备与一次设备相隔离，且互感器二次侧均接地，既保证了设备和人身安全，又使接线灵活、安装方便，维修时不必中断一次设备的运行。

2. 互感器的接入方式

1）电压互感器：一次绕组以并联形式接入一次回路；电压互感器的二次负荷以并联形式接在电压互感器的二次绕组回路。

2）电流互感器：一次绕组以串联形式接入一次回路；电流互感器的二次负荷以串联形式接在电流互感器的二次绕组回路。

下面分别介绍电压互感器和电流互感器的极性、接线方式和二次回路中的有关技术问题。

二、电压互感器的二次回路

1. 电压互感器二次回路应满足的要求

1）电压互感器的接线方式应满足测量仪表、远动装置、继电保护和自动装置等的具体要求。

2）应有一个可靠的安全接地点。

3）应设置短路保护。

4）应有防止从二次回路向一次回路反馈电压的措施。

5）对于双母线上的电压互感器，应有可靠的二次切换回路，以便在单母线供电时，另一母线上的电压互感器的采样使用供电侧的数据。

2. 电压互感器的接线方式及适用范围

由于测量仪表、远动装置、继电保护和自动装置等二次负载对要求接入的电压不同，电压互感器应采用不同的接线方式，以满足对电压的具体要求。下面介绍电压互感器的几种常用接线方式。

（1）一个单相电压互感器的接线方式　图6-5-1为一个单相电压互感器的接线方式。图中，一次侧接在A、B相间，所以二次侧反映的是线电压。这种接线方式可应用于单相或三相系统中，可根据需要接任一线电压。此种接线，电压互感器一次侧不能接地，二次绕组应有一端接地。一次绕组侧为线电压，二次绕组的额定电压为100V。

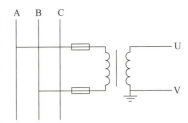

图6-5-1　单相电压互感器的接线方式

（2）两个单相电压互感器构成的V-V型接线方式　两个单相电压互感器接成V-V型接线方式，如图6-5-2所示。这两个单相电压互感器分别接在线电压U_{AB}和U_{BC}上。此种接线，互感器一次绕组不能接地，二次绕组V相接地。这种接线只能得到线电压和相对系统中性点的相电压，不能得到相对地的相电压。二次绕组的额定电压为100V。

（3）三相三柱式电压互感器的星形接线方式　三相三柱式电压互感器的星形接线方式如图6-5-3所示。这种接线方式可以接入线电压和相电压，一般应用在中性点非直接接地或经消弧线圈接地的电网中。必须注意，其一次绕组的中性点是不允许接地的。二次绕组的额定电压为100/√3V。

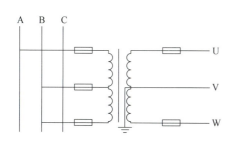

图6-5-2 两个电压互感器的V-V型接线方式

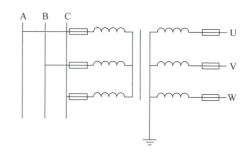

图6-5-3 三相三柱式电压互感器的星形接线方式

3. 电压互感器二次侧接地

正如前面所述，电压互感器具有电气隔离作用，在正常情况下，一次绕组和二次绕组间是绝缘的。但当一次绕组与二次绕组间的绝缘损坏后，一次侧高电压串入二次侧，将危及人身和设备安全，所以电压互感器的二次侧必须设置接地点，该种接地通常称为安全接地。

电压互感器二次侧的接地方式有V相接地和中性点接地两种。

（1）电压互感器的V相接地　V相接地的电压互感器二次回路如图6-5-4所示。接地点设在电压互感器V相，并设在熔断器FU2后，以保证在电压互感器二次侧中性线上发生接地故障时，FU2对V相绕组起保护作用。但是接地点设在FU2之后也有缺点，当熔断器FU2熔断后，电压互感器二次绕组将失去安全接地点。为防止在这种情况下，有高电压侵入二次侧，在二次侧中性点与地之间装设一个击穿熔断器F。击穿熔断器实际上是一个放电间隙，当二次侧中性点对地电压超过一定数值后，间隙被击穿，变为一个新的安全接地点。电压值恢复正常后，击穿熔断器自动复归，处于开路状态。正常运行时中性点对地电

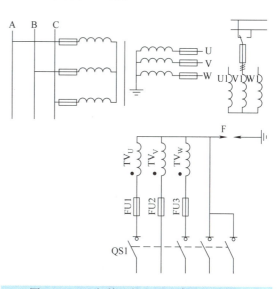

图6-5-4 V相接地的电压互感器二次回路

压等于零（或很小），击穿熔断器处于开路状态，对电压互感器二次回路的工作无任何影响，是一个后备的安全接地点。

（2）电压互感器的中性点接地　中性点接地的电压互感器二次电路如图6-5-5所示，星形接线的中性点与地直接相连，中性点电位为零。对于变电所的电压互感器、110kV及以上系统的电压互感器二次侧一般采用中性点接地（也称零相接地）；城市轨道交通中压环网上的电压互感器（35kV及以下）多采用V相接地。一般电压互感器在配电装置端子箱内经

端子排接地。

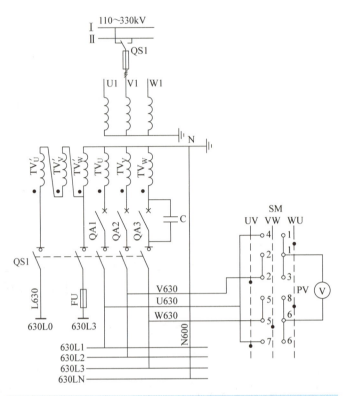

图 6-5-5 中性点接地的电压互感器二次回路

4. 电压互感器二次回路的短路及保护

(1) 设置短路保护的原因 电压互感器实际上是一个小型的降压变压器，互感器二次负载对一次侧电压无影响（因为吸收功率很微小），故一次侧相当于接了一个恒压源。电压互感器二次侧接的二次负载（电压线圈等）阻抗很大，二次电流很小，相当于变压器的空载状态，故二次电压基本上等于二次电动势值，且决定于一次电压值。对于二次回路来讲，电压互感器相当于一个电压取决于一次电压的电压源。当二次回路发生短路故障时，会产生很大的短路电流，将损坏二次绕组，危及二次设备和人身安全。所以，电压互感器二次回路不允许短路，同时必须在二次侧装设短路保护设备。

(2) 保护设备及保护方式 35kV 及以下电压等级的电网是中性点非直接接地的系统，一般不装设距离保护。即使二次回路末端发生短路，熔断器熔断较慢，也无距离保护误动作的问题。因此，35kV 及以下的电压互感器宜采用快速熔断器作为其短路保护设备。

110kV 及以上电压等级的电网是中性点直接接地的系统，一般装有距离保护。如果在远离电压互感器的二次回路上发生短路故障，由于二次回路阻抗较大，短路电流较小，则熔断器不能快速熔断，但在短路点附近电压比较低或等于零，可能引起距离保护的误动作。所以，对于 110kV 及以上的电压互感器多采用断路器作为其短路保护设备。

新型的距离保护装置一般都具有性能良好的电压回路断线闭锁装置。有些运行现场在接有距离保护的电压回路也采用了熔断器作为电压回路的短路保护,运行情况良好。

5. 反馈电压的防范措施

在电压互感器停用或检修时,既需要断开电压互感器一次侧隔离开关,同时又要切断电压互感器二次回路;否则,有可能二次侧向一次侧反送电(即反馈电压),在一次侧引起高电压,造成人身和设备事故。例如,双母线的电压互感器,一组电压互感器工作,另一组电压互感器停用或检修,可能造成检修的电压互感器反充电;在检修的电压互感器二次回路加电压进行试验等工作,会产生反馈电压。因此,在电压互感器二次回路必须采取技术措施防止反馈电压的产生。

对于 V 相接地的电压互感器,除接地的 V 相外,其他各相引出端都由该电压互感器隔离开关 QS1 辅助常开触点控制,如图 6-5-4 所示。从图中可看出,当电压互感器停电检修时,断开一次侧隔离开关 QS1 的同时,二次回路也自动断开。中性线采用了两对辅助触点并联,是为了避免隔离开关辅助触点接触不良,造成中性线断开(因为中性线上的触点接触不良难以发现)。

对于中性点接地的电压互感器,除接地的中性线外,其他各相引出端都串联了该电压互感器隔离开关 QS1 的辅助常开触点,如图 6-5-5 所示。

6. 电压互感器二次电压的切换电路

电压互感器二次电压的切换有两种情况:双母线二次电压的切换;互为备用的电压互感器二次电压的切换。下面以互为备用的电压互感器二次电压的切换为例说明。

双母线或单母线分段中每组(段)母线用的电压互感器应互为备用,以便其中一组(段)母线上的电压互感器停用时,保证其二次电压小母线上的电压不间断。所以,电压互感器应具有互为备用的二次电压切换回路,其切换操作必须在母联断路器或分段断路器处于合闸状态时才能进行。

图 6-5-6 所示电路为手动控制方式说明,由手动控制开关 S 和中间继电器 K 实现。880L 为母联隔离开关操作闭锁小母线,在母联断路器为合闸状态(即母联断路器、母联隔离开关闭合)时,880L 接通负电源。转换开关 S 为 "W" 位置,触点 1、3 接通,继电器 K 起动,其常开触点闭合,接通两组电压互感器二次电压回路,实现电压互感器的互为备用。与此同时,监控软件显示 "电压互感器切换" 字样。

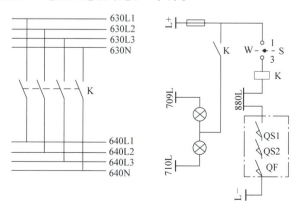

图 6-5-6　互为备用的电压互感器二次电压的切换电路

三、电流互感器的二次回路

1. 对电流互感器二次回路的基本要求

电流互感器的接线方式应能满足测量仪表、远动装置、继电保护和自动装置检测回路的具体要求。

1)电流互感器的二次回路应有一个可靠的接地点,但不允许有多个接地点,否则会使继电保护拒动或仪表测量不准确。

2)应有防止二次回路开路的措施。

3)为保证电流互感器能在要求的准确级下运行,其二次负载不应大于运行负载。

4)应保证电流互感器极性的正确连接。

2. 电流互感器的常用接线方式

电流互感器有多种接线方式,以适应二次回路及二次设备对不同电流的具体要求。

(1)一个电流互感器的单相式接线 如图 6-5-7a 所示,该电流互感器可接在任一相上,这种接线主要用于测量三相对称负载的一相电流、变压器中性点和电缆线路的零序电流。

(2)两个电流互感器的不完全星形接线 如图 6-5-7b 所示,两个电流互感器分别接在 U 相和 W 相。这种接线方式广泛应用于中性点不直接接地系统中的测量和保护回路,可以测量三相电流、有功功率、无功功率、电能等,能反应相间故障电流,不能完全反应接地故障。

(3)三个电流互感器的完全星形接线 如图 6-5-7c 所示,三个电流互感器分别接在 U、V、W 相上,二次绕组按星形连接。这种接线可以测量三相电流、有功功率、无功功率、电能等。在保护回路中,常用于 110kV 以上中性点直接接地系统,能反应相间及接地故障电流;在中性点不直接接地的系统中,常用于容量较大的发电机和变压器的保护回路。

(4)三个电流互感器的三角形接线 如图 6-5-7d 所示,三个电流互感器分别接在 U、V、W 相上,二次绕组按三角形连接。这种接线很少应用于测量回路,主要应用于保护回路。

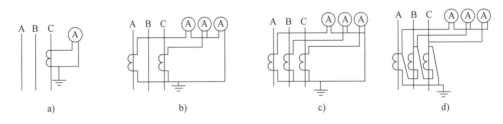

图 6-5-7 互感器常用接线方式

a)一个电流互感器的单相式接线 b)两个电流互感器的不完全星形接线
c)三个电流互感器的完全星形接线 d)三个电流互感器的三角形接线

3. 电流互感器二次回路的接地保护

为防止电流互感器一、二次绕组间的绝缘损坏,高电压侵入二次回路,危及人身安全和二次设备安全,在电流互感器二次侧必须有一个可靠的接地点。一般在配电装置处经端子接地，如果有几组电流互感器与保护装置相连时，一般在保护屏上经端子接地。

4. 电流互感器二次回路开路的防范措施

电流互感器实际上是一种变流器，二次电流主要取决于一次电流，相当于是一个电流源。在正常运行时，由于电流互感器二次负载的阻抗很小，所以电流互感器接近短路状态，一、二次绕组建立的磁动势处于平衡状态（一次电流所产生的磁动势大部分被二次电流所产生的磁动势所抵消），铁心中的总磁通量比较小，故二次绕组端电压很小。一旦二次回路开路，二次电流等于零，二次电流的去磁作用立即消失，一次电流完全变成了励磁电流，此电流增大数十倍，使磁路中的磁通量突然增大，这将在二次绕组中感应出很高的电动势，使二次绕组两端出现数百伏至数千伏的高电压，危及人身安全和设备安全。所以，运行中的电流互感器不允许二次回路开路。

目前，有些生产现场采用开路保护器作为电流互感器的开路保护，即在电流互感器的二次绕组引出端并联开路保护器。正常运行时，开路保护器处于断开状态；二次回路开路时，由于二次绕组瞬间电压升高，开路保护器迅速将电流互感器二次绕组短路。由于开路保护器是利用瞬间电压超过动作电压起动，另外对开路保护器完好性的监视较为困难，所以生产现场很少采用开路保护器作为电流互感器的开路保护，通常是在设计、安装、运行、检修维护中采取一些措施来防范电流互感器二次回路开路。通常有以下几种防范措施：

1）电流互感器二次回路不允许装设熔断器等短路保护设备。
2）电流互感器二次回路一般不进行切换，当必须切换时，应有可靠的防止开路措施。
3）继电保护与测量仪表一般不与电流互感器合用，当必须合用时，测量仪表要经过中间变流器接入。
4）对已安装好而不使用的电流互感器必须将其二次绕组的端子短接并接地。
5）电流互感器二次回路的端子应采用试验端子。
6）应保证电流互感器二次回路的连接导线有足够的机械强度。

第六节　微机保护下的二次回路读图实例

前例（见图 6-2-1、图 6-3-1、图 6-4-9）是以电磁式继电器回路为读图示例。在微机保护已经普遍应用的今天，微机保护装置采用了微型计算机作为核心，将各电磁式继电器保护装置集成在一起，许多功能都由芯片运算完成，在保护原理的算法和实现上进行了很大的改进，且各套产品之间在配置原则、保护算法等方面存在较大差异，尽管经过一定时间的运行实践，我们总结出了一定的经验，但是仍然很难确定地将某一种产品作为范例进行推广，但读图的方式与各图之间的关系可以按此例学习。

下面采用 35kV 进线柜的部分图样来说明目前城轨现场中各种图样范例。

1. 归总式原理图

图 6-6-1 表明一个开关柜由断路器 Q0 与三工位开关 Q8 与 Q1 组成，此开关柜为手车式，带有带电显示器，带有三组电流互感器。7LH 给功率计提供电流值，8LH 给过电流保护的继保单元提供电流值，9LH 给差动单元提供电流值。由于这些保护与计量单元各自精度不同，同时避免互相影响，故给每个单元再配一电流互感器。

2. 展开式原理图

35kV 开关柜展开式原理图如图 6-6-2 所示，8LH（第 8 号电流互感器）的外接头为 2S1 与 2S2，线号（线上的套管打号）为 481，接到本开关柜的 X4 端子排的 7、8、9 脚，1n（P143）为本开关柜所装的施耐德公司的保护单元，从 X4 端子排接到 1n 单元背后的 C 区的 3、6、9 端子。1n 单元中所画的三个线圈表示是在 1n 单元中三相都会被线圈测量，但线圈并不一定真实存在，这只表示被测量。穿越过 1n 单元后，从 X4 端子排的 22、23、24 脚接出，接出后的线号为 483，接出线捆入了电缆后穿墙至主变保护屏，接至端子排 32D 的 1、2、3 孔位上。主变保护屏的端子排的编号一般不以 X 打头。

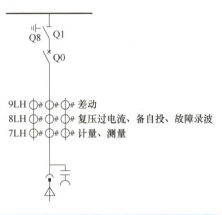

图 6-6-1 35kV 开关柜归总式原理图

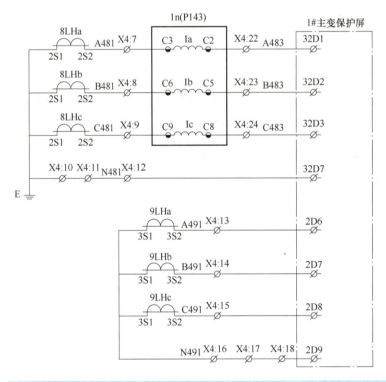

图 6-6-2 35kV 开关柜展开式原理图示例

P143 的背板图如图 6-6-3 所示，主变保护屏内的端子排图示例如图 6-6-4 所示。

3. 安装接线图

主变保护屏内的安装接线图如图 6-6-5 所示，可以看到 X4 端子排的 7、8、9 三个端子，其左边接的是 8LH（第 8 号电流互感器）的外接头为 2S2，线号为 481，右端接的是继保单元 P143 的 C3、C6、C9 脚。电流穿越过主变保护屏后回到该端子排的 10 端子，同时 10、11、12 三个端子通过连接片连在一起。9LH（第 9 号电流互感器）的分析也如此

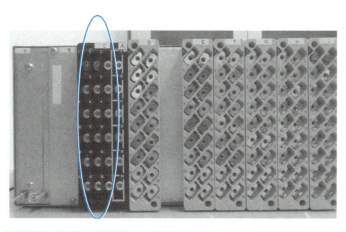

图 6-6-3　P143 的背板图

32D		低后备保护回路	
	A481	1	32nC3
	B481	2	32nC6
	C481	3	32nC9
	A482	4 ○	32nC2
	B482	5 ○	32nC5
	C482	6 ○	32nC8
	N481	7 ∞	
		8 ○	
		9	32nC11
		10	32nC10
		11	
		12	
		13	
	A630II-2	14 ○	2ZKK1
31D14	△	15 ○	
	B630II-2	16 ○	2ZKK3
31D16	△	17 ○	
	C630II-2	18 ○	2ZKK5
31D18	△	19 ○	
	N600	20 ○	32nC22
31D20		21 ○	
		22	
		23 ○	32K4
		24 ○	32nJ2
		25 ○	
		26 ○	
		27 ○	
		28 ○	
		29	
		30	32nD2
		31	32nD4
		32	32nD6

至PT接口屏 ◁139
至35kV备自投屏 ◁138a
至主变35kV开关柜 ◁112b

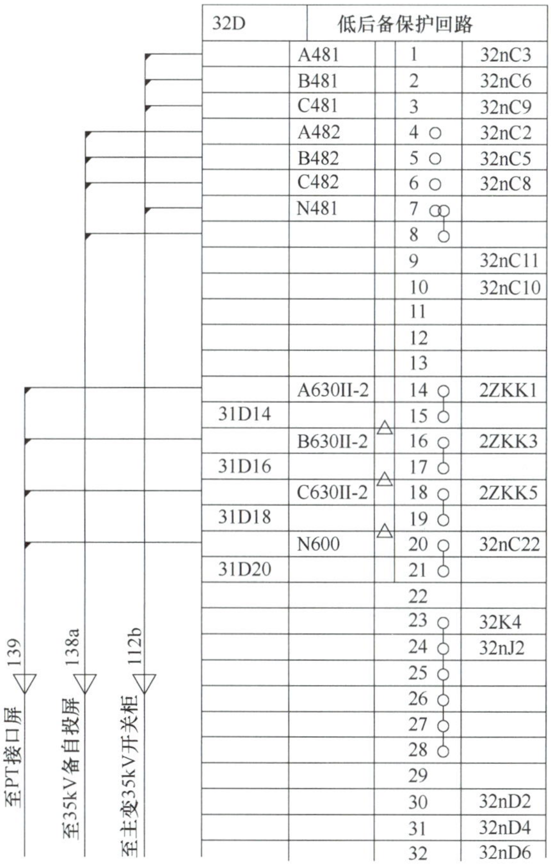

图 6-6-4　主变保护屏内的端子排图示例

所示。

　　这三张图识图要统一起来看，先看原理图，对应设备看展开图，最后用安装接线图确认。

图 6-6-5　主变保护屏内的安装接线图示例

教学评价

1. 什么是一次设备和二次设备？各包括哪些内容？
2. 什么是二次接线？它有何作用？哪些回路或系统属于二次接线？
3. 二次接线图有哪几种类型？各有什么特点？
4. 简述二次接线图的标号原则和标号方法。
5. 如何阅读二次回路图？
6. 简述相对编号法的标号原则。
7. 为什么运行中的电流互感器不允许二次回路开路？
8. 什么是二次侧向一次侧反送电（针对电压互感器的检修）？

第七章

城市轨道交通变电所的高压开关控制、信号回路

问题导入

各主、牵引变电所中，完成断路器、隔离开关等高压开关电器分、合闸操动机构的电气回路称为控制回路。本章讲述控制回路的基本组成、控制开关的结构与操作方法，以及采用不同型号操动机构的断路器（隔离开关）控制、信号回路的结构与工作原理。

学习目标

1. 掌握断路器控制回路的基本要求，培养学生的严谨意识。
2. 掌握基本的断路器控制、信号回路的组成及动作过程，培养安全、守纪的精神。
3. 掌握液压操动机构中灯光监视的断路器控制、信号回路的组成及动作过程。
4. 掌握弹簧操动机构中灯光监视的断路器控制、信号回路的组成及动作过程。
5. 掌握液压弹簧操动机构中灯光监视的断路器控制、信号回路的组成及动作过程。

第一节 控制、信号回路概述

一、控制回路的基本构成

各级变电所的断路器、隔离开关的控制回路一般是由指令单元、闭锁单元、联锁单元、中间传送放大单元、执行单元和连接它们的导线等二次电气设备组成的。

指令单元一般由控制开关、转换开关、按钮、保护出口继电器和自动装置等构成，其作用是发出断路器、隔离开关分、合闸命令脉冲或触发各保护装置的出口继电器。

闭锁单元一般是由闭锁继电器触点、断路器的辅助触点组成的，其作用是当一次设备发生重大故障时，闭锁触点打开，切断分、合闸回路，避免断路器重合闸设备故障，防止事故范围进一步扩大。例如，当主变压器发生重瓦斯保护动作时，闭锁继电器的触点打开，闭锁断路器的人工合闸或自动重合闸回路。断路器、隔离开关进行联动操作时，通常在控制回路中设置联锁单元，保证断路器、隔离开关操作顺序的正确性。

中间传送放大单元是由继电器、接触器及其触点组成的，其作用是将指令单元发出的命令脉冲放大，并按一定程序送给执行机构。

执行单元是断路器、隔离开关的操动机构，其作用是按命令驱使断路器分、合闸。断路器、隔离开关的控制回路结构框图如图7-1-1所示。

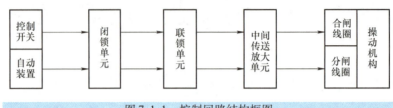

图 7-1-1　控制回路结构框图

二、控制回路的类型

按指令电器与操动机构之间距离的远近与等级，电气控制的方式可分为远动控制、就地控制两种。

远动控制是指由电力调度通过微机集中控制操纵高压断路器和隔离开关分、合闸，改变各变电所的运行方式，也称为遥控。

就地控制是指操作人员在实际开关所在地通过按钮或转换开关，或者用手直接操作手动机构控制断路器和隔离开关分、合闸。

按照断路器工作状态、控制回路完整性监视方式的不同，控制回路又分为灯光监视控制回路和音响监视控制回路。

三、控制、信号回路的基本技术性能

1）能进行正常的人工分闸与合闸，又能进行故障时的自动分闸或自动重合闸。分、合闸操作执行完毕后，应能自动解除命令脉冲，断开分、合闸回路，以免分、合闸线圈长期受电而烧毁。

2）能够指示断路器的分、合闸位置状态，自动分、合闸时应有明显的信号显示。

3）能监视控制电源及下一次操作回路的完整性。

4）无论断路器的操动机构中是否设有防止跳跃的机械闭锁装置，控制回路中均应设防止跳跃的电气闭锁装置。

5）对于采用气动、弹簧、液压操动机构的断路器，其控制回路中应设相应的气压、弹簧（压力）、液压闭锁装置。

6）当隔离开关采用电动操作时，断路器与隔离开关控制回路中应设置相应的联动措施，保证其联动操作顺序的正确性。

7）接线应力求简单可靠，连接电缆的条数、芯数应尽量减少。

四、控制开关

控制开关是控制回路的控制元件，由运行人员直接操作，发出分、合闸命令脉冲，使断路器、隔离开关分、合闸，实现对断路器、隔离开关的距离控制。

变电所中采用三位置控制开关，如图7-1-2所示。控制开关操作转换过程有三个位置，即"合位""分位"和"零位置"（中间竖直位置）。控制开关手柄平时处于"零位置"，将

控制开关手柄沿顺时针方向旋转45°达到"合闸"位置，SA_{1-3}触点闭合，发出合闸命令脉冲。由于控制开关的合闸位是个不固定位置，当操作完毕后控制开关手柄在弹簧力的作用下，自动沿逆时针方向旋转45°。返回中间零位，SA_{1-3}断开，分闸操作时，将控制开关手柄沿逆时针旋转45°，SA_{2-4}触点闭合；操作员手松开后，控制开关手柄自动恢复于中间零位，SA_{2-4}触点断开。

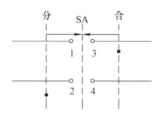

图7-1-2 三位置控制开关的触点通断图形符号

第二节 采用液压操动机构的断路器控制、信号回路

变电所中110kV断路器大多仍采用SF_6断路器（配用弹簧操动机构）。老式的仍采用少油断路器（配用液压操动机构），本节介绍少油断路器110kV侧断路器的控制、信号回路基本原理。不同厂家的产品有所不同，但要点一致。这里以CY_3-V型液压操动机构（见图7-2-1）为例，操动机构原理见第三章第七节。

一、结构要点

1）合闸线圈直接接于控制回路中，合闸线圈的受电动作受电气联锁制约因素多，只有在联锁条件满足合闸要求时，断路器才能进行正常合闸。

2）控制回路中的液压监视装置实现了对断路器分、合闸操作的液压闭锁、油压信号显示以及液压泵电动机自动起动功能。

二、控制、信号回路的工作原理分析

1. 故障闭锁继电器的动作情况分析

当变压器本体发生内部重故障（如差动、重瓦斯保护动作）时，保护装置动作，变压器内部故障闭锁继电器KCB1（在变压器保护回路中）受电，$KCB1_{1-9}$闭合，闭锁继电器线圈KCB_{7-8}受电，KCB_{9-11}打开，断路器不能进行合闸操作。在故障查明之前，禁止按动闭锁解除按钮SB3，在故障查明并排除之后，方可按下闭锁解除按钮SB3，使闭锁继电器复归线圈KCB_{17-18}受电动作（KCB是双线圈双位继电器，线圈7-8为起动线圈，线圈17-18为复归线圈），KCB_{9-11}闭合，断路器恢复正常的合闸操作。KCB2为断路器故障闭锁继电器，KAO为备用电源自动投入装置合闸出口继电器。

当断路器及其操动机构发生重故障时，如油压系统的油压过低，会对操作产生不良的影响，合闸时因功率不够而造成慢合现象，这是绝对不允许的。因此，断路器本体发生重故障时，断路器内部故障闭锁继电器KCB2受电动作，$KCB2_{1-9}$闭合，闭锁继电器线圈KCB_{7-8}受

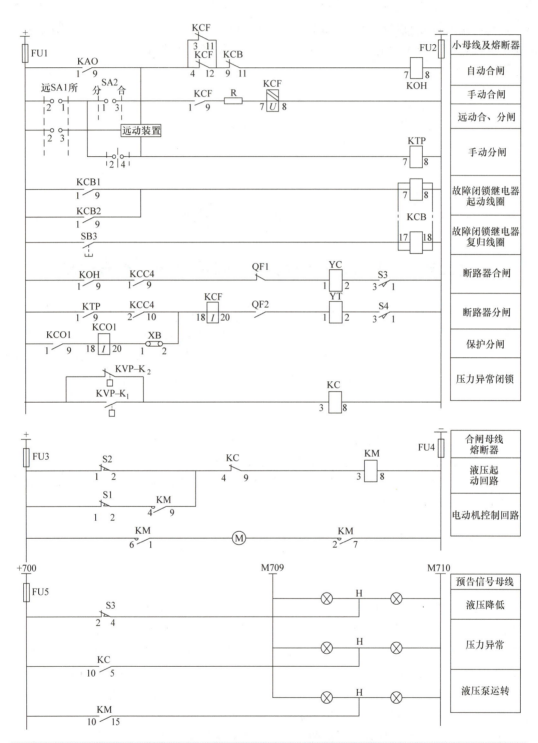

图 7-2-1　应用 CY_3-Ⅴ 型液压操动机构的断路器控制和信号回路展开图

第七章 城市轨道交通变电所的高压开关控制、信号回路

电，KCB_{9-11}打开，闭锁断路器合闸回路。

2. 断路器的手动控制

（1）手动操作合闸　合闸前，断路器在分闸位置；断路器联动辅助常闭触点QF1闭合。选择开关SA1手柄在"所内"位，$SA1_{2-1}$闭合。

合闸时，将控制开关SA2手柄打至合闸位，$SA2_{1-3}$闭合，发出合闸命令脉冲，使：

$+ —FU1—SA1_{2-1}—SA2_{1-3}—KCF_{3-11}$和$KCF_{4-12}—KCB_{9-11}—KOH_{7-8}—FU2— -$

且由于使用该型断路器时多要求分、合闸过程中中性点接地，故回路中串入了指示中性点隔离开关位置的合闸位置继电器触点$KCC4_{1-9}$，这样可使：

$+ —FU1—KOH_{1-9}—KCC4_{1-9}—QF_1—YC_{1-2}—S3_{3-1}—FU2— -$

回路接通，合闸线圈YC受电，操动机构驱动断路器合闸，断路器合闸完毕，辅助联动触点QF1断开，合闸线圈失电复归。

（2）手动操作分闸　正常时，本型断路器油压系统的额定油压为27.93MPa，蓄能器行程开关触点$S4_{3-1}$闭合。

分闸时，将控制开关SA2转至分闸位，$SA2_{2-4}$闭合，发出分闸命令脉冲，使：

$+ —FU1—SA1_{2-1}—SA2_{2-4}—KTP_{7-8}—FU2— -$

且回路中串入了指示中性点隔离开关位置的合闸位置继电器触点$KCC4_{2-10}$，这样可使：

$+ —FU1—KTP_{1-9}—KCC4_{2-10}—KCF_{18-20}—QF_2—YT_{1-2}—S4_{3-1}—FU2— -$

回路接通，分闸线圈YT受电，断路器分闸。断路器分闸完毕后，常开辅助联动触点QF2断开，切断分闸线圈回路，达到了命令脉冲自动解除的要求。

3. 断路器的自动控制

（1）自动合闸　为提高变电所的供电可靠性，一般要安装备用电源自投装置和备用变压器自投装置，以便在进线电源故障或主变压器故障（或断路器故障）时实现自动转换，转换主要依赖于开关按照预定逻辑顺序的系列动作。当线路自投或主变压器自投动作，需要断路器自动合闸时，自投装置合闸出口继电器KAO常开触点KAO_{1-9}闭合，在满足断路器合闸条件的前提下自动合闸回路接通，合闸继电器KOH线圈通电，最终完成合闸。

（2）自动分闸　保护装置动作时，出口继电器常开触点$KCO1_{1-9}$闭合，同时对电流线圈$KCO1_{18-20}$自保持，确保断路器可靠分闸。

4. 断路器的液压监视与控制

不同的制造厂各压力规定有所不同，例如：依据某高压电器厂SW_6-110型高压断路器及CY_3-V型液压操动机构说明书，正常时，液压系统的额定油压为27.93MPa，各压力触点的动作压力定值见表7-2-1。

表7-2-1　压力触点的动作压力定值

触点编号	$S1_{1-2}$	$S2_{1-2}$	$S3_{2-4}$	$S3_{3-1}$	$S4_{3-1}$	KVP-K_1	KVP-K_2
动作压力值/MPa	27.93	27.2	24	24	23	34.3	15.7

在这里，液压系统压力表电触点的正常状态是指压力值低于整定压力值时的状态，动作状态是指压力值等于或高于整定压力值时的状态，因此，油压超过整定压力值时常开触点闭合（动作），油压低于整定压力值时常闭触点闭合。故液压系统油压正常时，各触点的状态为：$S2_{1-2}$、$S3_{2-4}$断开，$S1_{1-2}$、$S3_{3-1}$、$S4_{3-1}$闭合，KVP-K_1、KVP-K_2断开，压力异常闭锁中间

继电器 KC 不受电，其常闭触点 KC_{4-9} 闭合，常开触点 KC_{10-5} 断开。

（1）分、合闸压力闭锁　液压系统的油压过低，会对操作产生不利影响，如合闸时会因功率不够而造成慢合现象，这是不允许的。因此，在合闸回路中串入液压系统压力表电触点 $S3_{3-1}$，分闸回路中串入液压行程开关触点 $S4_{3-1}$，作为压力闭锁。

当油压小于 24MPa 时，$S3_{3-1}$ 断开，切断合闸线圈回路，断路器不允许合闸；当油压小于 23MPa 时，$S4_{3-1}$ 触点断开，切断分闸线圈回路，使断路器不能分闸。实现了合、分闸压力闭锁。

（2）液压泵电动机的起动　当油压小于 27.2MPa 时，液压系统压力表电触点 $S2_{1-2}$ 闭合，使：

$+—FU3—S2_{1-2}—KC_{4-9}—KM_{3-8}—FU4— -$

回路接通，接触器 KM 受电动作，主触点闭合，使：

$+—KM_{6-1}—$ 电动机 $M—KM_{2-7}—FU4— -$

回路接通，液压泵电动机起动运转进行打压。接触器常开触点 KM_{10-15} 闭合，发出液压泵电动机运转信号，同时接触器的另一对常开触点闭合，使：

$+—FU3—S1_{1-2}—KM_{4-9}—KC_{4-9}—KM_{3-8}—FU4— -$

回路接通，+ 通过 $S1_{1-2}$ 触点向接触器线圈供电，当油压升到 27.2MPa 时，$S2_{1-2}$ 断开，但压力触点 $S1_{1-2}$ 仍然闭合，液压泵电动机继续保持运转。油压继续升高到 27.93MPa 后，$S1_{1-2}$ 断开，接触器 KM 失电返回，液压泵电动机停止工作。

（3）压力异常闭锁信号　当油压系统出了故障后，使得油压急速下降或升高时，对液压泵电动机应采取压力异常闭锁。运行中若油压低于 15.7MPa 时，触点 $KVP-K_2$ 闭合，使得中间继电器 KC_{3-8} 受电动作，常闭触点 KC_{4-9} 断开，切断液压泵电动机的起动回路，使电动机停转。因为这种现象的出现，往往意味着液压系统出现较大泄漏故障，液压泵电动机继续运转也无法使油压恢复正常，必须采取必要的检修措施。若运行中油压高于 34.3MPa，液压泵仍继续工作，则触点 $KVP-K_1$ 闭合，使中间继电器 KC_{3-8} 受电动作后切断液压泵电动机的工作回路，使其停转。中间继电器 KC 受电动作后，除切断液压泵电动机回路外，另一对触点 KC_{10-5} 闭合发出压力异常的预告信号，指明液压机构内出现故障。

当压力低于 24MPa 时（根据运行情况而定），$S3_{2-4}$ 触点闭合，发出液压降低的预告信号，提醒值班员注意并及时排除。

5. 电气防跳

操作过程中，断路器在短时间内反复出现分、合闸的情况，称为断路器的"跳跃"。多次频繁跳跃不但会使断路器损坏，而且还将扩大事故范围。为此，必须采取防跳措施，通常在控制回路中设置电气防跳措施。

断路器的跳跃现象一般发生在主变压器及其线路处于永久性短路故障而且合闸回路断不开的情况下，当断路器合闸送电至故障线路后，继电保护装置动作使断路器跳闸，若控制开关 SA2 仍在合位而未转换，或 KAO_{1-9} 触点发生故障未断开而处于接通状态时，断路器将再次合闸，保护又将使断路器跳闸，如此反复分、合动作，即发生跳跃现象。

同样，设置具有电压线圈与电流线圈的双线圈防跳继电器 KCF，其电流线圈串联于跳闸回路中，其动作电流略小于跳闸线圈的动作电流，这保证分闸时其可靠动作，此电流线圈电阻极小，对跳闸回路影响甚微；另一线圈为电压自保持线圈，经过自身的常开触点 KCF_{1-9} 并

第七章 城市轨道交通变电所的高压开关控制、信号回路

联于合闸线圈回路。此电压线圈及其串联电阻阻值很大,不影响合闸回路动作;采用并联的两个常闭触点 KCF_{3-11}、KCF_{4-12} 串联于合闸回路,确保其中一个常闭触点非正常断开时合闸回路依然畅通。

在图 7-2-1 所示控制回路中,当断路器合闸于永久性故障点时,保护出口继电器常开触点 KCO_{1-9} 闭合,使断路器跳闸,同对也使跳闸回路中的防跳继电器 KCF 的电流线圈受电动作,其常闭触点 KCF_{3-11} 闭合、KCF_{4-12} 断开,分断合闸回路;常开触点 KCF_{1-9} 闭合,若此时 KAO_{1-9} 触点仍在接通状态时,使:

+ —FU1—KAO_{1-9}—KCF_{1-9}—R—KCF_{7-8}(电压)—FU2— −

回路接通,防跳继电器 KCF 自保持在动作状态。常闭触点始终断开,切断合闸回路,避免了断路器再次合闸,从而起到了防止断路器跳跃的作用。只有当合闸脉冲消除后,防跳继电器电压线圈断电返回,回路才能恢复合闸功能。

第三节 采用弹簧操动机构的断路器控制、信号回路

现今城市轨道交通变电所断路器多数为采用弹簧储能操动机构,如 10kV 真空断路器、110kV SF_6 断路器,二次系统采用综合自动化计算机监控系统,系统中的馈线保护测控单元承担对该断路器的测量、控制、保护功能,装置包括具有自动重合闸功能的保护插件、出口插件、信号插件等单元。现在以第三章第七节中所述 CT-100 型弹簧储能操动机构为例说明其控制、信号回路。

一、结构要点

图 7-3-1 是应用弹簧储能操动机构的断路器的控制回路图。因厂家不同而结构有所不同,但原理接近,该回路的特点是:

1)合闸电流小,合闸线圈直接串联于合闸回路中,省去了合闸接触器线圈回路,故采用弹簧储能操动机构的断路器所需功率不大。

2)控制回路中增设了一套电动机储能控制回路和储能延时闭锁回路。

3)断路器合闸回路中串入储能电动机控制继电器 KC 常闭触点 KC_{5-6}(该触点在弹簧压紧时是闭合的),以确保只有在弹簧储能完毕并压紧的情况下才允许合闸。

4)变电所采用综合自动化计算机监控系统,断路器的当地控制、监视一般在当地监控单元完成。因此,回路中不设控制开关,当地控制通过计算机使其出口继电器常开触点 K1(或 K2)闭合实现合(分)闸操作。断路器的位置信号也在当地监控单元显示。

二、原理分析

1. 合闸操作

电力调度中心传送远动合闸命令,或者由值班员在当地监控单元发出合闸命令脉冲,都可以使触点 K1 闭合,若合闸弹簧已储能完毕,则使:

+ —FU1—K1—$KCF2_{5-6}$—KC_{5-6}—YC 线圈—QF1—FU2— −

回路接通,合闸线圈 YC 受电,操动机构驱使断路器合闸。断路器合闸完毕,常用辅助触点 QF1 断开,常开辅助触点 QF2 闭合,使:

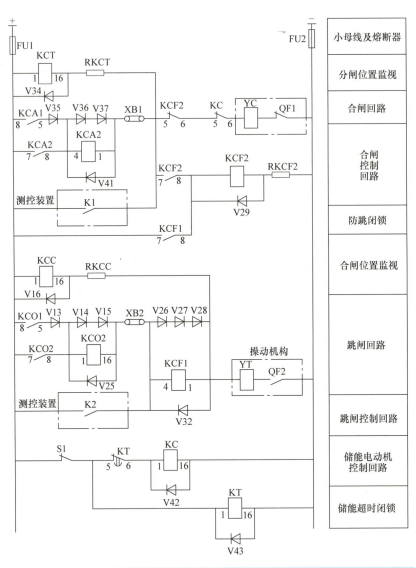

图 7-3-1 CT-100 型弹簧储能操动机构的断路器控制回路

+ —FU1—KCC$_{1-16}$—RKCC—YT 线圈—QF2—FU2— –

回路接通，由于合闸位置继电器 KCC 阻抗大，分闸线圈 YT 阻抗小，使得分闸线圈承受的电压小于最小允许动作值，故断路器不分闸。而合闸位置继电器 KCC 受电动作，其常开触点 KCC$_{9-13}$（参见图 7-3-2）闭合，在当地监控单元中给出合闸位置信号。

断路器常闭辅助触点 QF1 断开后，分闸位置继电器失电，同时合闸线圈 YC 失电，合闸脉冲自动解除。

当重合闸动作时，常开触点 KCA1$_{8-5}$ 闭合，可驱使断路器合闸，并在当地监控单元显示重合闸动作信号。

2. 分闸操作

电力调度中心传送远动分闸命令，或者由值班员在当地监控单元发出分闸命令脉冲，都可以使触点 K2 闭合，使：

+—FU1—K2—V26、V27、V28—YT 线圈—QF2—FU2— −

回路接通，YT 受电动作，操动机构驱使断路器分闸。V26、V27、V28 的管压降确保 KCF1 线圈受电动作，起到防跳闭锁的作用。与 KCF1 并联的反向二极管 V32 的作用是：其一，在 KCF1 线圈断电后为其提供放电通路；其二，在电压过高时，V32 首先反向击穿，促使熔断器动作，起保护作用。

断路器分闸后，常开辅助触点 QF2 断开，常闭辅助触点 QF1 闭合，使：

+—FU1—KCT$_{1-16}$—RKCT—KCF2$_{5-6}$—KC$_{5-6}$—YC 线圈—QF1—FU2— −

回路接通，分闸位置继电器 KCT 受电动作，当地监控单元显示该断路器分闸。

断路器常开辅助触点 QF2 断开后，合闸位置继电器失电，同时分闸线圈 YT 失电，分闸脉冲自动解除。

同样，继电保护动作使常开触点 KCO1$_{8-5}$ 闭合，也可作用于断路器跳闸，同时给出事故跳闸信号。

3. 弹簧储能与闭锁

弹簧储能断路器的操动机构正常工作时，分、合闸弹簧都处于压缩储能状态，限位开关 S1 处于断开位置，中间继电器 KC 不受电，其常开触点 KC$_{7-8}$（见图 7-3-2）断开，接触器 KM 不受电，储能电动机不运转；常闭触点 KC$_{5-6}$ 闭合，允许断路器合闸操作。断路器合闸操作时，合闸弹簧释放能量，断路器合闸到位后，限位开关 S1 闭合，中间继电器 KC 线圈受电，其常开触点 KC$_{7-8}$ 闭合，通过接触器 KM 的动作使储能电动机受电运转，同时 KC$_{9-13}$ 闭

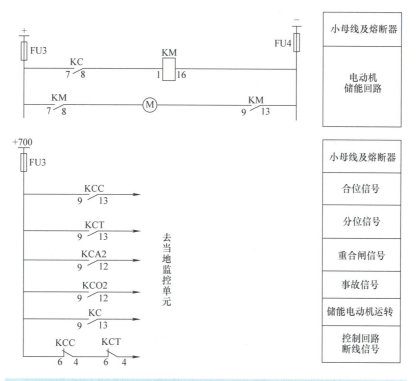

图 7-3-2　应用弹簧储能操动机构的断路器信号回路

合给出储能电动机运转信号,当合闸弹簧储能到位后,S1 断开,储能电动机停转。当因机械故障经过一段时间仍不能使合闸弹簧储能到位时,由时间继电器 KT 动作使电动机停转。

此外,图 7-3-2 中设置合闸位置继电器 KCC 以及分闸位置继电器 KCT 的常闭触点串联回路,实现对控制回路完整性的监视。

第四节 采用弹簧储能液压操动机构的断路器控制、信号回路

随着变电所设备的进步,液压弹簧操动机构(弹簧储能液压操动机构)越来越多地应用在各真空或 SF_6 断路器中,这些断路器多为 10kV 或 35kV 中压等级。现今,在超高压断路器(500kV 以上)也采用了特种的液压弹簧操动机构。现在以 HMB43 型弹簧储能液压操动机构为例说明其控制、信号回路,如图 7-4-1 所示。

一、结构要点

1)当断路器内所充 SF_6 气体密度下降到极限值时,操动机构能分别发出补气和闭锁信号,并且能实现操作闭锁。

2)操动机构具有在合闸状态油压下降到零并重新起动液压泵电动机的功能。

3)操动机构装有溢流阀,具有在系统油压异常情况下自保护的功能。

二、原理分析

1. 断路器的手动合闸

合闸前,断路器在分闸位,断路器辅助常闭触点 QF_{19-20} 和 QF_{23-24} 闭合。

合闸时,按下合闸控制按钮 SB1,发出合闸命令脉冲,使:

+—FU1—SB1—KC4 触点—KC2 触点—KC1 触点—QF_{19-20} 和 QF_{23-24}—YC_{1-2}—FU2— -

回路接通,合闸线圈 YC 受电,操动机构驱动断路器合闸。断路器合闸完毕,QF_{29-30} 闭合,合闸位置信号 HL5 亮,指示断路器合闸状态,联动触点 QF_{19-20} 和 QF_{23-24} 断开,合闸线圈失电复归。QF_{1-2} 和 QF_{5-6} 闭合,为下一次分闸做准备。

2. 断路器的手动分闸

分闸时,按下按钮 SB2,发出分闸命令脉冲,使:

+—FU1—SB2—KC3 触点—KC4 触点—QF_{1-2} 和 QF_{5-6}—YT_{1-2}—FU2— -

回路接通,分闸线圈 YT 受电,断路器分闸。断路器分闸完毕后,QF_{27-28} 闭合,位置信号灯 HL6 亮,显示分闸,常开联动触点 QF_{1-2} 和 QF_{5-6} 断开,切断分闸线圈回路,自动解除命令脉冲。

3. 断路器的监视闭锁和储能

(1)本体闭锁 断路器中 SF_6 气体上的密度继电器 ST 对 SF_6 气体压力实时监测,并实现分、合闸闭锁。当气体压力低于某个值(如 0.6MPa,值由设备决定)时,ST_{1-2} 合上,HL1 灯亮,报警,压力正常后,复归。如故障持续,当气体压力逐渐降低,达到某个值(如 0.5MPa,值由设备决定)时,ST_{3-4} 合上,KC4 动作,闭锁分合闸回路,同时信号灯 HL2 亮,指示闭锁,ST 各触点可由行程开关触发。

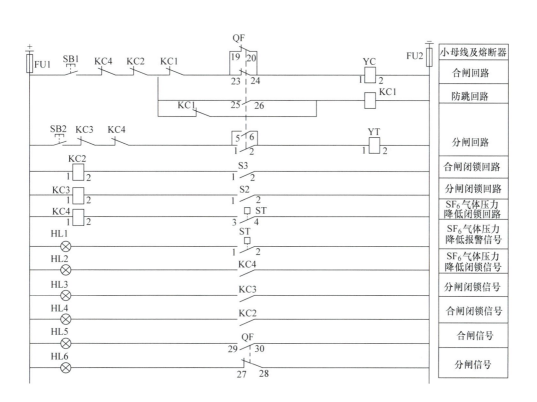
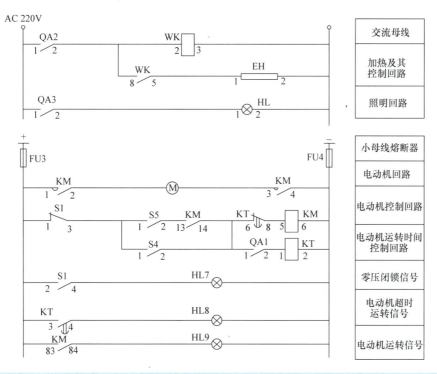

图 7-4-1 HMB43型弹簧储能液压操动机构的断路器控制、信号回路

(2) 油压闭锁　当液压系统油压过低时，会产生一些因功率不够而导致的合闸时速度不够的慢合现象，这是不允许的。所以，当液体压力会引起一些闭锁，如图 7-4-2 所示，油压越低，推杆越下；油压越高，推杆越上。这样依次触发微动开关 S1、S2、S3、S4、S5，各开关被压下时常开触点断开，不接触时，常开触点闭合。

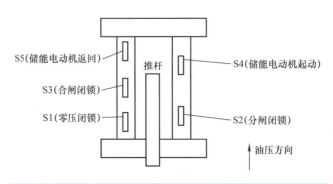

图 7-4-2　微动开关示意图

在合闸回路中串入了合闸闭锁继电器 KC2 的常闭触点，正常时，推杆压住 S3，$S3_{1-2}$ 打开；油压低时，推杆下降至 S3 以下，$S3_{1-2}$ 合上，造成合闸闭锁继电器 KC2 线圈得电，KC2 常闭触点断开，禁止合闸。

同理，在分闸回路中串入了分闸闭锁继电器 KC3 的常闭触点，由开关 S2 的状态控制，进行分闸闭锁。

(3) 储能与控制　当操动机构动作后，一般来说油压会降低，推杆下行，松开 S4，S4 闭合，使：

+ —FU3—$S1_{1-3}$—$S4_{1-2}$—$QA1_{1-2}$—KT_{1-2}—FU4— −
　　　　　　　　　　　　└KT_{6-8}—KM_{5-6}┘

接触器 KM 线圈得电，接通电动机回路 KM_{1-2}、KM_{4-3}，对碟簧进行储能。KM_{83-84} 闭合，使 HL9 亮，发出液压泵电动机运转信号。

同时，接触器的另一对常开触点 KM_{13-14} 闭合，使：

+ —FU3—$S1_{1-3}$—$S5_{1-2}$—KM_{13-14}—KT_{6-8}—KM_{5-6}—FU4— −

回路接通，KM 自锁，当油压升高，$S4_{1-2}$ 断开时电动机继续转动充能，直到 S5 被触发，$S5_{1-2}$ 打开，电动机停止，充能完成。如果因故障电动机运转时间过长时，时间继电器 KT 的延时闭合触点断开，使电动机停转。同时，KT_{3-4} 闭合，发出超时信号，当电动机回路出现过载时，通常还串入热继电器，其常闭触点断开，切断电动机回路。

(4) 加热器控制与照明　QA2 为断路器，用来控制加热器 EH，如需实现自动控温、控湿功能，则安装温湿度控制仪，QA3 实现操动机构箱的照明。

第五节　电动操动隔离开关的控制、信号回路

隔离开关的控制方式一般分为远动控制和就地控制两种。图 7-5-1 为采用 CJ2 型电动操动机构的隔离开关控制和信号回路展开图。通过转换开关 SA1 的切换，隔离开关既能进行

远动控制,又能进行所内现场控制。分、合闸操作通过电动操动机构实现。通过手动/电动行程开关 S3 的转换,隔离开关既能在操动机构箱内通过控制按钮进行就地分、合闸电动操作,又能通过机械手柄进行就地手动操作。

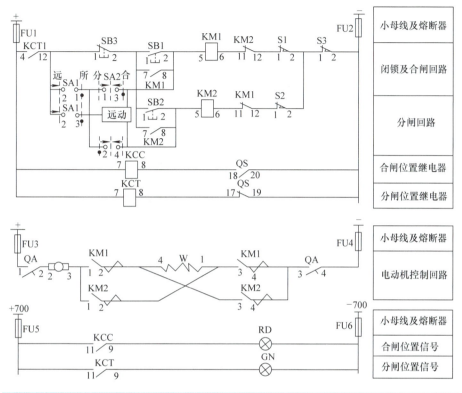

图 7-5-1　电动操动隔离开关的控制、信号回路

一、隔离开关控制回路的构成原则

1)由于隔离开关没有灭弧机构,不允许用来切断和接通负载电流,因此控制回路必须受相应断路器的闭锁("五防"中讲述),以保证断路器在合闸状态下,不能操作隔离开关。如图 7-5-1 所示,由断路器的分闸位置继电器常开触点 $KCT1_{4-12}$ 串入隔离开关的控制回路,当断路器在合闸状态时,KCT1 不受电,$KCT1_{4-12}$ 断开,隔离开关控制回路因 $KCT1_{4-12}$ 断开而闭锁。

2)依靠隔离开关控制回路中接触器的主触点切换,来改变直流串励式电动机励磁绕组的受电极性,使电动机改变转向而达到分、合闸目的。

3)分、合闸操作脉冲是暂时的,操作完毕后能自动解除。回路通过行程开关触点 S 的转换,实现上述功能。

行程开关主要用于将机械位移转换成电信号,用来控制机械动作或用作程序控制和限位控制。行程开关装有两对触点,S_{1-2} 为常闭触点(不受外力时闭合的触点),S_{3-4} 为常开触点(受外力闭合的触点),触点的打开或闭合由主轴的定位件控制。由于分、合闸控制回路分别接在分闸行程开关 S2、合闸行程开关 S1 的常闭触点上,当隔离开关在合闸位置时,主轴定位件接触并抵压合闸行程开关 S1，S1$_{1-2}$ 断开，S2 不受主轴定位件抵压，S2$_{1-2}$ 闭合，使控制回路为下次分闸做好准备。当隔离开关在分位时，断开，S1$_{1-2}$ 闭合，使控制回路为下次合闸做好准备。

S3 是手动/电动操作转换行程开关，它受手摇分、合闸操作挡板控制。正常时，挡板处于电动位置，S3 不受挡板抵压，S3$_{1-2}$ 闭合，隔离开关能进行电动操作分、合闸。当电气控制回路故障或检修时，把挡板转换至手动操作位，挡板抵压 S3，S3$_{1-2}$ 断开，切断电动操作分、合闸回路。此时，隔离开关通过机械手柄能进行当地手摇分、合闸操作，而不能进行电动操作。

4）隔离开关应有所处状态的位置信号。

5）为防止隔离开关带接地合闸，控制回路必须受接地刀开关的闭锁，以保证接地刀开关在合闸状态时，不能操作隔离开关。

下面阐述图 7-5-1 所示控制、信号回路的工作原理。

二、电动操动隔离开关控制、信号回路的工作原理

所内距离操作时，远动/所内选择开关 SA1 处于所内位，SA1$_{1-2}$ 闭合。手动/电动选择开关 S3 处于电动位，S3$_{1-2}$ 闭合；同时，紧急停止按钮触点 SB3$_{1-2}$、电动机电源断路器 QA 处于闭合状态，为隔离开关进行操作做好了准备。合闸接触器 KM1 和分闸接触器 KM2 分别通过 11-12 常闭触点实现互锁，即避免了分、合闸接触器的同时受电。

1. 合闸操作

合闸前，断路器在分位，KCT1$_{4-12}$ 闭合。隔离开关在分位，分闸行程开关常闭触点 S2$_{1-2}$ 断开，合闸行程开关的常闭触点 S1$_{1-2}$ 闭合；分合闸接触器都不受电，KM1$_{11-12}$、KM2$_{11-12}$ 处于闭合状态。

合闸时，将控制开关 SA2 转至合闸位，SA2$_{1-3}$ 闭合，使闭锁及合闸回路接通，合闸接触器线圈 KM1 受电动作，KM1$_{7-8}$ 闭合，对合闸接触器线圈进行电源自保持；同时，常开触点 KM1$_{1-2}$、KM1$_{3-4}$ 闭合，使：

+—FU3—QA$_{1-2}$—电动机转子绕组—KM1$_{1-2}$—电动机励磁绕组 W$_{4-1}$—KM1$_{3-4}$—QA$_{3-4}$—FU4— -

回路接通，电动机顺时针方向旋转，通过机械传动装置，推动隔离开关合闸。

隔离开关合闸到位时，分闸行程开关 S2 不再受主轴定位件的抵压，其常闭触点 S2$_{1-2}$ 闭合，为隔离开关的分闸操作做好准备。同时，主轴上的定位件接触并抵压合闸行程开关 S1，S1$_{1-2}$ 断开，合闸接触器线圈无电，KM1$_{1-2}$、KM1$_{2-4}$ 断开返回，自动切断电动机回路，使电动机停转。

隔离开关合闸到位时，隔离开关本体辅助触点 QS$_{18-20}$ 闭合，合闸位置继电器 KCC 受电，KCC$_{11-9}$ 闭合，位置信号灯 RD 亮红光，指示隔离开关在合闸位置。

2. 分闸操作

隔离开关分闸时，将控制开关 SA2 转至分闸位，SA2$_{2-4}$ 闭合，使分闸回路接通，分闸接触器线圈受电动作闭合，对分闸接触器线圈进行电源自保持；KM2$_{1-2}$、KM2$_{3-4}$ 闭合，使：

+—FU3—QA$_{1-2}$—电动机转子绕组—KM2$_{1-2}$—电动机励磁绕组 W$_{4-1}$—KM2$_{3-4}$—QA$_{3-4}$—

第七章 城市轨道交通变电所的高压开关控制、信号回路

FU4— –

回路接通，但因接通的励磁绕组极性与合闸时相反，电动机逆时针方向旋转，使隔离开关分闸。

隔离开关分闸到位后，分闸行程开关 $S2_{1-2}$ 断开，分闸接触器线圈失电，$KM2_{1-2}$、$KM2_{3-4}$ 断开返回，自动切断电动机回路，电动机停止转动。

分闸完毕后，隔离开关辅助触点 QS_{17-19} 闭合，分闸位置继电器 KCT 受电，KCT_{11-9} 闭合，位置信号灯绿灯亮，表示隔离开关在分位。

正常运行时，通过牵引变电所主控室或电力调度中心对隔离开关进行距离操作，但在事故情况或检修、试验时，可以在操动机构箱内通过控制按钮进行当地分、合闸操作，SB1 为合闸控制按钮，SB2 为分闸控制按钮，其工作原理与以上操作类似。

 教学评价

1. 断路器、隔离开关控制回路的结构包括哪几部分？
2. 断路器的控制、信号回路应满足哪些要求？
3. 断路器控制回路为什么要设置电气防跳措施？防跳原理是什么？电气防跳与自动重合闸的关系如何？
4. 断路器分、合闸控制回路为什么要用其操动机构中的辅助触点？
5. 试说明图 7-3-1 所示应用弹簧储能操动机构的断路器信号回路中断路器手动合闸的原理。
6. 试说明图 7-4-1 所示弹簧储能液压操动机构的断路器控制与信号回路中断路器手动分闸的原理。

第八章

城市轨道交通供电变电所的信号系统

问题导入

在变电所中,必须安装有完善而可靠的信号装置,以供运行人员经常监视所内各种电气设备和系统的运行状态,以便于及时发现故障,迅速消除和处理事故,统一调度和协调生产。除了依靠测量仪表或监测系统监视设备运行外,还必须借助灯光和音响信号装置来反映设备正常和非正常的运行状态。

学习目标

1. 了解信号回路的类型,培养学生独立自强的研发精神。
2. 了解信号回路的基本要求。
3. 了解使用综合自动化系统的当今变电所的信号装置构成。

第一节 信号装置概述

变电所中,运行人员为了及时发现、分析故障,迅速消除和处理事故,统一调度和协调生产,除了依靠测量仪表或监视系统监视设备运行外,还必须借助灯光和音响信号装置反映设备正常和非正常的运行状态。

一、信号装置的分类

牵引变电所中的信号装置按其用途不同,一般有下列三种:

1. 位置信号装置

位置信号装置主要指示开关电器的位置状态,一般由常亮的红、绿信号灯组成,安装在相应的控制盘上并且在调度室微机上显示。

2. 继电保护和自动装置动作信号装置

继电保护和自动装置动作信号装置主要指示故障对象和故障性质,一般由信号继电器和光字牌组成,安装在相应的保护盘或控制盘上。

3. 中央信号装置

变电所运行中,除了正常运行状态外,还有事故状态和故障状态。事故状态是指电路发生短路故障，并导致断路器自动跳闸而中断供电的情况，例如电气设备和线路发生短路故障引起断路器自动分闸。断路器自动跳闸时，应发出事故音响信号和说明事故性质的光字牌信号。此外，已分闸断路器的绿色信号灯（图标）闪光，表示出事故发生的对象。故障状态是指主电路、二次电路发生故障，但未引起断路器自动跳闸的运行状况。如主变压器油温过高、过负荷、直流系统接地等。牵引变电所运行中发生故障运行状态时，应发出电铃音响信号，同时相应的光字牌（图标）有灯光显示，表明故障的性质和不正常运行设备的所在。事故音响信号、预告音响信号、全所共用的光字牌信号等统一交由监控人员处理的信号合称为中央信号。

信号装置按发出信号的性质分为事故信号装置和预告信号装置。事故状态时中央信号装置发出的相应信号称为事故信号。事故信号分为事故音响信号（蜂鸣器）、事故灯光信号及光字牌信号。

故障状态时中央信号装置发出的相应信号称为预告信号。预告信号一般由电铃音响信号、掉牌信号和光字牌信号组成。预告信号包括瞬时预告信号和延时预告信号两种。

（1）瞬时预告信号　某些故障状态一经出现，就由某继电器立即发出的信号称为瞬时预告信号。如主变压器轻瓦斯动作，主变压器油温过高、主变压器通风故障、操动机构的油气压力降低、直流电压异常、操作熔断器动作等故障状态，均发出瞬时预告信号。

（2）延时预告信号　某些故障状态出现后，需经一定的延时，经确认后，再由某继电器发出的信号称为延时预告信号。如主变压器过负荷、电压互感器二次侧断线、直流控制电路断线、交流回路绝缘损坏等故障状态，均发出延时预告信号。

使用延时预告信号的原因：

当主电路发生短路故障时，将同时引起某些不正常的运行状态出现，事故信号和预告信号将同时发出，不便于工作人员判断故障性质。若这类预告信号延时发出，延时时间大于外部短路的最大切除时间，则当外部短路故障切除后，这类故障状态也随之消失，与事故信号同时启动的预告信号将自动返回，这样可以避免误发预告信号，便于工作人员分析处理事故。

二、信号装置的功能

1. 事故信号装置的功能

事故信号是变电所发生事故时断路器的跳闸信号，引起断路器事故跳闸的原因如下：

1）线路或电气设备发生故障，由继电保护装置动作跳闸。
2）继电保护或自动装置误动作跳闸。
3）控制回路故障误跳闸。

无论何种原因引起的事故跳闸，事故信号装置均应满足如下条件：

1）当断路器事故跳闸时，无延时发出事故音响信号，同时使相应断路器的位置信号灯闪光或亮白灯。
2）事故时应立即起动远动装置，发出遥信。
3）事故音响信号应能手动复归或自动复归。

事故音响信号的复归方式可分为就地复归、中央复归、手动复归、自动延时复归等方式。

就地复归：在电气设备安装所在地进行个别信号单独复归。

中央复归：在主控制室内中央信号盘上集中复归。

手动复归：值班人员在相应配电盘上进行复归。

自动延时复归：信号发出后，经一定时间的延时，电路自动复归有关信号。

4）事故时应有指明继电保护和自动装置动作情况的光信号和其他形式的信号。

5）能自动记录发生事故的时间。

6）事故时，应能启动计算机监控系统。

7）事故音响、灯光信号装置应能进行完好性检查试验。

2. 预告信号装置的功能

预告信号是变电所中电路或电气设备出现故障状态的信号，包括以下内容：

1）各种电气设备的过负荷。

2）各种带油设备的油温升高超过极限。

3）交流小电流系统接地故障。

4）各种电压等级的直流系统接地。

5）各种液压或气压机构压力异常，弹簧机构的弹簧未拉紧。

6）用 SF_6 气体绝缘设备的 SF_6 气体密度或压力异常。

7）各种继电保护和自动装置的交、直流电源断线。

8）断路器的控制回路断线。

9）电流互感器和电压互感器的二次回路断线。

10）继电保护和自动装置的信号继电器动作未复归。

11）其他一些值班员需要了解的运行状态也可发出预告信号。

当变电所中电路或电气设备出现故障状态时，值班人员通过预告信号装置应立即知道并及时记录与处理，防止事故发生。因此，对预告信号装置提出以下要求：

1）预告信号出现时，应能瞬时或延时发出与事故信号有区别的音响信号，同时有灯光信号指出不正常运行内容。

2）能手动复归或自动复归音响信号，显示故障性质的灯光信号应保留，直至故障排除。

3）预告信号装置应具有重复动作的功能。

所谓重复动作，主要是对音响信号而言，能重复动作是指当第一个故障出现时的音响信号解除之后，灯光信号未复归之前，也就是第一个故障未排除前，如果又出现不正常工作状态，中央信号装置仍按要求发出音响及灯光信号。

4）预告音响、灯光信号装置应能进行完好性检查试验。

三、中央信号装置的发展概况

牵引变电所中央信号装置按照电路结构不同，经历了以下四个发展阶段。

1. 电磁式中央信号装置

以冲击继电器为核心，与其他相关电磁型继电器组成具有中央复归功能重复动作的中央信号电路。其主要缺点表现为：冲击继电器的工作状况直接影响中央信号装置的工作可靠性，会出现漏发信号或烧坏冲击继电器的情况；信号反映不完善，信号分辨率差。这种装置已很少使用。

2. 晶体管成套中央信号装置

以晶体管成套中央信号装置为核心，配以辅助继电器箱构成中央信号装置。它结构紧凑，工作可靠，在老式牵引变电所中应用较多，现已很少使用。

3. 微机模块式中央信号装置

以微机为基础，辅以相关数字电路模块，通过与必要的固体继电器的配合，构成中央信号系统。这种系统以小液晶屏幕以及小型组合式光字牌为信号窗口，显示牵引变电所设备的各种运行状态（故障或事故状态），对各种信号进行综合判断，发出事故、预告音响及停止数字时钟信号，并给出相应远动信号。其工作原理与晶体管成套中央信号装置相类似。它只是短时出现，很快被取代。

4. 计算机综合自动化监控系统

随着综合自动化系统对牵引变电所传统二次系统的替代，中央信号装置的功能也被监控单元所替代，甚至其功能远远超过常规信号系统功能，而在无人值守变电所中，中央信号系统被完全取消。

第二节 变电所的新型信号系统

随着自动化技术、计算机技术和通信技术的发展，变电所综合自动化技术得到迅速发展，有很多按新概念、新原理设计的变电所综合自动化系统投入运行。对于这种系统，实际上并不能简单地给出信号系统的定义，因为信号系统已被数据通信所取代。数据通信作为一个重要环节，其主要任务体现在两个方面：一个方面是完成综合自动化系统内部各子系统间或各种功能模块间的信息交换；另一方面是完成变电所与控制中心的通信任务，在变电所里依靠通信网把继电保护、自动装置和监控系统紧密地联系在一起实现变电所综合自动化。

一、综合自动化系统与控制中心的通信内容、功能

综合自动化系统前置机或通信控制机具有执行远动的功能，会把变电所内相关信息送到控制中心，同时能接收上级调度数据和控制命令。

1）通信内容包括遥测、遥信、遥控、遥调信息，也就是"四遥"。
2）综合自动化系统的通信功能。
① 微机保护的通信功能：包括接受监控系统的查询、向监控系统传送事件报告、向监控系统传送自检报告、校对时钟、与监控系统对时、修改时钟、修改保护定值、接收调度或监控系统值班人员传送保护命令、保护信号的远方复归功能、实时向监控系统传送保护主要状态等。
② 自动装置的通信功能与信息内容：包括小电流接地系统接地选线装置的通信内容、备用电源自投装置的通信功能、电压和无功功率调节控制通信功能等。
③ 微机监控系统的通信功能：包括扩展远动 RTU 功能、与系统通信的功能。
3）数据远传通信线路：使用音频电缆通信、光纤通信。
4）变电所信息传输规约：一般以开放系统互联交换信息的标准、循环式通信规约、问答式传输规约为常见。

二、综合自动化系统的数据采集

在综合自动化系统中，变电所的信号采集变得复杂，采集的量主要包括：
（1）状态量　状态量包括断路器状态、隔离开关状态、变压器分接头信号及变电站一

次设备告警信号等。目前，这些信号大部分采用光电隔离方式输入系统，也可通过通信方式获得。保护动作信号则采用串行口（RS232 或 RS485）或计算机局域网通过通信方式获得。

（2）模拟量　常规变电站采集的典型模拟量包括各段母线的电压、线路电压、电流和功率值、馈线电流、电压和功率值、频率、相位等。此外，还有变压器油温、变电站室温等非电量的采集。模拟量采集精度应能满足 SCADA 系统的需要。

（3）脉冲量　脉冲量主要是脉冲电能表的输出脉冲，也采用光电隔离方式与系统连接，内部用计数器统计脉冲个数，实现电能测量。

当这些量从各个单元（RTU）采集后，一般除将变电站所采集的信息传送给调度中心外，还要送给运行方式科和检修中心，以便为电气设备的监视和制定检修计划提供原始数据。

三、综合自动化系统中各信号的多向传送

由于变电站内常规的二次设备，如继电保护装置、防误闭锁装置、测量控制装置、远动装置、故障录波装置、电压无功功率控制装置、同期操作装置以及正在发展中的在线状态检测装置等全改为网络化。这些基于标准化、模块化的微处理器设计制造的标准设备，设备之间的连接全部采用高速的网络通信，二次设备不再出现常规功能装置重复的 I/O 现场接口，通过网络真正实现数据共享、资源共享，常规的功能装置在这里变成了逻辑的功能模块。

这种情况下，信号量打包后一般会在多层内多向传递，如图 8-2-1 所示。

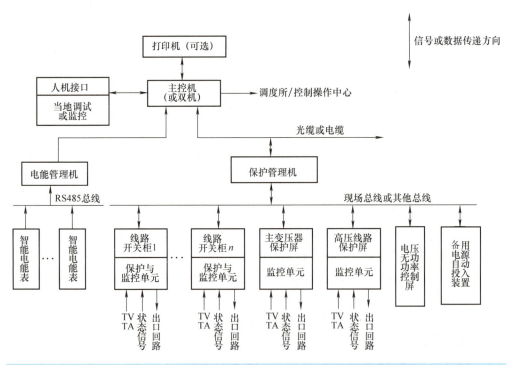

图 8-2-1　采用多层系统的综合自动化系统中的信号传递

下面以一个主变电所内 110kV 传输线路的远程保护的信号传送为例来说明。

对于传输线路的远程保护，利用远程继电器，从接通继电器的时刻开始，继电器就连续

采样输入信号，交由保护盘内的线路成套保护装置。并且，系统在信号变化的整个过程中均可获得输入数据。但由于实际原因，存储器缓冲器中只保存了有限的采样值。在某种意义上，通常这种存储器的存取是循环的，每当缓冲器存储满时，就存储下一批采样值以取代旧采样值。这种特性能做到连续监视传输线路负载，此外还能捕捉牵引信号在正常到故障过渡时的预兆故障值和故障值。

以微处理器为基础的远程继电器的另一个共同特性是继电器正常状况和工作状态的自诊断。这一特性对测试和维护是极其有用的，与以前的技术相比是设计上的一个重要的进步。此外，在操作接口方面也得到了一定的改进。用于继电器的设定、工作状态和各种牵引系统信号测量情况的各种操作均可进行显示，通过使用带有更改设定值的复杂的处理协议的终端，继电器设定过程可以得到大大的强化和简化。所以，整个信号有各种电流、电压量的同时，还包括设备的状态信息。

而线路成套保护装置对信号采样值进行了各种逻辑和算术运算，用的是基于微处理器的继电器内部处理，通过使用存储在继电器固件内的软件流程实现了继电器算法。图8-2-2是某一线路成套保护装置的继电器算法逻辑图。

继电器算法的每个处理步骤均为独立的软件模块，使设计师能方便地改变某些模块，以便适应不同继电器的要求。在采用远程继电器的情况下，继电器工作特性的各种不同状态以及电压、电流和阻抗测量的各种算法，均可以使用同样的基本硬件和不同的软件编排来实现。图8-2-2中除有基本的远程继电器保护功能外，还可以包括其他功能，例如局部断路器失效保护、高速重闭、自动同步校验、不同步保护、瞬时记录、故障定位、SOE（事件顺序）记录等功能。

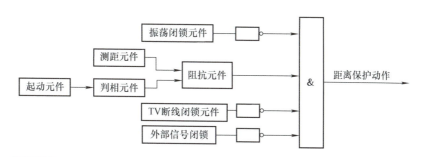

图8-2-2　线路成套保护装置的算法逻辑图

这样，在整个二次回路展开图（见图8-2-3）中，我们能了解到通过站内通信网，各测量点的电流互感器、电压互感器、RTU单元将采集量传递到1n（线路成套保护装置）、2n（线路测控装置）的过程，并且两个装置共同完成运算处理。

2n（线路测控装置）一般用来测控和提供基本的保护，如速断保护、零序过电流保护，而1n（线路成套保护装置）则利用1n的结果来完成一些如距离保护等复杂运算。运算完成后，将运算结果和装置动作出口的状态（1、0表示是否动作）上传给通信网，交由本所主控机。

由此可见，现在变电所的信号系统已经融入了数据交换中，并且越来越多用集成系统代替EMS的远程终端装置（RTU）。这意味着所有的运算开始集中交由某几个装置完成，节省了成本。

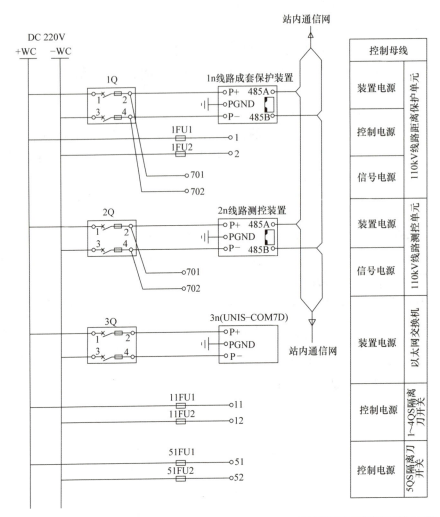

图 8-2-3　新型 110kV 线路测控盘信号回路展开图

第三节　断路器控制信号回路读图实例

现以城轨交通中一个典型 35kV GIS 馈线柜为例来对前例的断路器控制回路、隔离开关控制回路、信号回路进行说明。

图 8-3-1～图 8-3-6 中 Q0 为断路器，Q8 为接地开关，Q1 为隔离开关，LH 为电流互感器。1BS～3BS 为电气编码锁，PD 为多功能电力仪表，1n（P143）为保护测控装置，2n（P521）为差动保护测控装置，QK 为转换开关，Q0-H 为断路器合闸线圈，Q0-F 为断路器分闸线圈，KO 为中间继电器，LP1～LP2 为联接片，Q1F、Q1H、Q8F、Q8H 皆为中间继电器，Q1H 为隔离开关合闸线圈，Q1F 为隔离开关分闸线圈，Q1-M1 为电动机，L1、L2 为发光二极管，LXW 为门控行程开关，BD 为照明灯，DJR 为加热器，L 为相线符号，N 为零线符号。故障录波也简称为"故录"。

第八章　城市轨道交通供电变电所的信号系统

一、功能图说明

图 8-3-1 为 35kV GIS 馈线柜归总式原理图。图中 3 个电流互感器（1LH、2LH、3LH）的左边标注了电流互感器准确度等级，也有人称之为精度等级，LH0 是零序电流互感器，一般由主变二次侧的中性点或接地变上引出。

1. 电压回路

电压回路并联于二次回路中。35kV GIS 馈线柜电压回路如图 8-3-2 所示，图中的电压回路为：

1YM（a、b、c）j—X11：(25、27、29)—PD（Y1、Y2、Y3），从 PD 装置中完成对 A、B、C 三相电压的计量工作（计算电功率），线号为 630j。

1YM（a、b、c）—X11：(17、19、21)—X4：(26、27、28)—1n（P143）C19、C20、C21—X4：29—X11：23—N630（一般情况下接地），进线线号为 630，这说明电压互感器的二次侧的两个线圈，一个出线为 630j，一个出线为 630。

通过 1n（P143）装置对三相电压进行测量并显示，同时做到电压闭锁的速断保护。

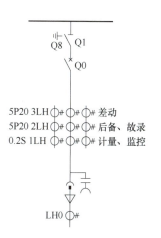

图 8-3-1　35kV GIS 馈线柜归总式原理图

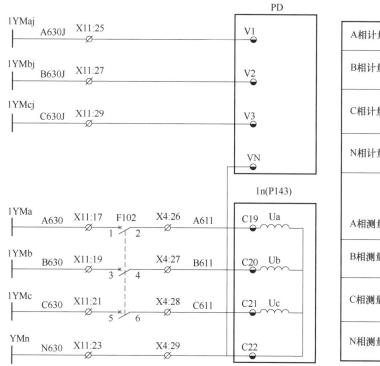

图 8-3-2　35kV GIS 馈线柜电压回路图

2. 电流回路

35kV GIS 馈线柜电流回路如图 8-3-3 所示，图中的电流回路为：1LH（a、b、c）—X4：（1、2、3）—PD（I1＊-I1、I2＊-I2、I3＊-I3）—X4：6—X4：5—X4：4—E，PD 装置通过电流互感器对三相电流完成计量并与电压共同计算电功率。

2LH（a、b、c）—X4：（7、8、9）—1n（P143）（Ia、Ib、Ic）—X4：（33、34、35）—故障录波—X4：12—X4：11—X4：10—E，1n（P143）装置通过电流互感器对三相电流进行后备保护，故障录波装置对回路的故障情况进行记录。

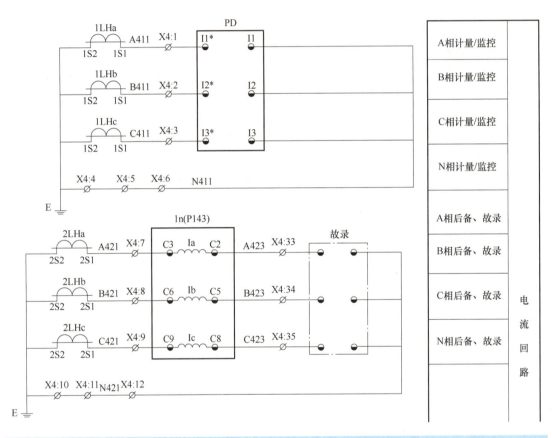

图 8-3-3　35kV GIS 馈线柜电流回路图

3. 保护回路

35kV GIS 馈线柜保护回路如图 8-3-4 所示，图中保护回路为：3LH（a、b、c）—X4：（13、14、15）—2n（P521）（Ia、Ib、Ic）—E，2n（P521）装置通过电流互感器对三相电流进行差动保护。

LH0—X4：19—1n（P143）In—E，1n（P143）装置通过电流互感器对电流进行零序电流保护。

二、断路器控制回路图说明

图 8-3-5 为 35kV GIS 馈线柜断路器控制回路图。

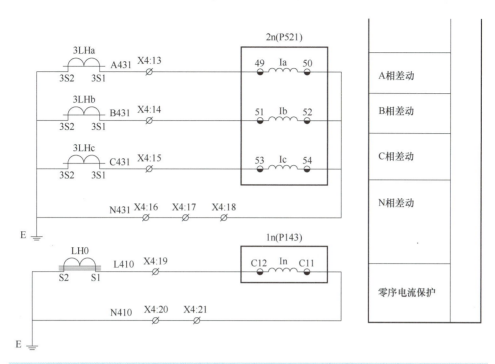

图 8-3-4　35kV GIS 馈线柜保护回路图

此断路器为弹簧操动机构，它有自己的操动机构，所以并不需要另外设置像操动隔离开关那样的电动机。如果断路器使用液压操动机构就需要另外设置了。以下分析前要注意的是，图样所画状态为初态，即分闸态，此时 Q0-S1（11-12）开关在合位，Q0-S1（13-14）开关在分位。

1. 手动合闸回路

合闸时，Q0-S1（11-12）开关在合位，并将转换开关 QK 转到"手动"位置，如将开关 1WK 转到合闸位使得：

+1KM1—X11：5—F13（13-4）—X1：1—1BS—QK（5-6）—1WK（3-4）—1n（P143）（H8-H9）—KO（21-22）—X1：14—X101：A3—Q0-S21（11-12）—Q0-S1（11-12）—Q0-H（C1-C2）—X101：A4—X1：7—F131（2-1）—X11：7— -1KM1

1n（P143）装置的 RL4 对回路合闸进行监测，满足断路器合闸条件时允许合闸，Q0-H（C1-C2）线圈得电，断路器合闸。

2. 手动分闸回路

合闸结束后，Q0-S1（11-12）开关断开，Q0-H（C1-C2）线圈失电；Q0-S1（13-14）开关闭合，如将开关 1WK 转到分闸位，使得：

+1KM1—X11：5—F13（13-4）—X1：1—1BS—QK（5-6）—1WK（1-2）—X1：19—X101：A5—Q8-S1（11-12）—Q0-S1（13-14）—Q0-F（C1-C2）—X101：A6—X1：7—F131（2-1）—X11：7— -1KM1

1WK 接到 1-2 位置，Q0-H（C1-C2）线圈失电，Q0-S1（13-14）开关闭合，Q0-F（C1-C2）线圈得电，使断路器分闸。

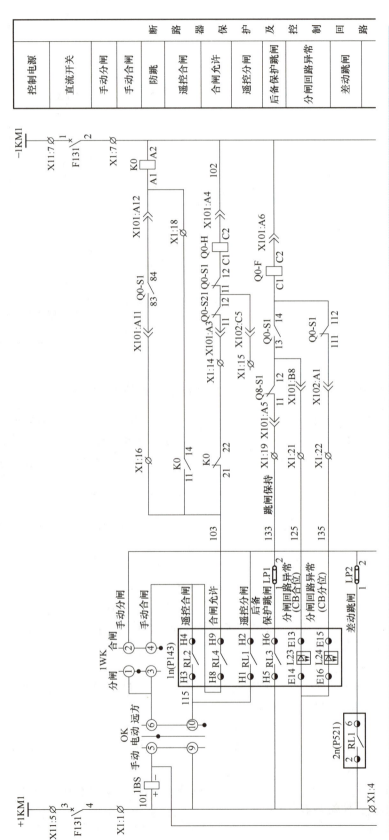

图 8-3-5 35kV GIS 馈线柜断路器控制回路图（一）

3. 遥控合闸回路

当断路器需要遥控合闸时，由于分闸后 Q0-S1（11-12）开关为闭合状态，并将转换开关 QK 转到"远方"位置，使得：

+1KM1—X11：5—F131（3-4）—X1：1—1BS—QK（9-10）—1n（P143）（H3-H4）—1n（P143）（H8-H9）—KO（21-22）—X1：14—X101：A3—Q0-S21（11-12）—Q0-S1（11-12）—Q0-H（C1-C2）—X101：A4—X1：7—F131（2-1）—X11：7— -1KM1

转换开关 QK 打到"远方"位置后，通过 1n（P143）的虚拟开关 RL2 和 RL4 对回路遥控合闸指令进行监测，满足断路器合闸条件时允许合闸，Q0-H（C1-C2）线圈得电，断路器合闸。

4. 遥控分闸回路

当断路器需要遥控分闸时，Q0-S1（13-14）开关闭合，Q0-S1（11-12）开关断开，1n（P143）的 RL1 监测到遥控分闸命令并闭合，使得：

+1KM1—X11：5—F131（3-4）—X1：1—1BS—QK（9-10）—1n（P143）（H1-H2）—X1：19—X101：A5—Q8-S1（11-12）—Q0-S1（13-14）—Q0-F（C1-C2）—X101：A6—X1：7—F131（2-1）—X11：7— -1KM1

当 1n（P143）监测到需要遥控分闸时，1n（P143）的虚拟开关 RL1 会闭合，Q0-F（C1-C2）线圈得电，断路器分闸，并跳闸保持。

5. 后备保护跳闸回路

当需要后备保护跳闸时，联接片 LP1 联接，则指令会让 1n（P143）的虚拟开关 RL3 闭合。此时状态为 Q0-S1（13-14）开关闭合，Q0-S1（11-12）开关断开，Q0-F（C1-C2）线圈得电，直接使断路器分闸。使得：

+1KM1—X11：5—F131（3-4）—X1：1—1n（P143）（H5-H6）—LP1（1-2）—X1：19—X101：A5—Q8-S1（11-12）—Q0-S1（13-14）—Q0-F（C1-C2）—X101：A6—X1：7—F131（2-1）—X11：7— -1KM1

6. 差动跳闸回路

当需要差动跳闸时，联接片 LP2 联接，则指令会让 2n（P521）的虚拟开关 RL1 闭合。此时状态为 Q0-S1（13-14）开关闭合，Q0-S1（11-12）开关断开，Q0-F（C1-C2）线圈得电，直接使断路器分闸。使得：

+1KM1—X11：5—F131（3-4）—X1：1—2n（P521）(2-6）—LP2（1-2）—X1：19—X101：A5—Q8-S1（11-12）—Q0-S1（13-14）—Q0-F（C1-C2）—X101：A6—X1：7—F131（2-1）—X11：7— -1KM1

7. 防跳回路

操作过程中，断路器在短时间内反复出现分、合闸的情况，称为断路器的"跳跃"。因此，为了防止断路器的损坏，采取了防跳措施，即在回路中接入防跳继电器。

当合闸回路接通后，Q0-S1（83-84）开关接通，如合闸按钮发生故障，则 X1：16 节点一直有电，则 KO 线圈带电后，KO（11-14）接通自锁，使得：

+1KM1—X11：5—F131（3-4）—X1：1—1BS—QK（5-6）—1WK（3-4）—1n（P143）（H8-H9）—X1：16—X101：A11—Q0-S1（83-84）—X101：A12—KO（A1-A2）—X1：7—F131（2-1）—X11：7— -1KM1

+1KM1—X11：5—F131（3-4）—X1：1—1BS—QK（5-6）—1WK（3-4）—1n（P143）（H8-H9）—KO（11-14）—X1：18—KO（A1-A2）—X1：7—F131（2-1）—X11：7—–1KM1

回路中通过闭锁 KO 线圈，让开关 KO（21-22）断开，来防止断路器的"跳跃"。

8. 显示回路

图 8-3-6 中，通过 Q0 的联锁触点来控制红绿灯。

① 当合闸回路接通时，Q0-S1（11-12）开关闭合的同时 Q0-S1（24-23）开关也闭合，Q0-S1（32-31）开关断开，使得：

+1KM1—X11：5—F131（3-4）—X1：1—X1：4—1WK（X0-X1）—X1：25—X101：B7—Q0-S1（24-23）—X101：B5—X1：7—F131（2-1）—X11：7—–1KM1

此时，合闸位置回路接通，显示红灯亮。

② 当分闸回路接通时，Q0-S1（13-14）开关闭合的同时 Q0-S1（32-31）开关也闭合，Q0-S1（24-23）开关断开，使得：

+1KM1—X11：5—F131（3-4）—X1：1—X1：4—1WK（X0-X2）—X1：26—X101：B6—Q0-S1（32-31）—X101：B5—X1：7—F131（2-1）—X11：7—–1KM1

此时，分闸位置回路接通，显示绿灯亮。

三、隔离开关控制回路图说明

图 8-3-7 为 35kV GIS 馈线柜隔离开关控制回路图。

1. 联锁

本回路的核心是正反转回路，由 Q1H 与 Q1F 两个线圈进行正反转控制，由 Q1-S1 的联动触点进行线圈得电隔离开关运动到位后的断电，由 Q8H、Q8F 两个线圈进行操动机构分合闸的正反转控制。

① 隔离开关就地电动合闸。

隔离开关电动合闸时，将 QK 打到"电动"位置，闭合 Q1-S1（1-2）开关。使得：

X1：3—2BS—QK（7-8）—2WK（3-4）—Q1F（22-21）—Q8H（72-71）—Q8F（72-71）—X1：30—X102：A7—Q1-S1（1-2）—X102：A8—X1：31—Q1H（A1-A2）—X1：29—X102：C3—Q0-S1（122-121）—Q8-S1（52-51）—X102：C1—X1：8

QK 打到"电动"位置，Q1-S1（1-2）开关闭合后回路接通。则 Q1H（A1-A2）线圈带电，隔离开关被电动合闸。

② 隔离开关就地电动分闸。

当 Q1-S1（3-4）开关闭合时，Q1-S1（1-2）开关断开，隔离开关合闸线圈失电。通过 2WK 开关的 1-2，使得：

X1：3—2BS—QK（7-8）—2WK（1-2）—Q1H（22-21）—X1：32—X102：A5—Q1-S1（3-4）—X102：A6—X1：33—Q1F（A1-A2）—X1：29—X102：C3—Q0-S1（122-121）—Q8-S1（52-51）—X102：C1—X1：8

此时，QK 在"电动"位置，通过 2WK 开关的 1-2，Q1-S1（1-2）开关断开，Q1-S1（3-4）开关闭合时，隔离开关分闸线圈 Q1F（A1-A2）得电，即隔离开关被电动分闸。

③ 隔离刀手动操作闭锁电磁铁。

当以上①②回路需要闭锁时，将 QK 打到"手动"位置，使得：

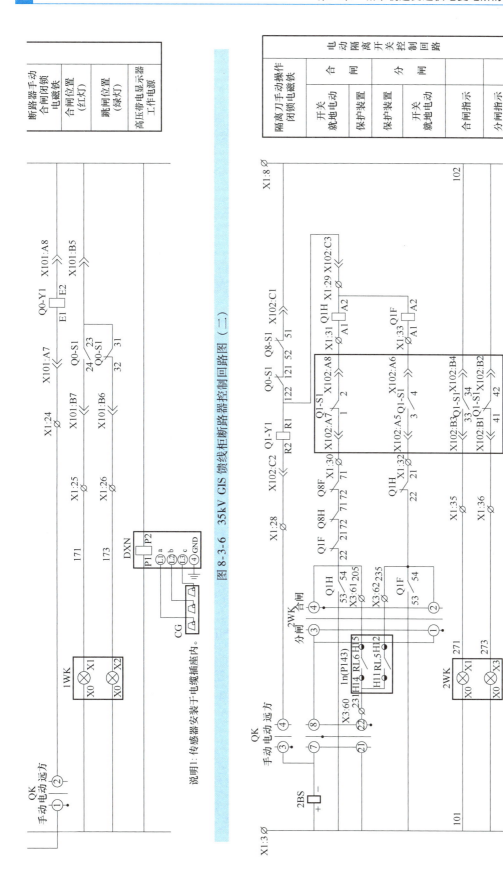

图 8-3-6 35kV GIS 馈线柜断路器控制回路图（二）

图 8-3-7 35kV GIS 馈线柜隔离开关控制回路图

X1：3—2BS—QK（3-4）—X1：28—X102：C2—Q1-Y1（E2-E1）—Q0-S1（122-121）—Q8-S1（52-51）—X102：C1—X1：8

当 QK 打到"手动"位置时，接通线圈 Q1-Y1（E2-E1），对以上①②回路的隔离刀进行手动闭锁。

④ 使用 Q1 的辅助触点 Q1-S1 进行红绿灯回路的切换。

2. 直流电动机的正反转

图 8-3-8 为 35kV GIS 馈线柜电动机正反转回路图。

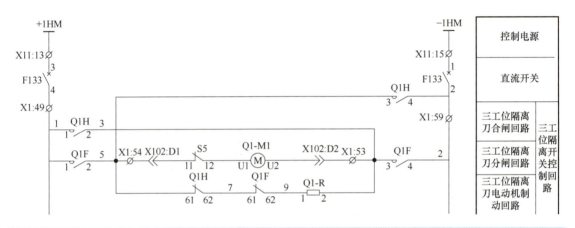

图 8-3-8　35kV GIS 馈线柜电动机正反转回路图

① 三工位隔离刀合闸回路。

合闸时，闭合 Q1H（1-2）与 Q1H（3-4）开关，断开 Q1F（1-2）与 Q1F（3-4）开关。使得：

+1HM—X11：13—F133（3-4）—X1：49—Q1H（1-2）—X1：53—X102：D2—Q1-M1（U2-U1）—S5（12-11）—102：D1—X1：54—Q1H（3-4）—F133（2-1）—X11：15— -1HM

此时，Q1H（1-2）与 Q1H（3-4）开关闭合，Q1F（1-2）与 Q1F（3-4）开关断开，电动机正向转动，合闸回路接通。

② 三工位隔离刀分闸回路。

分闸时，闭合 Q1F（1-2）与 Q1F（3-4）开关，断开 Q1H（1-2）与 Q1H（3-4）开关。使得：

+1HM—X11：13—F133（3-4）—X1：49—Q1F（1-2）—X1：54—X102：D1—S5（11-12）—Q1-M1（U1-U2）—X102：D2—X1：53—Q1F（3-4）—X1：59—F133（2-1）—X11：15— -1HM

此时，Q1F（1-2）与 Q1F（3-4）开关闭合，Q1H（1-2）与 Q1H（3-4）开关断开，电动机反向转动，分闸回路接通。

四、开关量图说明

图 8-3-9 为 35kV GIS 馈线柜开关量说明图。

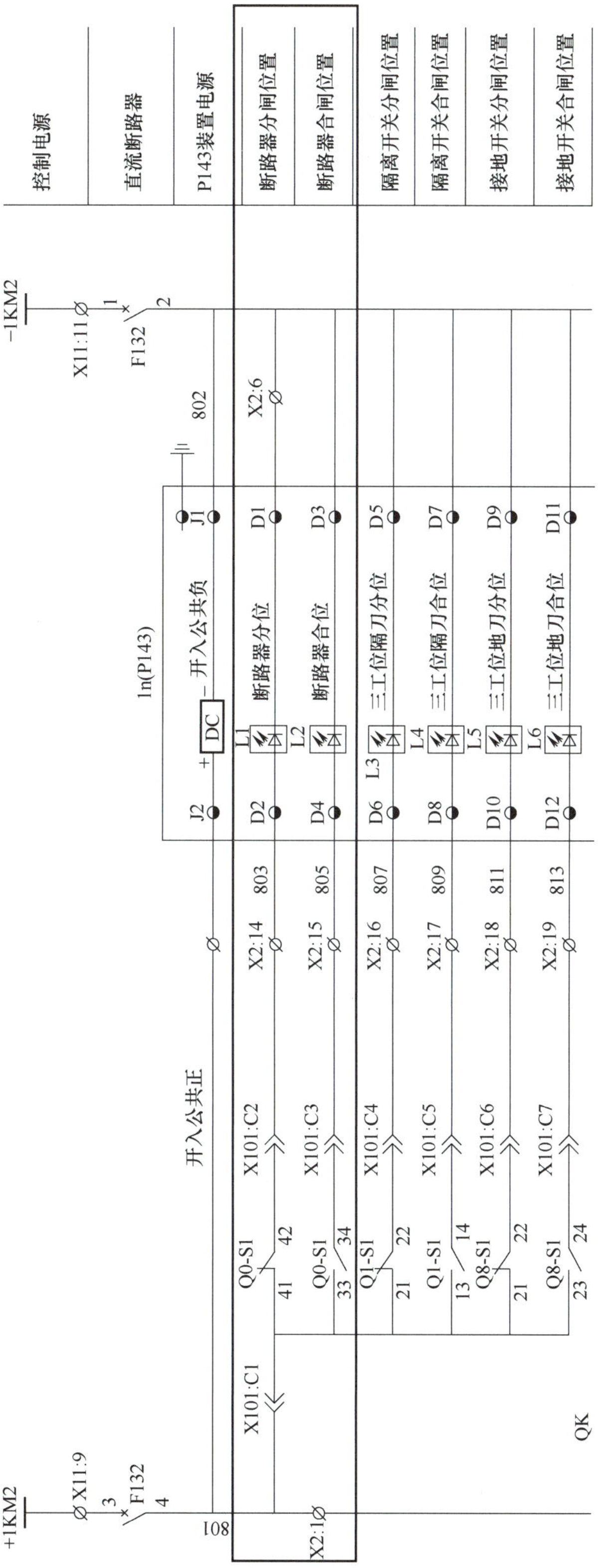

第八章 城市轨道交通供电变电所的信号系统

图 8-3-9 35kV GIS 馈线柜开关量说明图

① 显示断路器分闸位置回路。

显示断路器在分闸位置时，开关 Q0-S1（41-42）为闭合状态，开关 Q0-S1（33-34）为断开状态。使得：

+1KM2—X11：9—F132（3-4）—X101：C1—Q0-S1（41-42）—X101：C2-X2：14—1n（P143）D2—1n（P143）L1—1n（P143）D1—X2：6—F132（2-1）—X11：11— -1KM2

在开关 Q0-S1（41-42）为闭合状态下时，发光二极管 L1 发光显示断路器处在分闸位置。

② 显示断路器合闸位置回路。

显示断路器在合闸位置时，开关 Q0-S1（33-34）为闭合状态，开关 Q0-S1（41-42）为断开状态。使得：

+1KM2—X11：9—F132（3-4）—X101：C1—Q0-S1（33-34）—X101：C3-X2：15—1n（P143）D4—1n（P143）L2—1n（P143）D3—F132（2-1）—X11：11— -1KM2

在开关 Q0-S1（33-34）为闭合状态下时，发光二极管 L2 发光显示断路器处在合闸位置。

五、信号回路图说明

图 8-3-10 为 35kV GIS 馈线柜信号回路图。

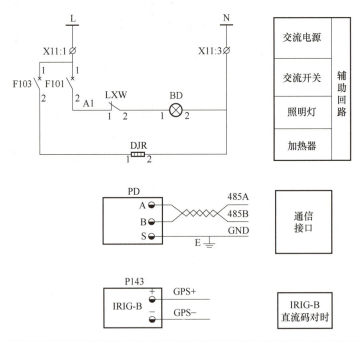

图 8-3-10　35kV GIS 馈线柜信号回路图

① 辅助回路。

L—X11：1—F101$_{(1-2)}$—LXW$_{(1-2)}$—BD$_{(1-2)}$—X11：3—N

当 F101 开关闭合时，通过门控行程开关，照明灯亮。

L—X11：1—F103$_{(1-2)}$—DJR$_{(1-2)}$—X11：3—N

当 F103 开关闭合时,加热器启动。

② 通信接口。

PD(A、B)—485(A、B),PDS—E—GND。

功能图中的电压、电流回路中的计量通过 PD 完成,并将计量完成的数据通过通信接口传递出来。

③ IRIG-B 直流码对时。

P143 IRIG-B(+/-)—GPS(+/-)

P143 IRIG-B(+/-)通过 GPS(+/-)完成二次回路系统的对时工作。

 教学评价

1. 信号装置包括哪几部分?各部分的作用是什么?
2. 变电所常见的预告信号有哪些?哪些预告信号延时发出?哪些预告信号瞬时发出?为什么?
3. 牵引变电所一般装设哪些信号系统?各起什么作用?
4. 说明图 8-3-10 所示新型 35kV 线路测控盘信号回路展开图中信号传递的过程。
5. 警铃、蜂鸣器同时响,可能是何处故障?

第九章

城市轨道交通变电所的自用电系统

对于地铁变电所中各设备的用电,一般来源于自配所用变压器,也就是说先将中压母线上的电经降压变压器及其他设备变成低压的交、直流电,然后经各配电盘交由设备使用。

在变电所中,为了保证供电装置的正常操作和安全运行,需要对以下两类所内低压交、直流用电的供应予以切实保证。

所用电的作用:

1)开关电器的距离控制、信号、继电保护、自动装置以及事故照明等二次设备的直流用电。

2)变压器冷却风扇、设备加热、蓄电池室内通风、室内外照明、通信电源、设备检修、蓄电池组的充电等设备的交流用电。

为确保上述用电,通常装设专用供电系统,称为自用电系统。该系统中的交流和直流两部分各自独立,自成体系,故可分为交流自用电、直流自用电两大系统。自用电系统在供电系统中处于极其重要的地位,它的工作正常与否直接影响主要电路的正常运行。因此,要求无论主电路处于何种工作状态,自用电源均应安全可靠持续供电。

学习目标

1. 了解操作电源的作用和所用电的接线方式。
2. 了解直流系统的组成及各部件的作用。
3. 掌握蓄电池直流系统及其维护,注重安全意识的养成。
4. 了解直流系统的绝缘监察与电压监察装置。

第一节 交流自用电系统

为了可靠地向交流自用电设备供电,牵引变电所通常设有两台容量为 50~100kW 大功率的自用电变压器(有些变电所配的为大于 110kW 的超大功率的),一台工作,另一台备用。每台都应能单独承担变电所的自用电负荷,并且还应装有备用电源自投装置,运行的自用电源一旦发生故障时,备用电源能够自动投入运行。自用电变压器一般从本系统的中压网侧母线取电，若变电所方便接入系统外的地方电网的 10kV 或 35kV 三相交流电源时，则自用电变压器中的一台应由该电源供电。由于各城市的轨道交通的中压等级一般与市内的中压等级相同，所以不会出现两台变压器进线电压不一致的情况。

一、所用变压器与降压变电所的区别

降压变电站则是将 10～35kV 电网电压（中压环网）降为 400V，提供车站的动力和照明电源，全线的降压变电所被分成若干个供电分区，每个供电分区一般不超过 3 个地下站；每一个供电分区均从主变电所（或中心降压变电所）的主变压器就近引入两路电源；中压网络采用双线双环网接线方式；相邻供电分区间通过环网电缆联络；降压变电所主接线采用分段单母线形式；降压变电所进线开关采用断路器。该接线方式运行灵活。

所用变压器提供的是所内各设备的交、直流电源，虽然设备与降压变电所类同，但工作对象、监控方式有很大不同。

二、所用电的接线方式

1. 所用变压器的接线方式

下面以中压环网等级 35kV 为例来说明，主变压器负责将 110kV 变为 35kV。

变电所一般都配有两台所用变压器（#1 所用变压器和#2 所用变压器），#1、#2 所用变压器分别接于 35kV Ⅰ、Ⅱ 段母线，有的变电所#2 所用变压器可以上 35kV Ⅱ 段母线运行，也可以上外网中压 35kV 线路运行。两台所用变压器互为备用，以确保所用电供电的可靠性。如外网市电改为 10kV，系统中 110kV 以上变电所已出现安装#3 所用变压器（或者叫临时所用变压器）接于本变电所以外的 10kV 线路，作为变电所的应急电源，具体所用变压器的接线方式如图 9-1-1 所示。

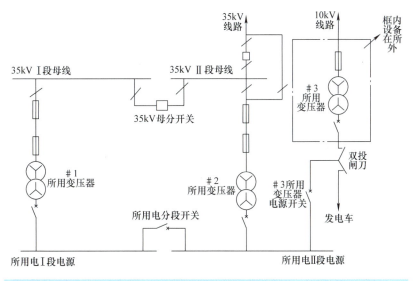

图 9-1-1 所用变压器的接线方式

2. 所用电系统的接线方式

所用电系统为单母线分段接线方式，35kV#1 所用变压器低压电源经#1 所用变压器低压

断路器接入所用电Ⅰ段母线，35kV#2所用变压器低压电源经#2所用变压器低压断路器接入所用电Ⅱ段母线，所用电Ⅰ、Ⅱ段母线装有联络开关（也叫所用电分段开关），因受所用电分段开关短路容量的限制，以及有时两台所用变压器分别接于不同的电源（#1所用变压器接于35kV母线，#2所用变压器一般接于35kV线路），相互之间相位不同，正常情况下，所用电Ⅰ、Ⅱ段母线分列运行（即所用电分段开关断开），接线方式如图9-1-1所示。

3. 所用电负载的接线方式

1）重要负载采用双电源供电，如主变压器冷却器电源、加热器电源、开关储能电源、直流充电器电源、自动化监控设备逆变电源、通信电源等。

采用双回路供电的回路，Ⅰ、Ⅱ段电源之间除备有自投装置外，都装有分段开关或分段闸刀，为防止低压电源Ⅰ、Ⅱ段电源因相位差非同期并列，而引起两台所用变压器之间造成环流，环流将造成所用变压器容量不能充分利用，所用电负载大时，造成所用变压器过载，发热严重时，甚至烧坏所用变压器。因此，所用电运行情况下，千万不能并列运行。一般运行方式为了保证所用电转换电源操作方便，双电源回路只允许投入Ⅰ段或Ⅱ段电源开关，双回路中的分段开关或分段闸刀合上，这样负载转换电源只需在所用电室进行就可以了，不必到现场，如图9-1-2所示。

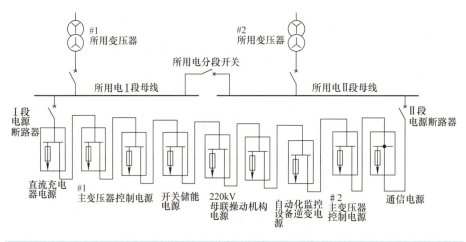

图9-1-2 双电源供电方式

2）不重要负载采用单电源供电（也称为辐射型供电），每个电源只来源于一段，不构成环网，如图9-1-3所示。

三、备用电源自动投入装置

作为备用电源的线路上装设备用电源自动投入装置（Auto-put-into Device of Reserve-source，APD），负责在工作电源线路突然断电时，利用失电压保护装置使该线路的断路器跳闸，而备用电源线路的断路器则在备用电源自动投入装置作用下迅速合闸，使备用电源投入运行。

1. 继电式备用电源自动投入装置

图9-1-4为继电式备用电源自动投入装置的原理电路图。

（1）正常工作状态　断路器QF1合闸，电源WL1供电；而断路器QF2断开，电源WL2

第九章 城市轨道交通变电所的自用电系统

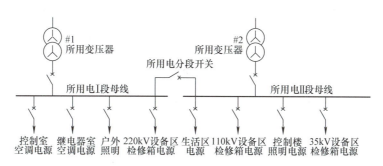

图 9-1-3 单电源供电方式

备用。QF1 的辅助触点 QF1$_{3-4}$ 闭合，时间继电器 KT 动作，其触点是闭合的，但由于断路器 QF1 的另一对辅助触点 QF1$_{1-2}$ 处于断开状态，因此合闸接触器 KO 不会通电动作。

（2）备用电源自动投入　当工作电源 WL1 断电引起失电压保护动作使断路器 QF1 跳闸时，其辅助触点 QF1$_{3-4}$ 断开，使时间继电器 KT 断电。在其延时断开触点尚未断开前，由于断路器 QF1 的辅助触点 QF1$_{1-2}$ 闭合，接通合闸接触器 KO 回路，

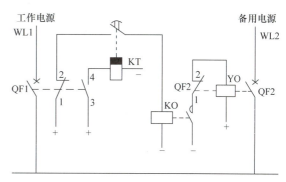

图 9-1-4　继电式备用电源自动投入装置的原理电路图

使之动作，接通断路器 QF2 的合闸线圈 YO 回路，使 QF2 合闸，从而使备用电源 WL2 投入运行。在 KT 的延时断开触点经延时（0.5s）断开时，切断 KO 合闸回路。QF2 合闸后，其辅助触点 QF2$_{1-2}$ 断开，切断 YO 合闸回路。

2. PLC 装置

由于继电器触点要经常分、合动作，容易损坏，降低了供电的可靠性，并增加了设备维护的工作量；同时，各继电器之间大量的连接导线不仅使调试、检修困难极大，还致使变电站的各部分几乎不可能被连接成一个完整的自动化系统。因此，传统的机械触点继电器显然已不能满足变电站自动化对继电保护装置的要求。

可编程序控制器（PLC）是一种新型微机式配电控制器，其主要特点是用内部已定义的各种辅助继电器（每个 PLC 可有多达上千个内部继电器）代替传统的机械触点继电器，又通过软件编程方式用内部逻辑关系代替实际的硬件连接线。正因为这一特点，如果将 PLC 引入继电保护装置中，一方面可以克服使用传统继电器所带来的种种弊端；另一方面，又可兼容基于传统继电器的设计思想和技术方案，尤其是对于逻辑关系较为复杂的触点信号处理及操作出口控制，采用 PLC 编程能使方案设计工作变得更加简单方便，下面介绍备用电源自动投入的 PLC 程序设计的功能框图，如图 9-1-5 所示。从图中可看出，这基本上与微机保护典型图相同，稍有区别的是，该装置将通常的计算机继电器逻辑电路分解成保护功能继电器组和 PLC 两个部分。根据不同保护对象（主变压器差动保护、母线保护、电容器保护、线路保护等），由不同保护功能继电器群组合，使装置分成若干个标准型号，其中所有的单

个功能元件均遵循正逻辑法则，在 PLC 中定义动作节点。例如，一个过电压元件动作，在 PLC 中就有一个相应的常开节点闭合（0→1），而一个失电压元件动作，反映在 PLC 中也是一个相应的常开节点闭合（0→1）。PLC 编程使用的是与传统二次电路图最相似的梯形图法，存放程序的 EEPROM 为外插接式，便于随时修改设计方案。

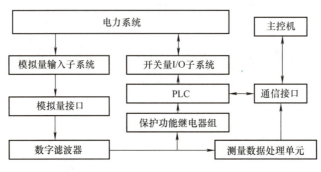

图 9-1-5　备用电源自动投入装置的 PLC 功能框图

四、所用电的事故处理

当所用电突然失去电源时，不论是所用变压器故障，还是其他原因，均应按顺序优先恢复下列回路供电：

1）主变压器冷却器电源。
2）直流系统充电装置电源。
3）自动化监控逆变电源。
4）220kV、110kV、35kV 开关储能电源。
5）开关机构箱加热器电源。
6）通信电源。
7）照明电源。

第二节　直流自用电系统

为供给继电保护、控制、信号、计算机监控、事故照明、交流不间断电源等直流负荷，变电站内应设由直流屏供电的直流系统。直流电源与直流自用电负荷馈线连接构成直流系统。直流电源的主要任务就是给继电保护、开关合分及控制提供可靠的直流操作电源，其性能和质量的好坏直接关系到城市轨道交通供电系统的稳定运行和设备安全。

一、直流系统的分类

变电所直流系统按获得直流电能方式的不同，一般有下面两种类型。

1. 整流式直流系统

整流式直流操作电源分为相控整流和高频开关整流两种，前者依靠改变晶闸管的导通相位来控制整流器输出电压，后者采用功率半导体器件，通过周期性通断开关、控制开关元件的占空比来调整输出电压。整流式直流操作电源维修工作量小，容量大，使用寿命长，造价低。

但整流装置受交流系统运行情况影响大，供电可靠性不强，随着技术的进步，这两种都有使用。

2. 蓄电池组直流系统

变电所的直流系统是一个不间断的直流电源，要求配置蓄电池系统。蓄电池组是一种独立的电源，不受交流电源的影响，因而整流系统交流失电或发生故障时，蓄电池继续给控制、信号、继电保护和自动装置供电，同时还可以保证事故照明用电。由于蓄电池电压平稳、容量大，既适合于各种较复杂的继电保护和自动装置，也适合于对各类型断路器的操作控制。

二、直流系统的基本要求

1) 变电所一次电路正常带电运行时，直流系统有额定电压输出，保证各种正常操作和监视。

2) 变电所一次电路停电时，直流系统仍要求有额定电压输出，保证送电前的各种操作和监视。

3) 变电所一次电路发生短路故障时，直流系统的输出电压和容量应满足保护装置动作及储能需要。

三、直流负荷的分类

牵引变电所中由操作电源供电的直流负荷，按其用电特性一般有下面三种：

（1）经常性负荷 经常性负荷是指在各种运行状态下，由直流母线不间断供电的负荷，如经常带电的继电器、信号灯、经常性的直流照明、计算机、巡回检测装置的逆变电源等。

（2）事故负荷 事故负荷是指牵引变电所失去交流电源时，应有直流系统供电的负荷，如事故照明，自动、远动装置，计算机，巡回检测装置等负荷。

（3）冲击性负荷 冲击性负荷是指断路器合闸时的短时冲击电流和此时直流母线所承受电流（包括经常性和事故负荷在内）的总和。冲击负荷应按牵引变电所中合闸电流最大的一台断路器的合闸电流统计，并考虑同时合闸的断路器电流的总和。

四、直流供电网

直流系统是牵引变电所的重要组成部分，它通过直流供电网络向全所直流负荷供电。

1. 直流供电网络的供电原则

1) 主控室、就地操作的主配电装置、控制盘的控制、信号电源等各自构成单独的双母线回路供电环网，正常时开环运行。

2) 各级配电装置的断路器合闸线圈，应单独构成双母线回路环网供电，正常时开环运行。

3) 事故照明装置由设在主控室的专用事故照明箱供电。正常时由交流供电，事故时自动切换至直流电源。事故照明装置采用单回路供电。

4) 其他回路一般采用单回路供电。

2. 变电所直流系统的典型接线

变电站常用的直流母线接线方式有单母线分段和双母线两种。双母线接线的突出优点在于可在不间断对负荷供电的情况下，查找直流系统接地。但双母线接线的刀开关用量大，直流屏内设备拥挤，检查维护不便，一般采用单母线分段接线。

采用双母线变电所直流系统的典型接线如图 9-2-1 所示。

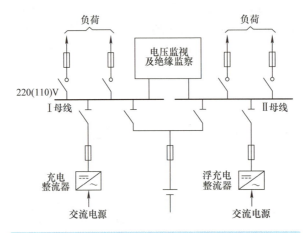

图 9-2-1 双母线变电所直流系统的典型接线

采用单母线分段变电所直流系统的典型接线如图 9-2-2 所示。

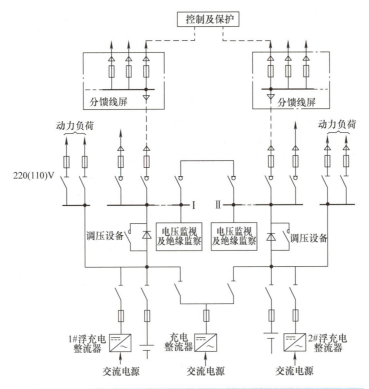

图 9-2-2 单母线分段变电所直流系统的典型接线

3. 变电站弱电直流系统的电压

按我国的惯例，变电所弱电直流系统的工作电压一般采用 48V，这一电压等级也符合国际标准。

第三节 智能高频开关交直流电源系统

现在的变电所一般都采用智能高频开关交直流电源系统，其一般由交电屏、充电屏、交流馈电屏、直流馈电屏、蓄电池屏组成。整体工作过程就是正常时由充电屏整流出整个变电所的控制母线与合闸母线所用的直流电，当交流输入异常或者停电时，充电模块将停止工作，充电屏不能给馈电屏供电使用时，由蓄电池屏通过控制母线与合闸母线供应负载，蓄电池作为备用。系统能量流动图如图 9-3-1 所示。

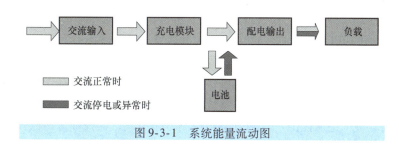

图 9-3-1 系统能量流动图

一、交电屏

交电屏就是平时所说的交流配电单元，其原理及作用是：电力操作电源交流系统引入两路不同电网的交流 0.4kV，通过 ATS 自动切换装置后，实现一主一备方式供电，切换后输出一路接入铜排，再引入到输出断路器，通过断路器接到输出端子排供负载使用。

交流电流向如下：

电流从降压变电所 0.4kV 一、二段母线穿过电流互感器再至断路器 QF1、QF2，通过 ATS 双电源切换开关后汇入铜母排，再分别引入各个输出断路器，最后通过输出端子排到各负载（控制 35kV 开关柜加热，上网隔离开关柜加热及照明，整流变压器和配电变压器温控器，整流器，控制信号屏，排流柜，钢轨电位限制装置，直流 1500V 端子柜，设备维护以及备用开关）。

交流盘采用单母线分段。由变电所交流 0.4kV 两段母线分别引入两回电源，作为交流所用电系统的进线电源。两路进线及母联开关配有电动操作机构，同时配有 PLC 自动切换装置来实现母联自动投入、进线来电自复功能及远动功能。两回电源互为备用，交流输出电压为交流 0.4kV/0.23kV。

正常时，两路进线电源投入工作；当其中一路电源失电时，母联开关自动投入。配电采用母排方式，每路输出均配有带报警辅助触点的断路器，并配置信号指示等组件。相关信号送变电所监控系统。断路器的技术特性要满足系统短路容量的要求。进线与馈线断路器在线路故障时确保跳闸时间相协调。

二、充电屏

充电屏是直流电源操作系统的主要设备。现多为智能免维护直流电源屏，充电屏就是用来供应这种直流电源的。简单地说，充电屏就是提供稳定直流电源的设备。在输入有380V电源时直接转化为220V，当市电和备用电都无输入时，直接转化为蓄电池供电——直流220V，实际上也可以说是一种工业专用应急电源。

城轨供电所采用的充电屏大都是一种全新的数字化控制、保护、管理、测量的智能高频开关直流电源系统。监控主机部分高度集成化，采用单板结构，内含绝缘监察、电池巡检、接地选线、电池活化、硅链稳压、微机中央信号等功能。主机配置大液晶触摸屏，各种运行状态和参数均以汉字显示，整体设计方便简洁，人机界面友好，符合用户使用习惯。并且，充电屏系统为远程检测和控制提供了强大的功能，并具有遥控、遥调、遥测、遥信功能和远程通信接口。通过远程通信接口可在远方获得直流电源系统的运行参数，还可通过该接口设定和修改运行状态及定值，满足电力自动化和电力系统无人值守变电站的要求；配有标准RS232/485串行接口和以太网接口，可方便纳入电站自动化系统。

直流电源系统如图9-3-2所示，由交流输入配电部分、整流部分、降压部分、直流输出馈电部分、监控部分以及绝缘监测部分组成。充电屏中有整流部分、降压部分、监控部分以及绝缘监测部分。在系统各组成部分中，整流部分由充电模块和隔离二极管组成；直流输出馈电部分由降压硅链、绝缘监测、合闸分路和控制分路组成；监控部分由监控模块和配电监控组成。

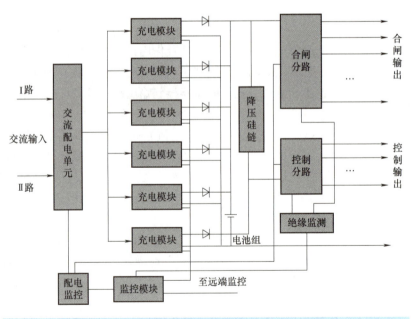

图9-3-2　智能高频开关直流电源系统原理框图

1. 充电屏的工作原理

1）正常情况下，由充电单元对蓄电池进行充电的同时并向经常性负载（继电保护装置、控制设备等）提供直流电源。

第九章 城市轨道交通变电所的自用电系统

2）当控制负荷或动力负荷需较大的冲击电流（如断路器的分、合闸）时，由充电单元和蓄电池共同提供直流电源。

3）当变电所交流中断时，由蓄电池组单独提供直流电源。

2. 充电屏的结构

充电屏一般包含如下模块：

（1）高频开关整流模块　高频开关整流模块承担从交流电网输入、直流输出的全过程。

（2）监控电路部分　监控电路部分又分为以下几个部分：

1）交流监控。实现两路三相交流输入电源自动投切，将输入的三相交流电源通过配电分配到各个整流模块。测量两路三相交流输入电压，检测接触器状态，提供防雷器故障状态和相应交流开关跳闸状态，并提供过电流、过电压、断相等保护功能，通过串行接口与中心监控器通信，进行电源管理和故障处理。

2）整流监控。根据用户设置，按照所给定蓄电池（对应相应参数）的充电曲线要求，自动（或者手动）控制输出，以实现蓄电池的均充电、浮充电。当使用高频开关整流模块时，考虑安全和稳定性，设计备份整流模块。整流监控通过串行接口与中心监控器通信，进行系统管理和故障处理，并提供一定的扩展信道。

3）开关量监控。主要检测合闸馈线开关的跳闸状态，电池开关以及外接设备开关、控制母线馈线开关的跳闸状态，熔断器状态，并采用继电器输出控制相应触点，通过串行接口与中心监控器通信，进行显示和故障处理。

4）直流监控。完成电池巡检（对单体电池电压监测和告警），测量直流输出母线电压以及电流、两组电池电压以及充电电流、环境温度，进行温度补偿等，并提供一定的扩展测量信道。

5）绝缘监察。监察直流输出母线绝缘状况，产生告警信号，并通过串行接口与中心监控器通信，进行显示和故障处理。

6）中心监控器。与各个监控模块通信，实现模块的监控功能，提供状态参数等显示，以及根据实际做出相应报警和控制动作。并能检测各个监控模块良好与否，给出相应提示。中心监控器之间可以相互通信，实现主监控和备用监控，并可以通过串行接口实现远程监控。

监控部分采用集散方式对系统进行监测和控制。充电柜、馈电柜的运行参数和充电模块运行参数分别由配电监控电路和充电模块内部的监控电路采集处理，然后通过串行通信口把处理后的信息上报给监控模块，由监控模块统一处理后，显示在液晶屏上。

（3）合闸母线（分路）　给电动机提供电源，当控制回路失灵、无法控制时，由电动机驱动对控制回路分、合闸。

（4）控制母线（分路）　一个直流的信息、控制装置回路。

合闸母线和控制母线共用同一根负母线。充电模块中一部分模块将直流电源输出到合闸母线上，这部分模块被称为合闸模块。另一部分模块将直流电源输出到控制母线上，这部分模块被称为控制模块。从合闸模块输出的直流电通过合闸母线和输出断路器后输出到负载，为电力线路分、合闸提供电源。从控制模块输出的直流电通过控制母线和输出断路器后输出到负载，为电力监控线路提供电源。

合闸母线上接有电池，一方面为电力线路分、合闸时提供瞬时大电流，另一方面为电力

205

操作电源系统提供备用电源。充电模块输入一般为三相交流 400V，输出一般为直流 240V、5A。通过降压硅链降至 220V 后交给控制母线。

正合闸母线和正控制母线之间接有降压硅链，在控制模块故障或缺失的情况下，合闸母线通过降压硅链向控制母线提供电源。一般采用的是主备降压硅链，当主硅链故障时可自动投入工作，防止主硅链故障造成的母线失电，增强系统可靠性。

各母线电压：一般合母电压大于控母电压。合母过电压：270V；合母欠电压：200V；控母过电压：242V；控母欠电压：198V。

输入检测电路实现输入过/欠电压、断相等检测。DC-DC 的检测保护电路包括输出电压、电流的检测，散热器温度的检测等，所有这些信号用于 DC-DC 的控制和保护。

充电屏组成及各部件名称如图 9-3-3、图 9-3-4 所示。

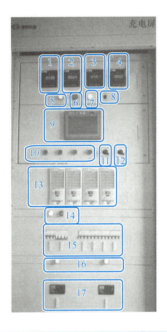

图 9-3-3　充电屏正面设备名称介绍
1—控母电压　2—负载电流　3—蓄电池电压　4—蓄电池电流　5—1 路工作指示灯　6—2 路工作指示灯　7—故障指示灯　8—蜂鸣器开关　9—PSM-7 监控单元　10—ATS 双电源转换开关　11—控制模式切换开关　12—优选开关（自动/手动转换）　13—整流模块　14—指示灯　15—左边为交流开关，右边为 13 模块的断路器　16—馈线交流母排　17—左边为充电机输出开关，右边为蓄电池开关

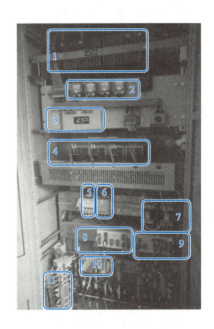

图 9-3-4　充电屏背面设备名称介绍
1—硅链（同桥臂一个报警两个跳闸）　2—继电器（不同调档不同吸合）　3—电压制动调节器　4—整流模块桥堆和散热器　5—防雷开关　6—防雷器　7—接触器（双电源切换）　8—直流配电监控单元　9—交流配电监控单元　10—熔断器　11—端子排

三、馈线屏

馈线屏的意思就是反馈电的意思。一般大容量的充电屏送电回路很多，可达几十个，通行的做法是将大量的照明、冷却的断路器放在一起。然而一个充电屏装不下那么多开关，所以引自充电屏输出，到馈电屏去，然后经过母排一路一路输出。简单地说，就是输出回路

多，就分流，这样就可以分出几十个回路了。

馈线屏组成及各部件名称如图 9-3-5 所示。

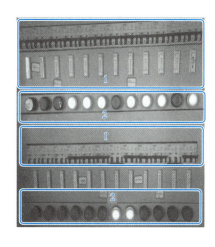

图 9-3-5　直流馈线屏背面设备名称介绍
1—断路器　2—指示灯　3—汇流铜排　4—开关量检测单元
5—KHJJ-32B 绝缘线选装置　6—开关量检测单元
7—绝缘检测互感器　8—端子排　9—端子

交流馈线屏也和直流馈线屏类似，两者主要是馈出电流不同，断路器不同。

第四节　蓄电池概述

蓄电池是一种既能把电能转化为化学能储存起来，又能把化学能转变为电能供给负载的化学电源设备。

一、蓄电池的分类

1. 固定式铅酸蓄电池

固定式铅酸蓄电池历史悠久，具有容量大、寿命长、易浮充电等特点，既适合长时间小电流放电使用，又适合大电流瞬时放电使用，性能可靠、维护方便。但它由于有酸雾排出和少量析氢，需要有专用的具有通风条件的蓄电池室，不可与成套直流电源柜一起安装，现在一般都不选用这种蓄电池。

2. 镉镍碱性蓄电池

镉镍碱性蓄电池有开口板盒式和开口烧结式两大类，其主要特点是电池内阻低、可靠牢固、温度特性好、运行维护方便、寿命长、放电倍率高，但该类蓄电池有爬碱和漏液现象，且维护比较麻烦。

3. 阀控式密封铅酸蓄电池

阀控式密封铅酸蓄电池是近年来发展起来的新型蓄电池。该类蓄电池多采用紧装配密集极板，超细玻璃纤维作隔膜，贫电液结构。其基本原理是使气体在极板间转移，促进了再化合反应，同时利用减压阀保持电池内部有一定压力。这类蓄电池具有防酸式铅酸蓄电池的优点，而且基本上可以免维护，同时由于没有酸雾和氢气排出，可以与成套直流电源柜一起安装在主控室，现在已广泛应用于综合自动化变电所中，为无人值班变电所首选蓄电池。

二、蓄电池基本概述

1. 主要构成

蓄电池主要由外壳、电解液和正、负电极构成。

2. 蓄电池的工作原理

蓄电池的正极板和负极板插入电解液中时，发生化学反应，由于正、负极板材料不同，正、负极板电位不同，正、负极板便产生电位差。在外电路没有接通时，正、负极板之间的电位差就是蓄电池的电动势；在外电路与负载接通时，就有电流流过负载，也即是蓄电池向负载放电。当蓄电池放电后将负载断开，使其与直流电源相连（由交流电源经整流设备向直流电源供电，直流电源再给负载供电，当交流电源失去时，由蓄电池作为备用电源向负载供电，保持供电可靠性，放电完成后，与负载断开，所放电量不一定能够维持到交流电源有电状态，不能维持则系统将停电，所以必须尽快检修。为了保证供电可靠性，有的变电所会采用两个或以上的交流电源供电，但仍需设置蓄电池组作为其后备电源，以免两个电源同时出现故障）。由于单个蓄电池电压较低，需若干个连接成蓄电池组，作为发电厂及变电所的操作电源。蓄电池组作为操作电源，不受电网运行方式变化影响，在故障状态下仍能保证一段时间供电，具有很高的供电可靠性。

3. 蓄电池的容量及自放电

蓄电池的容量就是蓄电池放电到某一允许最小电压（或称为终止电压）的过程中所放出的电荷，以安时（A·h）表示。蓄电池的容量与极板类型、电解液的密度、放电电流的大小及工作温度等因素有关。放电率可用放电电流大小或放电到终止电压的时间长短表示。蓄电池充电后，无论工作或不工作，其内部都有放电现象，这种现象称为自放电。这是由于电解液上下层密度不同，极板上下电动势不等和正、负极板上下之间的均压电流引起蓄电池有自放电，同时电解液中含有金属杂质沉淀在极板上会形成局部短路，也会引起蓄电池有自放电。由于自放电现象的存在增加了蓄电池的内部损耗。蓄电池即使没有工作，一定时间后也必须进行充电检查，以免损坏。

4. 蓄电池组的充电

充放电运行方式就是对运行中的蓄电池组进行定期充放电，以保持蓄电池的良好状态。其工作特点是正常工作时，充电设备不投入，由充好电的蓄电池向直流负荷供电。为了保证在事故情况下蓄电池组能可靠地工作，蓄电池组正常放电时必须留有一定的裕量，决不能使蓄电池完全放电。通常放电达容量的60%~70%时，便应停止放电，将充电设备投入，进行充电。在充电过程中充电设备除了向蓄电池组供电以外，还要担负经常性直流负载，故充电设备必须有足够的容量。整流装置回路中装有双投刀开关，以便使整流设备既可以对蓄电池组充电，也可以直接接在直流母线上作为直流电源。在整流装置回路中，装设电压表和电流表以监视端电压和供电电流。在蓄电池组接至母线的回路中，装设有双向刻度的电流表，用以监视充电和放电电流。

5. 放电特性（三个阶段）

1）初放电：短时间内端电压急剧下降。

2）放电中期：电压缓慢下降，持续时间较长。

3）放电末期：端电压又在极短的时间内迅速降低，当达到放电终止电压时，立即停止放电，并及时进行充电。

6. 充电特性（三个阶段）

1）充电初期：电压迅速增大。

2）充电中期：电压缓慢增大，持续时间较长。

3）充电末期：电压又迅速增大，当充足电时，电压稳定在比额定值略高的数值左右。

7. 浮充电法

充电装置示意图如图 9-4-1 所示。

图 9-4-1　充电装置示意图

1）运行方式：先将蓄电池充足电，然后将充电设备与蓄电池并联在一起工作，充电设备既给直流母线的经常性负荷供电，又以不大的电流向蓄电池浮充电，用来补偿由于自放电而损失的能量。

2）特点：

① 蓄电池总是处于充满电的状态，随时应付短时负荷。

② 蓄电池放电机会不多，应每 3 个月进行一次放电，再进行一次均衡充电，以避免硫化。

③ 管理维护工作量小，可靠性高。

8. 充电方法

充电方法有恒流充电、恒压充电、恒压限流充电、快速充电、智能充电、均衡充电、补充充电和初充电。

9. 端电池调节器

端电池调节器（呈圆环状，里面有呈环状排列的金属片，并相隔一定的距离）有手动和电动两种形式。互相绝缘的金属片依次连接到端电池间的抽头上，通过操作放电手柄 1P 或充电手柄 2P 就可以调节投入蓄电池的数量。为了在调节过程中防止电路终端将每一个手柄的触头分为两部分（即主触头和辅助触头），在调节过程中先使两个触头跨接在相邻的两个金属片上,并通过另一个电阻连接着,然后断开辅助触头完成一次调节(相当于调压分接头)。端电池调节示意图如图 9-4-2 所示。

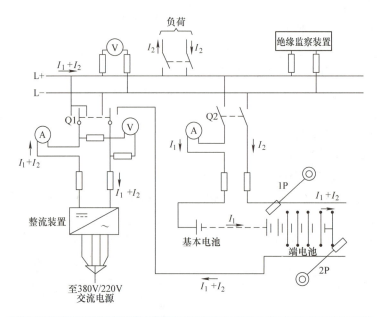

图 9-4-2　端电池调节示意图

三、阀控式密封铅酸蓄电池

阀控式密封铅酸蓄电池(Valve Regulated Lead Acid Battery,VRLA)诞生于 20 世纪 70 年代。这种电池虽然也是铅酸蓄电池,但是它与原来的铅酸蓄电池相比具有很多优点,电池是全密封的,不会漏酸,而且在充放电时不会像老式铅酸蓄电池那样会有酸雾放出来而腐蚀设备、污染环境,所以从结构特性上人们把 VRLA 又叫作密闭(封)铅酸蓄电池。为了区分,把老式铅酸蓄电池叫作开口铅酸蓄电池。由于 VRLA 从结构上来看,它不但是全密封的,而且还有一个可以控制电池内部气体压力的阀,所以 VRLA 的全称便成了"阀控式密闭铅酸蓄电池",其外形如图 9-4-3 所示。

图 9-4-3　VRLA 的外形

其正极一般是铅酸合金,负极采用钙铝合金。

1. 电池的容量

前面讲过电池的容量是指电池储存电荷的数量,以符号 C 表示,常用的单位为安时 ($A \cdot h$) 或毫安时 ($mA \cdot h$)。

电池的容量可以分为额定容量(标称容量)和实际容量。

额定容量是电池规定在25℃环境温度下,以10小时率电流放电,应该放出的最低限度的电量($A \cdot h$)。

(1) 放电率 放电率是针对蓄电池放电电流大小而言的,分为时间率和电流率。

放电时间率指在一定放电条件下,放电至放电终止电压的时间长短。依据标准,放电时间率有20、10、5、3、2、1、0.5小时率,分别表示为20Hr、10Hr、5Hr、3Hr、2Hr、1Hr、0.5Hr等。

(2) 放电终止电压 铅蓄电池以一定的放电率在25℃环境温度下放电至能再反复充电使用的最低电压称为放电终止电压。大多数固定型电池规定以10Hr放电(25℃)。放电终止电压值视放电速率和型号而定。通常,为使电池安全运行,小于10Hr的小电流放电,放电终止电压取值稍高;大于10Hr的大电流放电,放电终止电压取值稍低。

2. 循环寿命

蓄电池经历一次充电和放电,称为一次循环(一个周期)。在一定放电条件下,电池工作至某一容量规定值之前,电池所能承受的循环次数,称为循环寿命。VRLA 的循环寿命为 1000~1200 次。影响循环寿命的因素一是厂家产品的性能,二是维护工作的质量。固定式铅电池的寿命还可以用浮充寿命(年)来衡量,VRLA 的浮充寿命在10年以上。

3. VRLA 的技术维护

VRLA 俗称为"免维护电池","免维护"只是运行中不需补加水维护,也是制造商的广告用语,若当作不用维护就错了。

VRLA 近几年来在电力部门得到广泛的应用,但由于不了解其特性,往往几年就报废了,给企业造成极大的损失。在使用 VRLA 时,需要注意下面几点。

1) VRLA 由于结构特殊,它对周围环境和温度较为敏感,如果电池长期在高温条件下运行,其使用寿命将会大打折扣。所以,机房温度应控制在25℃以下,正确的维护使用可以使电池的使用寿命长至10~15年。在使用中应注意观察电池的温度情况,随时注意观察浮充电压,若充电设备设有补偿温度的功能,就应按温度每上升1℃,每单体电池浮充电压下降 3mV 左右进行修正。

2) 平时保持电源室和电池本身的卫生,清洁工作应用湿布进行,若用干燥的东西擦拭,容易产生静电,而静电电压有时会高达数千至上万伏,有引发爆炸的危险。

3) VRLA 的日常维护中需经常检查的项目有:检测 VRLA 两端的电压;检测 VRLA 的工作温度;检测 VRLA 连接处有无松动、腐蚀现象,检测连接条的压降;检测 VRLA 外观是否完好,有无外壳变形和渗漏;极柱、溢流阀附近有无酸雾析出。

4) 平时每组 VRLA 至少应选择几只电池作标示,作为了解全 VRLA 组工作情况的参考,对标示的 VRLA 应定期测量并做好记录;当在 VRLA 组中发现有电压反极性、压降大、压差大和酸雾渗漏现象的 VRLA 时,应及时采用相应的方法恢复或修复,对不能恢复或修复的要更换,对寿命已过期的 VRLA 组要及时更换。

四、VRLA 的使用

必须根据电池说明书使用、定期维护电池及对其进行核对性充放电，下面以城市轨道交通中常用的 GCB 公司的 12V VRLA 为例来说明：

1. 补充充电

蓄电池在运输和贮存过程中将损失一部分电量，在投入使用前应进行补充充电。补充充电采用限流恒压法，限定电流一般为 $0.30C_{20}$（A），C_{20} 表示 20 小时率。

2. 浮充运行

浮充运行是蓄电池最佳的运行条件，此时蓄电池一直处于满荷电状态。当遇到故障时，蓄电池将能提供最长的备用支持时间，也将有最长的预期寿命。浮充运行时，应采用限流恒压充电，即设定一个限定电流（参考值为 $0.30C_{20}$（A））和一个限定电压，开始以起始电流充电，至蓄电池的端电压达到浮充电压时，自动转为恒压充电。

3. 浮充电压

对蓄电池进行浮充充电，主要是为了补偿因为其自放电而损失的电荷，同时还要维持适度的内部氧气复合循环。浮充电压设置不当，会造成蓄电池过充或充电不足，严重过充可能会引起热失控事故；长期充电不足将引起蓄电池早期失效。浮充电压的设置与蓄电池的温度有关，当温度为 21~26℃时，12V 蓄电池的浮充电压为 13.65V/只，如果温度超过此范围，应调整浮充电压，调整时应参考说明书中的温度校正系数。

4. 快速充电

特殊情况下，需要对放电后的蓄电池进行快速充电时，限定电流为 $0.30C_{20}$（A），12V 蓄电池的端电压达到 14.4V/只，应转为浮充运行。但这种情况应考虑负载是否能承受。

5. 均衡充电

蓄电池正常运行时，不需要进行均衡充电（多采用限流恒压法）。但是，由于浮充电压设置得太低，或者受环境温度的影响，蓄电池组中各单体蓄电池均衡性很差，出现下述情况时，需进行均衡充电：

1）蓄电池组浮充运行 3 个月后，蓄电池电压低于 13.08V（12V 电池定值）的达到 2 只以上。

2）蓄电池组投入浮充运行后，单只电压差达到 0.48V；或者蓄电池组浮充运行 12 个月后，单只电压差达到 0.30V。

图 9-4-4 为 VRLA 的工作示意图。

五、高频开关电源

高频开关电源（AC/DC 变换器）负责提供蓄电池的充电电源和正常状态下各直流负载的电源。

从图 9-4-5 可以看出交流电网输入、直流输出的全过程。

1）输入滤波器：其作用是将电网存在的杂波过滤，同时也阻碍本机产生的杂波反馈到公共电网。

2）整流与滤波：将电网交流电源直接整流为较平滑的直流电，以供下一级变换。

3）逆变：用开关电路将整流后的直流电变为高频交流电，这是高频开关电源的核心部分，频率越高，体积、质量与输出功率之比越小。

第九章 城市轨道交通变电所的自用电系统

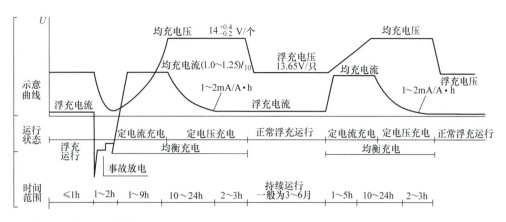

图 9-4-4　VRLA 的工作示意图

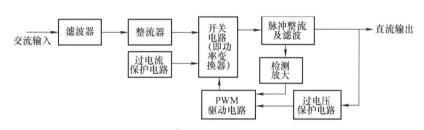

图 9-4-5　高频开关电源的原理框图

4）输出整流与滤波：根据负载需要，提供稳定可靠的直流电源。

5）一方面从输出端取样，经过与设定标准进行比较，然后通过 PWM 驱动电路去控制逆变器，改变其频率或脉宽，达到稳定输出；另一方面，根据测试电路提供的资料，经保护电路鉴别，提供控制电路对整机的各种保护措施。

第五节　直流系统的绝缘监察和电压监察

变电所的直流系统与继电保护、信号装置、自动装置以及屋内配电装置的端子箱、操动机构等连接，因此直流系统比较复杂，发生接地故障的机会较多。当发生一点接地时，无短路电流流过，熔断器不会熔断，所以可以继续运行；但当另一点接地时，可能引起信号回路、继电保护等不正确动作。为此，直流系统应设绝缘监察装置。

一、提高直流系统绝缘水平的方法

提高直流系统的绝缘水平，直接影响到直流系统乃至变电所的安全运行。当变电所的绝缘水平降低造成接地或极间短路时，将造成严重后果。为防止直流系统绝缘水平下降危及安全运行，可采用以下对策：

1）对于直流系统直接连接的二次设备绝缘水平有严格的要求。
2）在有条件的情况下，将保护、断路器控制用直流和其他设备用直流分开。
3）户外端子箱、操动机构，要采用具有防水、防潮、防尘、密封的结构。

4) 户外电缆沟及电缆隧道要有良好的排水设施。
5) 主控室内的控制、保护屏宜采用前后带门的封闭式结构。
6) 对直流系统的绝缘水平要进行经常性的监视。
7) 采用 110V 或 220V 的直流系统。

二、直流系统的绝缘监察

1. 电磁型绝缘监察装置

利用电桥原理构成的电磁型直流系统绝缘监察装置的接线如图 9-5-1 所示。这种装置具有发出绝缘下降的信号和测量绝缘电阻值两种功能。

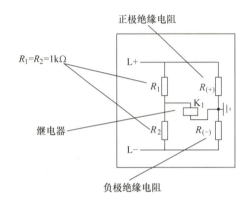

图 9-5-1　电磁型绝缘监察装置的接线

工作原理说明：正常时，电桥平衡，K_1 不动作；某极绝缘电阻下降时，电桥不平衡，K_1 中流过电流，K_1 动作，发声、光信号。

2. 微机型绝缘监察装置

近些年，微机型绝缘监察装置开始在电力系统大量应用，其工作原理如图 9-5-2 所示。

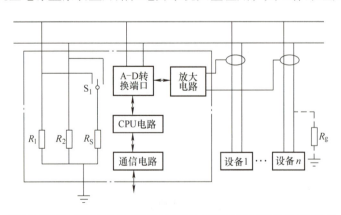

图 9-5-2　微机型绝缘监察装置的工作原理

微机型绝缘监察装置由平衡桥电阻 R_1 和电阻 R_2、切换电阻 R_S、采样计算电路模块、通信电路模块等构成。该装置分为平衡桥和不平衡桥两种运行方式。平衡桥运行方式下，切换电阻不投入；不平衡桥运行方式下，通过测量切换开关 S_1 在不同位置时的正、负极对地电压,可计算出正、负极对地绝缘电阻。当直流系统接地时,接地支路会产生对地漏电流,采用霍尔元件或磁调制原理的直流微电流互感器穿过负荷支路,检测该漏电流的大小,用于判断支路是否接地,对接地故障进行区域性定位,即接地选线。

3. 电磁型和微机型绝缘监察装置的优缺点比较

(1) 电磁型绝缘监察装置的缺点　装置动作取决于两极对地绝缘电阻的比值,对于直流系统正、负两极绝缘同时降低的情况则无法告警;装置告警后,无法准确预报故障支路,只能通过逐段断电才能找出故障点。

(2) 微机型绝缘监察装置的优点　能够直接测量直流系统正、负极及各供电支路的对地绝缘电阻,使用直观明了,接地选线也使接地故障处理的时间、劳动强度大大减少,克服了电磁型绝缘监察装置不能正确反映正、负极绝缘同时降低的动作死区问题,提高了直流系统的安全可靠性,代表了绝缘监察装置技术的发展方向。

(3) 微机型绝缘监察装置的缺陷分析　虽然微机型绝缘监察装置有许多优点,但如果平衡桥的电阻 R_1 和电阻 R_2、切换电阻的参数设计不合理,会造成直流系统正、负极对地电压波动过大的问题。假设正、负极的电压差为 $20\% U_R$ (U_R 为直流系统的额定电压),那么正(负)极对地电压为 $40\% U_R$,则负(正)极对地电压为 $60\% U_R$。众所周知,保护控制等二次设备的出口跳闸继电器、光电耦合器等元件的动作电压设计为 $(55\% \sim 70\%) U_R$,而发生直流系统接地故障,施加在这些元件上的电压是接地发生时刻的直流系统负极对地电压,如果直流系统发生接地故障前负极对地电压已经大于出口跳闸继电器、光电耦合器等元件的动作电压设计值,那么直流系统一点接地就有可能导致保护控制等二次设备的出口中间继电器、光电耦合器误动作。

三、直流系统的电压监察

直流母线电压应保持在 $(85\% \sim 110\%) U_R$ 范围之间。电压过高,将使信号装置的灯泡寿命降低,经常励磁的继电器线圈过热。电压过低,信号灯亮度不够,继电器和断路器的机构动作不正常。

在现今变电站中,通常将电压监察和绝缘监察装置合一,称为微机型直流系统电压绝缘监察装置。

(1) 功能　在线实时监测直流系统的绝缘状况。一旦系统的接地电阻低于预先设定的报警值,则自动报警。之后装置进入选线状态,一般可显示并可打印出接地支路号;在线实时监测并显示直流系统的母线电压。一旦系统的母线电压超出预先设定的范围,则自动报警;不需停电即可查找接地支路。

(2) 一般特点　正、负母线的对地绝缘均匀下降时仍能准确报警;可以随时方便地更改设置参数,如各种报警值等;可以提供报警信息供随时显示和打印;多采用先进的液晶显示技术,显示容量大;以菜单方式操作,简单方便;多采用插板式结构,便于维护;多具备RS232、RS422 或 RS485 串口通信功能,同微机监控系统相连,易于实现远方监测。

(3) 直流系统的其他注意事项　应按照规定周期对绝缘监察装置、电压监察装置以及测量表计进行定期校验,主要设备、主要线路的仪表应每年检验一次,其他的至少四年检验一次。对充电装置的性能(稳压、稳流精度和纹波系数)应校验其是否满足规程和反措要求;对直流系统的保护及声光报警的检验也必不可少。

教学评价

1. 试从交流用电及直流用电两方面举例说明所用电的作用。
2. 简述直流屏各部分的功能。
3. 何为阀控式密封铅酸蓄电池？
4. 说明阀控式密封铅酸蓄电池维护时的注意事项。
5. 简述高频开关直流系统的工作过程。
6. 以综合自动化系统中电力监察为例，说明其绝缘监察和电压监察的工作过程。
7. 以图 9-4-4 为例，说明 VRLA 各个充放电阶段的工作过程。

第十章

城市轨道交通供电系统的电力监控系统

为了提高城市轨道交通供电系统的可靠性和自动化程度,城市轨道交通供电系统设置了电力监控系统(Power Supervisory Control And Data Acquisition,PSCADA),该系统实现了在运营控制中心(OCC)内对供电系统进行管理调度、实时控制和数据采集。除利用"四遥"(遥控、遥信、遥测、遥调)功能监控供电系统的设备运营状况外,利用该系统的后台工作站还可以进行数据归档和统计报表,更好地管理供电系统。

近些年来,计算机和通信技术有了长足进步。得益于此,变电所综合自动化技术为供电系统的运营管理带来一次深刻变革。它包含计算机保护、调度自动化和当地基础自动化,可实现电网安全监控、电量及非电量检测、参数自动调整、中央信号、当地电压无功功率综合控制、电能自动分时统计、事故跳闸过程自动记录、事件按时排序、事故处理提示、快速处理事故、微机控制免维护蓄电池和微机远动一体化功能,为变电所的无人值守提供了强大的技术支持。

学习目标

1. 了解城市轨道交通电力监控系统的基本组成与功能。
2. 了解城市轨道交通电力监控系统的软、硬件构成,强调监控管理中精益求精的工匠精神。

第一节 电力监控系统的功能与监控对象

一、电力监控系统的基本组成及其功能

城市轨道交通的电力监控系统一般采用二级管理(车站级、控制中心级)或三级监控(控制中心级、车站级、现场级)的结构。整个电力监控系统由控制中心的主站监控系统、各类变电所内的综合自动化子系统及网络通信层构成;并在车辆段供电车间设置复示系统,用于实现运营维修人员对全线供电系统设备及用电能耗的监视和对设备的维修管理,提高维护及维修的质量和效率。其系统结构示意图如图 10-1-1 所示。

1. 主站监控系统的基本功能

1)实现对遥控对象的遥控。遥控种类分为选点式、选站式、选线式三种。

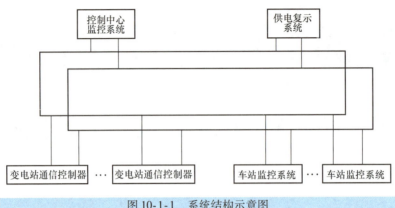

图 10-1-1 系统结构示意图

2）实现对供电系统设备运行状态的实时监视和故障报警。

3）实现对供电系统中主要运行参数的遥测。

4）实现中文界面的屏幕、模拟盘或其他设备的显示，以及运行和故障记录信息的打印功能。

5）实现电能统计等的日报、月报制表打印。

6）实现系统自检功能。

7）以友好的人机界面实现系统的维护功能。

8）实现主/备通道的切换功能。

2. 子站设备（远动终端）的基本功能

1）远动控制输出。

2）现场数据采集（包括数字量、模拟量、脉冲量等）。

3）远动数据传输。

4）可脱离主站独立运行。

此外，子站设备（远动终端）的通信规约应对用户完全开放。

3. 变电所综合自动化装置应有的基本功能

1）保护、控制、信号、测量。

2）电源自动转接。

3）必要的安全联锁。

4）程序操作。

5）装置故障自检。

6）开放的通信接口。

当采用主控单元对各变电所进行综合自动化装置管理时，除提供多重形式的现场网络接口外，变电所间断路器联跳等功能通过综合自动化主控单元与控制中心监控主站的信息传递、交换共同来实现。重要设备之间除考虑二次回路硬线联动、联锁、闭锁外，由综合自动化软件实现逻辑判断、计算、继电器等功能，并通过下位监控单元执行操作。

二、监控的基本内容

监控对象应包括遥控对象、遥信对象和遥测对象三部分。

1. 遥控对象

遥控是指控制中心向地铁沿线各被控变电所中的开关电器设备发送"合闸""分闸"指令，实行远距离控制操作。遥控对象应包括下列基本内容：

1）包括主变电所、开闭所、中心降压所、牵引变电所、降压变电所内 1kV 及以上电压等级的断路器、负荷开关及系统用电动隔离开关。

2）牵引变电所的直流快速断路器、直流电源总隔离开关、降压变电所的低压进线断路器、低压母联断路器、三级负荷低压总开关。

3）接触网电源隔离开关。

4）有载调压变压器的调压开关。

2. 遥信对象

遥信是指控制中心对地铁沿线各变电所中被控对象（如开关电器）的工作状态信号进行监视。遥信对象应包括下列基本内容：

1）遥信对象的位置信号，如开关电器设备所处的"分闸""合闸"位置信号。

2）高中压断路器、直流快速断路器的各种故障跳闸信号。

3）变压器、整流器的故障信号。

4）交直流电源系统的故障信号。

5）降压变电所低压进线断路器、母联断路器的故障跳闸信号。

6）钢轨电位限制装置的动作信号。

7）预告信号。

8）断路器手车位置信号。

9）无人值班变电所的大门开启信号。

10）控制方式。

3. 遥测对象

遥测是指控制中心对地铁沿线各变电所中的工作状态参数进行远距离的测量。遥测对象应包括以下内容：

1）主变电所进线的电压、电流、功率、电能。

2）变电所中压母线的电压、电流、功率、电能。

3）牵引变电所直流母线的电压。

4）牵引整流机组的电流与电能、牵引馈线的电流、负极柜的回流电流。

5）变电所交直流操作电源的母线电压。

第二节　电力监控系统的硬件构成

一、电力监控系统的硬件主要设备

电力监控系统的硬件一般包括以下主要设备：

1）计算机设备（主机）与计算机网络。

2）人机接口设备。

3）打印机记录设备和屏幕复制设备。

4）通信处理设备。

二、主站监控系统

主站监控系统由局域网络、主备服务器、主备操作员计算机、维护计算机、数据文档计算机、信号系统用行调计算机、前置通信机、打印机和模拟盘等设备构成。主站监控系统的网络结构示意图如图 10-2-1 所示。

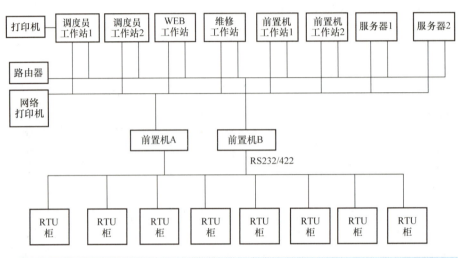

图 10-2-1　主站监控系统的网络结构示意图

1. 局域网络

控制中心主站网络访问方式采用客户机、服务器访问方式，局域网络结构采用双以太网构成，可以相互备用。正常情况下两个网络同时工作，平衡网络信息流量。网络切换采取给予网络口切换的策略，每台服务器和客户机保持同时监视两个网段上与其他通信节点的联通状况。当服务器或客户机某一个网络口（如网卡）故障时，只改变本机器与其他节点的通信路径，不会影响到其他节点间的通信。当两个网段的其中之一故障时，网络通信管理程序会根据网络口的联通状况，自动在另一个网段上形成通信链路。

网络通信协议采用 TCP/IP，网络传输媒介为光纤或双绞线，通信速率为 100Mbit/s。系统网络具有良好的扩展性，可方便地增加客户机而不影响网络性能。

2. 服务器

控制中心主站配置两套功能等价、性能相同的计算机用于整个系统的网络管理、数据处理，并作为网络内其他计算机的共享资源。系统正常工作时，一台主用，另一台备用。控制命令仅通过主服务器发出。主、备服务器均能接收来自被控站的各种上传数据。当主服务器故障时，系统自动切换到另一台备用服务器上，故障信息在打印机上打印，并在另一台服务器系统故障画面上显示故障信息。

3. 工作站计算机

工作站计算机用于正确同步反映服务器上的所有数据（包括图像、警报、遥测量等），提供给调度员和维护员各一个工作的窗口，进行维护系统软件、定义系统运行参数、定义系统数据库以及编辑、修改、增扩人机界面等工作。

4. 前置通信机

系统配置两套功能等价的前置通信机，通过通信系统提供的通信通道实现与被控站设备的远方通信，两套前置通信机实现相互之间的热备用。配置监视两前置通信机工作运行状态的看门狗软件。正常时，两套前置通信机同时接收来自被控站的信息，但只有一个前置通信机与系统进行信息交换，当主用前置机发生故障时，系统自动切换到备用前置通信机，故障信息记录在系统报警报表中。前置通信机与各被控站采用点对点通信方式，两个串口对应一个被控站，其中一个串口备用。通信前置机至通信设备室的每个变电所的通信电缆采用单独回路。前置通信机采用经验成熟、性能先进、质量稳定的产品，通信接口为串行RS422，通信传输速率不低于9600bit/s。

5. 时钟子系统

时钟子系统的数字显示时钟与本系统计算机软时钟同步，此数字显示时钟镶嵌在模拟盘中央上部，并可通过CRT操作键对其进行时间设定，显示形式为年：月：日：时：分：秒。本系统主站定时与各变电所综合自动化系统定时同步对时，每10~15min同步一次，同步间隔时间可调。

6. 模拟盘

为全面、系统、直观地掌握供电系统的运行情况，在控制中心设置模拟盘。模拟盘显示系统以彩色灯光（红、绿）形式模拟供电设备的运行状态，以光带方式监视接触网线路的带电状态。模拟盘应具有暗盘和亮盘两种运行方式，其控制命令由操作员控制台发出。在暗盘运行时，当被控站发生故障后，模拟盘相应站名灯、事故灯及相关开关灯闪烁，按闪光复位键后停闪。

第三节 电力监控系统的软件构成

一、主控站系统的管理功能

主控站系统的管理功能主要由以下五个子系统构成：

1. 数据库管理子系统

1）为各种应用功能模块提供共享的数据平台，提供开放式的数据库接口，实现数据库的定义、创建、录入、检索和访问。

2）提供数据库的管理机制，实现历史数据的存储、复制和再利用。

3）数据库的控制功能可完成对数据库的安全性控制、完整性控制和数据共享时并发控制。

4）具有故障恢复功能、安全保护功能以及网络通信功能等。

5）可采用商用数据库管理系统保存历史数据。

2. 图形管理子系统

1）具有风格统一、友好方便的操作界面。

2）可完成图元编辑、引用、画面生成、调用、操作、管理等功能。允许用户自定义图元。

3）可生成多种类型画面，有接线图、地理图、工况图、棒图、饼图、曲线图、仪表图及其他图。

4）可在画面上完成各种操作，有图形缩放、应用切换、调度操作、任务启动等。

5）画面显示具有网络动态着色功能。

6）画面打印可任选，如行式打印、彩色打印、激光打印。

7）具有全图形显示、可漫游变焦、自动分层、随意移动、多窗口技术、快速直接鼠标控制和多屏幕技术等特点。

3. 报表管理子系统

1）操作员可在显示器上以交互式定义报表格式或报表数据等。

2）可制定任意形式的数据表格。

3）表格可显示实时及历史数据内容。

4）表格在窗口中提供翻滚棒操作。

5）表格内各数据具有计算功能，用户可在表格内进行自动加减运算；考虑通道质量等因素，系统提供报表数据编辑修改功能。

6）报表操作可完全在线进行，不影响系统运行。

7）报表打印分成正常打印和异常打印，启动方式为定时启动、事件启动和召唤启动。全图形为全汉化的人机界面。

4. 网络管理子系统

1）基于国际标准传输层协议（TCP/IP），实现网上工作站之间实时信息传输及这个网络系统的信息共享。

2）实现所有工作站之间的信息交换功能。在网络环境下均能实现完全镜像信息，任一工作站的实时更新或操作定义，其他各站实时同步变化；任一工作站的实时画面可实时在任一监视器上显示；任一工作站故障或退出，不丢失信息也不影响系统功能。

3）可以支持双以太网结构。

4）可以通过网桥和管理网进行信息交换，实现信息共享。

5）支持 X.25 协议的远程分组交换网间通信，实现和远方机器的网间连接。

5. 安全管理子系统

采用多级安全管理策略，在用户一级采用口令和权限管理机制，给每个用户分配一个用户名和口令，并且每个用户都赋予一定的操作权限，比如某用户只有对图形的读取、遥控、置数等权限，而没有修改的权限，还可以定义该口令的有效时间，防止用户忘记退出时被他人误用；在系统一级，采用防火墙技术，防止黑客入侵。

二、变电所综合自动化系统的主要功能

变电所综合自动化系统实现变电所各种设备的控制、保护、监视、联动、联锁、闭锁、电流、电压、功率、电能量的采集等功能。变电所间开关联跳等功能通过综合自动化主控单元与控制中心监控主站的信息传递、交换共同来实现。重要设备之间除考虑二次回路硬线联动、联锁、闭锁外，由综合自动化软件实现逻辑判断、计算、继电器等功能，并通过下位监控单元执行操作。利用下位监控单元实现对 0.4kV 进线开关、母联开关、三级负荷总开关的控制。

1. 现场网络接口

由于一般情况下变电所的二次监控单元和保护单元采用的是不同厂商的设备，因而造成了下层智能设备使用不同的通信协议，因此采用具有多个支持多种介质网络的通信接口（RS232、RS422、RS485、CANBus、LonWorks、以太网、Modbus、PROFIBUS 等）的主控单元对所有网络进行管理，通过现场监控网络对各开关柜内监控单元和保护单元的运行状态进行监视。主控单元与 0.4kV 下位监控单元及公共部分 I/O 单元采用 CANBUS 现场总线互联，网络拓扑为总线型；主控单元与 110kV 交流、35（33）kV 交流、10kV 交流、1500V（750V）直流设备、所内交直流装置、变压器温控器上的智能设备的连接采用 RS485、LonWorks、Modbus、PROFIBUS、LonBus 等接口实现，传输介质采用光纤/双绞线。主控单元多采用 CPU，不同设备或传输介质采用不同的接口模块，所有网络接口模块在主控单元内采用 CANBUS 通信。

除设置主控单元外，还设有 I/O 模块单元，直接控制监视不宜装设下位监控单元的开关设备，例如接触网电动隔离开关、所用电交流电源的自动投切装置等。

2. 主控单元的功能

主控单元接收控制中心主机或当地维护计算机的控制命令，向控制中心主机或当地维护计算机传送变电所操作、事故、预告等信息。它除实现网络接口功能外，还实现下述功能：

1）实现直流馈线断路器与接触网电动隔离开关之间的软联锁。主控单元通过网络通信采集到直流馈线断路器与接触网电动隔离开关的位置状态。在操作选择、校核时，主控单元按操作对象预编程的联锁条件进行操作闭锁的软件判别，决定执行或终止操作，从而实现直流馈线断路器与接触网电动隔离开关之间的软联锁。

2）实现电源自动投切功能。主控单元中固化有采用了可视化顺控流程方式编程的电源自动投切程序，可实现变电所 35（33）kV 高压侧电源、所用交流电源的自动投切功能，实现方式为：通过所内控制信号盘、监控网络、开关柜内下位监控单元（控制、保护设备）来实现，所有信号的传递均由所内监控网络完成。

 教学评价

1. 简述电力监控系统的基本功能。
2. 简述电力监控系统的硬件构成。
3. 试分析主控单元是如何实现直流馈线断路器与接触网电动隔离开关之间的软联锁的。

第十一章

接触网系统的结构和特点

问题导入

城市轨道交通电客列车本身不携带牵引电源,因此必须依靠外部供电装置供给其牵引动力。接触网是城市轨道交通供电系统中的重要组成部分,负担着把从牵引变电所获得的电能直接输送给电客列车使用的重要功能。接触网质量的好坏,将直接影响电客列车的行车安全和运营质量。

接触网按其安装位置和接触悬挂的不同,可分为架空式接触网和接触轨式接触网。架空式接触网又可分为架空式柔性接触网和架空式刚性接触网。

学习目标

1. 了解城市轨道交通接触网系统的基本组成与功能。
2. 了解城市轨道交通接触网系统的类型、结构和特点,注重安全、节约、环保意识的养成。

第一节 架空式柔性接触网系统的结构和特点

架空式柔性接触网有简单悬挂和链形悬挂两种基本形式,主要由支柱及基础、支持装置、定位装置和接触悬挂几部分组成。

一、支柱及基础

支柱及基础承受着接触悬挂和支持装置所传递的全部负荷(包括自重),并将接触悬挂固定在规定的位置和高度上,保证其稳定性。

在城市轨道交通中,支柱通常采用金属支柱,其中镀锌钢支柱用量较大,其具有体积小、外观整齐美观和易于维护安装的优点。金属支柱有H型支柱、等径圆钢支柱和锥形支柱(见图11-1-1)等,例如:GZ300/7型号,表示支柱高度为7m,容量为300kN·m。

基础承受支柱所传递的力矩并传导给土地,起支持作用的。

二、支持装置

支持装置是用来支持悬挂,并将悬挂的负荷传递给支柱的装置。支持装置可分为腕臂形式和软、硬横跨形式,如图 11-1-2、图 11-1-3 所示。腕臂形式的支持装置包括腕臂、拉杆等。软、硬横跨形式支持装置主要包括横向承力索,上、下部固定绳等,广泛应用在车辆段和地面地区的咽喉地带,属于多线路上的专用形式。

在单线中,如出入段线,使用的腕臂有斜腕臂、平腕臂等几种形式。而在 3~4 股道上多采用硬横梁和软横跨形式(车辆段采用软横跨形式),其支柱所受的横向力矩小、比较稳定。

三、定位装置

定位装置主要包括定位管和定位器,由定位环、定位管、支持夹环(支持器)、定位线夹等附件组成,其主要是起固定接触线位置的作用,使接触线始终保持在电客列车受电弓滑板运行轨迹范围内,保证接触线与受电弓不脱离,并将接触线和承力索的水平负荷传给支柱,如图 11-1-4 所示。

图 11-1-1 锥形支柱

图 11-1-2 腕臂形式支持装置

图 11-1-3 软横跨形式支持装置

四、接触悬挂

接触悬挂是将电能传导给电客列车的供电设备,主要包括接触线、承力索、吊弦、附加导线及其附属零件,如图 11-1-5 所示。接触悬挂有很多类型,主要有简单悬挂和链形悬挂两种。

城轨接触网系统接触线一般采用 150mm² 或 120mm² 的铜银合金接触导线,承力索采用 150mm² 的硬铜绞线,架空地线采用 120mm² 的硬铜绞线。120mm² 的铜银合金接触导线几何

图 11-1-4 定位装置

参数如图 11-1-6 所示。

五、其他附属设备

1. 上网隔离开关

隔离开关安装在电分段处，它与分段绝缘器、绝缘锚段关节相配合实现接触网电分段的断开和连通，从而提高整个牵引供电系统的安全可靠性和灵活性，如图 11-1-7 所示。而为了保证作业的安全，一般在站场线（如列检库门前）等地安装带接地刀闸的隔离开关。

2. 分段绝缘器

在电气化股道上，为了实现接触线不同供电臂及不同线路的电气分段，常常使用分段绝缘器（见图 11-1-8）来达到目的，一般情况下分段绝缘器通常与隔离开关配合使用来实现接触网的电分段的目的。

3. 下锚补偿装置

下锚补偿装置是一种能够自动调整接触线或承力索张力的自动装置，当温度变化时接触线或承力索会随温度变化而伸长或缩短，

图 11-1-5 接触悬挂

而补偿装置可以通过坠砣或者弹簧来自动调整，使线索的弛度和张力始终保持恒定，使接触悬挂的工作状态处于良好，保证技术参数符合电客列车安全运行的要求。下锚补偿装置在近几年有了新的发展，现在主要有两种形式运用于轨道交通行业，一种是有坠砣的棘轮补偿装置（见图 11-1-9），另一种是无坠砣的弹簧补偿装置（见图 11-1-10）。

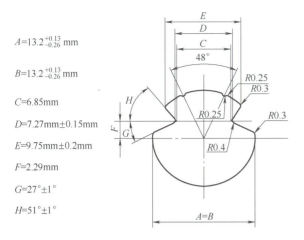

$A=13.2^{+0.13}_{-0.26}$ mm

$B=13.2^{+0.13}_{-0.26}$ mm

$C=6.85$mm

$D=7.27$mm± 0.15mm

$E=9.75$mm± 0.2mm

$F=2.29$mm

$G=27°\pm 1°$

$H=51°\pm 1°$

图 11-1-6　120mm² 的铜银合金接触导线几何参数

图 11-1-7　上网隔离开关

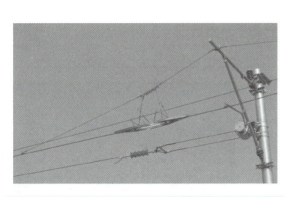

图 11-1-8　分段绝缘器

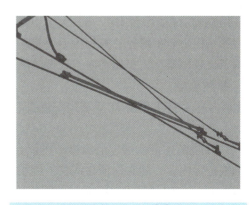

图 11-1-9　有坠砣的棘轮补偿装置

4. 线岔

线岔位于线路股道上方，使电客列车受电弓能够顺利地从一个股道的接触悬挂转入到另一个股道的接触悬挂上，如图 11-1-11 所示。因此线岔技术参数直接影响到电客列车的正常转线，调整线岔就是一项非常细致的工作。

图 11-1-10　无坠砣的弹簧补偿装置

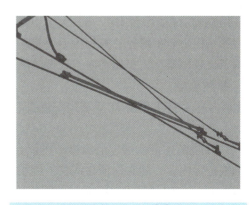

图 11-1-11　线岔

第二节 架空式刚性接触网系统的结构和特点

一、刚性接触网的组成

架空刚性悬挂一般采用具有相应刚度的导电体（如汇流排）与接触线组成。

刚性悬挂接触网主要由支持定位装置、接触悬挂及其他附属设备组成。其中接触悬挂中铝合金汇流排既作为固定接触线的嵌体，同时又作为导电截面的一部分。这种悬挂方式根据线路通过能力及电流量的大小，又有单接触线式和双接触线式两种。根据铝合金汇流排截面的不同又分为 T 型与 Π 型两种。广州地铁一号线采用的是 Π 型结构的刚性悬挂，其特点是：其一，便于安装和架设，在架设接触线时，使用专用滑动式镶线车，利用 Π 型结构的弹性力可使接触线嵌入虎口槽内；其二，结构稳定，接触线是靠两侧夹持力固定的，因此运行稳定性好。单根接触线汇流排目前有两种类型：一种为高 80mm 的 PAC80 型，另一种为高 110mm 的 PAC110 型。我国目前多采用 PAC110 型汇流排。

1. 支持定位装置

支持定位装置主要有腕臂结构和门形结构，如图 11-2-1、图 11-2-2 所示，其中较常见的支持定位装置采用门形结构。

图 11-2-1 腕臂结构

图 11-2-2 门形结构

腕臂结构主要由可调节的绝缘腕臂、腕臂底座、吊柱等组成，其特点是调节灵活、外形美观，但是成本较高，结构复杂，大多用在有足够净空的隧道。

门形结构由悬吊螺栓、横担槽钢、绝缘子、定位线夹组成，其特点是结构简单、可靠、但是调节比较困难，大多用在净空较低的隧道内。

2. 接触悬挂

刚性接触悬挂主要由 Π 型结构汇流排、接触导线、汇流排中间接头、中心锚结等部分组成。

（1）Π 型结构汇流排　汇流排采用铝合金制作，其长度被制作成 12m 一节，主要用于对接触线进行固定，同时保证在线岔、刚柔过渡及关节处受电弓的平滑过渡。

（2）汇流排中间接头　汇流排中间接头主要是通过固定螺栓将每节汇流排进行连接的设备，如图 11-2-3 所示。

第十一章 接触网系统的结构和特点

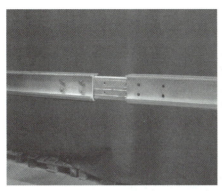

图 11-2-3 汇流排中间接头

（3）中心锚结　中心锚结由中心锚结线夹、绝缘棒、调节螺栓及固定底座组成，主要是为了防止接触悬挂左右窜动，如图 11-2-4 所示。

（4）汇流排终端　汇流排终端用于锚段关节、线岔及刚柔过渡等汇流排的末端处，其作用是保证受电弓在关节、线岔和刚柔过渡的平滑、顺畅过渡。其截面尺寸与汇流排完全一致，区别在于终端 1500mm 长度内向上翘起 70mm，制造长度为 7500mm，接触线外露头 100~150mm，如图 11-2-5 所示。

（5）锚段关节　刚性锚段长度一般为 200~250m。受电弓在两个汇流排终端的悬挂夹之间等高部分过渡，弯头部分作为调整时的安全区域，用于防止列车通过刚性悬挂锚段关节时，不发生打弓、刮弓等事故，保证列车受电弓平稳过渡。

图 11-2-4 中心锚结

刚性锚段关节一般分为绝缘锚段关节、非绝缘锚段关节以及刚柔过渡处于柔性悬挂形成的特殊关节形式，如图 11-2-6、图 11-2-7 所示。在刚性悬挂系统中，非绝缘锚段关节的数量一般较大；而绝缘锚段关节是作为电分段装置，一般应设置在端头井部位，同时在锚段关节的两端设置相应供电臂的上网电缆；在隧道与高架段的衔接部位，通过刚柔过渡装置实现刚性悬挂与柔性悬挂的转换，在此处便会形成由刚性和柔性悬挂形成的特殊的关节形式。

（6）线岔　在隧道刚性悬挂系统中，采用无交叉线岔结构，正线接触悬挂不中断，单独一根侧线与正线接触悬挂侧向错开，其水平间距一般为 200mm，使列车受电弓在此处时能平滑无撞击通过，进而实现转道，且不中断电气畅通。受电弓始触点（两接触线相距 500mm）处渡线接触线应与正线接触线等高或高出正线接触线 1mm。

刚性线岔一般分布在隧道地下站台有存车线、渡线的地方，线岔的形成主要有正线与渡线、渡线与存车线、渡线与渡线等几种方式。其主要分为单开道岔、交叉渡线道岔形成的两种线岔形式，如图 11-2-8、图 11-2-9 所示。

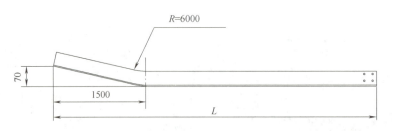

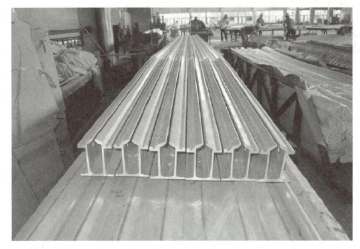

图 11-2-5　汇流排终端

图 11-2-6　绝缘锚段关节

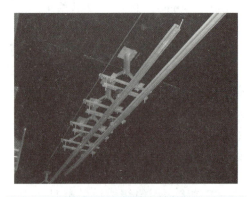

图 11-2-7　非绝缘锚段关节

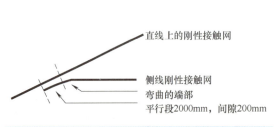

图 11-2-8　单开道岔形成的线岔示意图

图 11-2-9　刚性悬挂交叉渡线形成的线岔

（7）膨胀接头　如图 11-2-10 所示，膨胀接头主要用于刚性悬挂接触网汇流排的曲线地段，其功能是能在一定范围内自由伸缩，同时又能满足电气性能的要求，即既能保证电气上的良好接触和导电的需要，又能保证机械上的良好伸缩性。由于接触线和汇流排的材质不同，其线胀系数也不同，为了解决在热膨胀过程中的伸缩问题，膨胀接头是一个十分重要的设备。

图 11-2-10　膨胀接头

（8）刚柔过渡部件　如图 11-2-11 所示，刚柔过渡部件有两种形式，关节式刚柔过渡和切槽贯通式刚柔过渡。国内普遍采用的是切槽贯通式刚柔过渡。刚柔过渡适用于刚性悬挂与柔性悬挂的相互过渡处，其性能应满足刚柔之间刚度的逐渐变化，并能承受柔性悬挂接触线的张力。

a)　　　　　　　　　　　　　　b)

图 11-2-11　刚柔过渡部件
a）关节式刚柔过渡　b）切槽贯通式刚柔过渡

（9）刚性分段绝缘器　如图 11-2-12 所示，刚性分段绝缘器除了在结构和形式上与柔性分段绝缘器有所不同以外，其作用与柔性分段绝缘器完全一致。

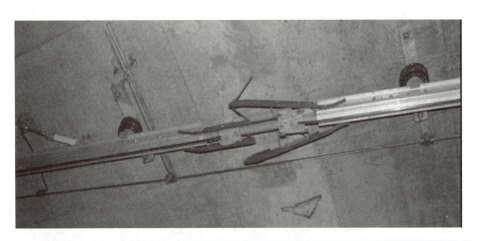

图 11-2-12 刚性分段绝缘器

二、刚性接触网的特点

刚性悬挂是将接触导线夹装在汇流排上的一种悬挂方式,依靠汇流排自身的刚性使得接触导线保持在同一安装高度,从而取消链形悬挂承力索而使接触悬挂系统具备最小的结构高度,最大程度利用有限的悬挂空间。刚性悬挂系统中接触导线及汇流排不受张力作用,与柔性接触悬挂系统相比,基本不会出现断线故障。刚性悬挂与柔性悬挂的比较见表 11-2-1。

表 11-2-1 刚性悬挂与柔性悬挂的比较

项目	刚性悬挂	柔性悬挂
原理	刚性悬挂没有张力补偿装置	需要张力补偿装置
	线岔处汇流排为平行排列	线岔处接触导线多为交叉布置
	汇流排不需要抬高	下锚处接触导线必须抬高
	汇流排允许大电流通过,可取消加强线	必要时须设加强线
维护	由于刚性悬挂系统汇流排无张力,维修时间可以适当延长	大量的接触网零部件和补偿装置要求巡视维修频繁
	较少的导电器件使安全性能更好	事故的风险较高
	各段更换不会影响到相邻的分段	耗费时间长,需要保持补偿张力恒定
	因为没有机械张力,即使有一段被烧断的接触网导线也无须立即更换,可以等到无列车运行时间进行,但更换需要进行整锚段更换	烧断的接触网导线需要立即更换,但可以部分更换
	磨耗均匀	每一个悬挂定位点为一个"硬点",使得磨损不均匀
	允许磨耗可为接触导线的 50%	当正常磨损 30% 以上时,接触网需要调整或者更换

第十一章 接触网系统的结构和特点

(续)

项　目	刚性悬挂	柔性悬挂
安全性和可靠性	当列车运行时，断裂或烧损的接触导线无须立即更换	断裂或烧损的接触导线将危及人或者设备的安全，必须停止列车运行
	承受短路电流能力强	闪络或短路易引起接触网故障，承受短路电流能力弱
	线岔平行线路安装，无相互干扰	线岔处接触导线交叉设置，正线、站线相互干扰
	系统出现故障的概率很小	大量的零部件和保持恒定补偿张力增加了故障出现的概率

刚性悬挂接触网作为一种全新的接触悬挂方式，具有占用空间少、安装简单、少维护、稳定性好、安全可靠等特点。刚性悬挂系统的特点是高阻力，只有极少的几个零部件是可移动的，且移动量微小，接触导线沿汇流排全长加牢，不承受机械应力，所以运营期间磨耗最小、无须维修和调整。

第三节　接触轨系统的结构和特点

一、接触轨系统概述

接触轨，又称第三轨，或简称三轨。接触轨系统是城市轨道交通牵引供电系统的重要系统，它直接影响到城市轨道交通供电系统甚至整个城市轨道交通系统的安全运营。自1965年北京建造我国第一条地铁线以来，伴随着我国地铁建设事业的发展，接触轨技术也走过了50多年的发展历程。这期间接触轨技术不断发展，其主要表现为：安装方式由以上部接触授流方式为主导发展成上部接触授流方式与下部接触授流方式并存，导电轨由低碳钢材料发展成钢铝复合材料；防护罩及支架由木板材料发展成玻璃钢材料；绝缘子材料除电瓷外，还开发出环氧树脂材料及硅橡胶材料。相应地，一些施工安装方法也有所改进。

接触轨系统主要由钢铝复合轨（包括铝轨本体和不锈钢带）、膨胀接头、端部弯头等相关部件及绝缘支撑装置组成，为电力机车组提供电能。绝缘支撑装置由绝缘支架和支架底座及其连接零部件组成，绝缘支撑装置可以安装在枕木、混凝土轨枕、整体道床或者其他基座上。接触轨、绝缘支架（或绝缘子）、防护罩是接触轨系统中送电、支撑、防护的三大件，这里的接触轨是指包括钢铝复合轨、膨胀接头、端部弯头、防爬器和中间接头的总称。

牵引动力电的输送是通过集电靴与钢铝复合轨的接触来实现的。钢铝复合轨由高导电性的铝材料和一层耐磨的不锈钢带机械复合而成。接触轨系统完全由绝缘支撑装置支撑，绝缘支撑装置与木枕、混凝土轨枕或者其他基座相连。

钢铝复合轨通过中间接头（包括普通中间接头和电连接用中间接头）、螺母和螺栓连接在一起形成一种机电连接系统。钢铝复合轨磨耗过大需要更换时，可以通过拆卸中间接头来更换损坏或磨损的钢铝复合轨。

钢铝复合轨会由于周围温度和流经其中的电流产生的热量的变化而发生伸缩，为了克服钢铝复合轨的伸缩所产生的不良影响，采用安装膨胀接头以允许这种变化，从而保证集电靴和钢铝复合轨接触连续，保证提供可靠、优良的牵引动力电。为了防止钢铝复合轨在发生热胀冷缩时导致绝缘支撑装置发生变形，平衡膨胀接头、端部弯头和钢铝复合轨的运动，需要在钢铝复合轨的中心安装中心锚结，即防爬器。

钢铝复合轨在岔道、站台尽头等位置不能连续安装，需做分段处理，安装端部弯头以引导集电靴脱离钢铝复合轨，适当距离后又滑上钢铝复合轨。端部弯头分为高速端部弯头（主要应用于正线）和低速端部弯头（主要应用于车辆段和停车场）两种。

二、接触轨主要设备及性能

接触轨系统：直流 1500V 接触轨系统是地铁重要的供电设备，由钢铝复合轨及附件、端部弯头、膨胀接头、钢支架（整体绝缘支架）、防爬器（中心锚结）、镀铜钢绞线等部分组成。接触轨系统安装在走行轨旁，将电能从牵引变电所供给运营列车。运营列车通过其集电靴与接触轨钢带表面接触而获得电能。

1. 接触轨

钢铝复合轨由轻质的导电铝轨本体和非常耐磨的不锈钢接触面构成，主体由高强度耐腐蚀铝合金挤压而成，授流接触面是连续的 4.9mm 厚的不锈钢带。不锈钢带同导电铝轨机械复合，以确保它们之间的金属结合，从而保证铝轨和不锈钢带间的较小的接触电阻。

钢铝复合轨是接触轨的主要构成部件，其自身阻值很小，导电性能好，一般单独的钢铝复合轨为 15m，如图 11-3-1 所示。接触轨就是由数量众多的钢铝复合轨连接而成的，在钢铝复合轨的连接处要涂抹适量的导电油脂，以改善接触轨断口处的导电性能，保证接触轨向电力机车输送高质量的直流 1500V 牵引电能。

图 11-3-1 钢铝复合轨

采用普通型钢铝复合接触轨，在最高环境温度为 40℃ 时，允许最高工作轨温 85℃ 时，持续载流量为 3000A。不锈钢带的厚度为 4.9mm，钢带表面应平直、光滑、耐磨和耐腐蚀性良好。钢铝复合轨主要技术性能及参数见表 11-3-1。

表 11-3-1 钢铝复合轨主要技术性能及参数

序号	参数名称		单位	技术指标	备注
1	接触轨持续电流		A	≥3000	环境温度 45℃ 最高升至 85℃
2	钢带厚度		mm	≥4.8	
3	抗拉强度	铝体	N/mm²	>210	
		不锈钢		>400	
4	屈服强度	铝体	N/mm²	>195	
		不锈钢		>270	

（续）

序号	参数名称		单位	技术指标	备注
5	硬度	铝体	HB	85	
		不锈钢		130~170	
6	直流电阻		mΩ/km	≤8.5	温度20℃时
7	线性膨胀系数		1/K	≤20×10^{-6}	磨耗到限后
8	磨耗量		mm/万次	≤0.05/70	寿命50年以上
9	最小允许弯曲半径（水平方向）		m	100	

2. 端部弯头

接触轨端部弯头是为了保证集电靴顺利平滑通过接触轨断轨处而按照一定斜度进行预弯的接触轨，如图11-3-2所示。

图11-3-2 端部弯头

端部弯头分为高速端部弯头和低速端部弯头两种，高速端部弯头全长5.2m，低速端部弯头全长3.4m，弯头底面抬高量为140mm。

高速端部弯头通常安装在正线上，而低速端部弯头则通常安装于车辆段和停车场内。由于接触轨是临近地面安装的，在有道岔和人行道与钢轨交叉处，接触轨不能连续安装，必须将其断开。在接触轨安装断开处设计端部弯头是为了保证列车在保持一定速度运行时，集电靴能够平滑地接触和脱离接触轨。

端部弯头与钢铝复合轨的连接也是通过普通中间接头连接的。端部弯头的材料与钢铝复合轨相同。

虽然安装了端部弯头的接触轨与相邻的接触轨有明显的断口，但它们在电气连接上不一定是绝缘的。判断相邻的接触轨是否电气绝缘，要取决于此相邻的接触轨之间是否采用了电连接电缆进行连接，形成一个电气通路。

3. 中间接头

中间接头用于接触轨相互连接或与端部弯头、膨胀接头连接，并传导电能，接头材质与接触轨材质相同，如图 11-3-3 所示。

图 11-3-3 中间接头

中间接头采用哈克螺栓紧固件将两根 3000A 的钢铝复合轨或钢铝复合轨和其他附件连接起来，形成刚性连接，构成电气通路。每对普通接头由 4 套哈克螺栓紧固件连接，每套螺栓包括一根螺栓，一个套环。

中间接头的材质与铝轨的材质相同。本体毛坯采用挤压成型，表面强度高，粗糙度低，外形尺寸准确。加工时只需根据需要长度锯断，并打孔即可。因此，它具有足够的强度来满足连接牢固的机械要求，同时它的截面积足够大，中间接头设计应可连续通过 3600A 以上的直流电流，在隧道外环境温度为 +40℃时，最大温升不超过 45K。

中间接头安装后包括接触电阻在内的综合导电性能不应低于等长接触轨本体的导电性能，中间接头的制造和安装质量必须可靠地保证接触轨连接部位的授流质量，接触轨连接处不应出现突出的磨耗。

4. 膨胀接头

膨胀接头安装于一个锚段的两头，用于吸收由于环境温度变化和流经接触轨的电流热效应等影响而使接触轨产生的膨胀和收缩，防止由于温度变化产生的纵向应力作用于接触轨支撑件上，如图 11-3-4 所示。

膨胀接头的纵向间隙调节范围不小于 200mm；膨胀接头的纵向位移起动阻力不得大于 800N。

膨胀接头设计应可连续通过 3600A 的直流电流，在隧道外环境温度为 40℃时最大温升不超过 45K。

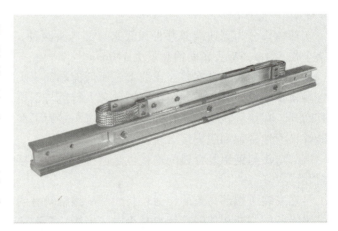

图 11-3-4 膨胀接头

安装膨胀接头处的防护罩最外点不得超出本工程的设备限界。

膨胀接头结构性能应保证接触轨在温度伸缩时能够无异常阻滞现象，且具有防止产生电弧的构造措施。

5. 中心锚结

中心锚结的防爬器安装在接触轨锚段的中部，使接触轨因温度而产生的长度伸缩变化在中心锚结的两侧均等地发生，如图 11-3-5 所示。

防爬器可以为接触轨提供可靠的锚固力，锚固力与钢支架形成作用力与反作用力而保持平衡，保持膨胀区段的中点位置。防爬器外形美观，安装简单，配套合理。防爬器是与膨胀接头配合使用的。

一组锚结包含两套防爬器，分装在接触轨支架两侧，锚结的锁紧力应能承受 3000N 的纵向负荷。为防止接触轨与支架间发生阻滞现象时对支架造成严重损害，在接触轨锚段长度超过 52m 的地段，装设 2 组锚结共同承受接触轨纵向力。

图 11-3-5　中心锚结

6. 电缆连接板

电缆连接板安装在接触轨与电缆连接处，一般位于电分段隔离开关处和接触轨因道岔、平交道、平过道而中断处。电缆连接板的载流能力应与其相连接的电缆载流量相匹配，如图 11-3-6 所示。

图 11-3-6　电缆连接板

电缆连接板材质应与其相连接的导体材质相匹配，避免电化学腐蚀。

7. 防护罩

防护罩分为接触轨防护罩、支架防护罩、电缆端子防护罩、膨胀接头防护罩、端部弯头防护罩，分别安装在相应的部位。

防护罩及其支撑件应具备优良的抗紫外线老化性能和介电强度、冲击韧性、耐潮性、耐燃性、耐漏电痕迹性。采用玻璃纤维增强树脂制作的防护罩应避免切割。

防护罩支撑件间距一般为333mm，防护罩应能承受质量为50kg铁球从相对高度为460mm处以自由落体方式下落的冲击而不发生破坏，如图11-3-7所示。

8. 接触轨支架

接触轨支架是接触轨系统中支撑接触轨并起绝缘作用的装置。常见类型有钢支架式和整体绝缘支架式。钢支架由金属卡爪、复合材料绝缘子、托架、底座及扣件部分组成，用于支撑接触轨并使接触轨与道床大地绝缘，如图11-3-8所示。

整体绝缘支架由玻璃纤维增强材料（GFRP玻璃钢）采用SMC模压成型工艺制造，如图11-3-9所示。玻璃钢接触轨托架和绝缘支座是通过各自接触面的齿槽咬合，经螺栓连接在一起的。主要包括以下部件：支架本体、接触轨托架、接触轨扣件（即卡爪）。

图11-3-7　防护罩

图11-3-8　钢支架

图11-3-9　整体绝缘支架

9. 接地镀铜钢绞线

将所有支架底座连接并引回变电所接地网，如图11-3-10所示。

10. 均回流线

均流线是连接上下行牵引轨，用于平衡两边电动势差的电缆线。回流线是电力机车从接触轨取流后，专供牵引电流流回变电所的输电导线。均流线和回流线分别如图11-3-11、图11-3-12所示。

第十一章　接触网系统的结构和特点

图 11-3-10　接地镀铜钢绞线　　　　　图 11-3-11　均流线

11. 隔离开关（柜）

用来在接触轨无负荷情况下切断或闭合供电回路的电气设备，如图 11-3-13 所示。

图 11-3-12　回流线　　　　　　　图 11-3-13　隔离开关

教学评价

1. 简述接触网系统的基本功能。
2. 简述接触网系统的类型、结构及功能。
3. 试分析对比三种形式接触网的特点。

239

附 录

附录 A 常用供电电气设备文字符号对照表

名称	新符号 单字母	新符号 多字母	旧符号	名称	新符号 单字母	新符号 多字母	旧符号
电压继电器		KV	YJ	无功功率表		PPR	
过电压继电器		KVO		断路器		QF	DL
欠电压继电器		KVU		隔离开关		QS	G
差动继电器		KD	CJ	接地刀闸		QSE	
阻抗继电器		KJ	ZKJ	刀开关		QK	DK
重合闸继电器		KCA		灭磁开关	Q		MK
极化继电器		KP	JJ	电阻器、变阻器	R		R
干簧继电器		KRD		电位器		RP	
时间继电器		KT	SJ	红灯		RD	
信号继电器		KS	XJ	控制回路开关	S		
控制（中间）继电器		KC	ZJ	控制开关（手动）；选择开关		SA	KK
防跳继电器		KCF	TBJ	按钮		SB	AN
出口继电器		KCO	BCJ	变压器、调压器	T		B
跳闸位置继电器		KCT	TWJ	电力变压器		TM	B
合闸位置继电器		KCC	HWJ	自耦调压器		TT	ZT
事故信号继电器		KCA	SXJ	电流互感器		TA	LH
预告信号继电器		KCR	YXJ	电压互感器		TV	YH
电源监视继电器		KVS	JJ	整流器		UF	ZL
接触器		KM	C	半导体器件（晶体管、二极管）	V		
闭锁继电器		KCB	BSJ	三极管		VT	
气体继电器		KG	WSJ	连接片、切换片		XB	LP
合闸继电器		KOH	HJ	端子板		XT	
跳闸继电器		KTP		合闸线圈		YC	HQ
电抗器、电感器、线圈、永磁铁	L			跳闸线圈		YT	TQ
电动机	M			重合闸装置		APR	ZCH
电流表		PA		电源自动投入装置		AAT	BZT
电压表		PV		中央信号装置		ACS	
有功电能表		PJ		故障距离探测装置		AUD	
无功电能表		PRJ		电容器	C		
有功功率表		PPA		避雷器	F		

（续）

名　　称	新符号		旧符号	名　　称	新符号		旧符号
	单字母	多字母			单字母	多字母	
熔断器	F	FU	RD	跳闸信号灯		HLT	
蓄电池		GB		合闸信号灯		HLC	
绿灯		GN		光字牌	H		
警铃		HAB		继电器	K		J
蜂鸣器、电喇叭		HAU		电流继电器		KA	LJ
信号灯、光指示器		HL					

附录 B　电气设备常用图形符号大全

序号	图形符号	说　　明
1		开关（机械式）电气图形符号
2		多极开关一般符号（单线表示）
3		多极开关一般符号（多线表示）
4		接触器主动合触点
5		接触器主动断触点
6		隔离开关，负荷隔离开关
7		具有自动释放功能的负荷隔离开关
8		熔断器式断路器
9		断路器
10		隔离开关，隔离器
11		熔断器一般符号
12		跌落式熔断器

(续)

序号	图形符号	说　明
13		熔断器式开关
14	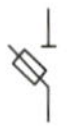	熔断器式隔离开关
15		熔断器式负荷开关
16		当操作器件被吸合时延时闭合的动合触点
17		当操作器件被释放时延时断开的动合触点
18		延时闭合的动断触点
19		延时断开的动断触点
20		延时动合触点
21		按钮（不闭锁）
22		旋钮开关、旋转开关（闭锁）
23		位置开关，动合触点 限制开关，动合触点
24		位置开关，动断触点 限制开关，动断触点
25		热敏开关，动合触点 注：θ可用动作温度代替
26		热敏自动开关，动断触点 注：注意区别此触点和下图所示热继电器的动断触点 
27		具有热元件的气体放电管，荧光灯起动器
28		动合（常开）触点 注：本符号也可用作开关一般符号

（续）

序号	图形符号	说　明
29		动断（常闭）触点
30		先断后合的转换触点
31		当操作器件被吸合或释放时，暂时闭合的过渡动合触点
32		插座（内孔的）或插座的一个极
33		插头（凸头的）或插头的一个极
34		插头和插座（凸头的和内孔的）
35		接通的连接片
36		断开的连接片
37		双绕组变压器
38		三绕组变压器
39		自耦变压器
40		电抗器，扼流圈
41		电流互感器 脉冲变压器
42		具有两个铁心和两个二次绕组的电流互感器
43		在一个铁心上具有两个二次绕组的电流互感器

(续)

序号	图形符号	说　明
44		具有有载分接开关的三相三绕组变压器，有中性点引出线的星形 – 三角形联结
45		三相三绕组变压器，两个绕组为有中性点引出线的星形，中性点接地，第三绕组为开口三角形联结
46		三相变压器 星形 – 三角形联结
47		具有有载分接开关的三相变压器 星形-三角形联结
48		三相变压器 中性点引出的星形-曲折形联结
49		操作器件一般符号
50		具有两个绕组的操作器件组合表示法
51		热继电器的驱动器件
52		气体继电器
53		自动重闭合器件
54		电阻器一般符号

(续)

序号	图形符号	说　　明
55		可变电阻器 可调电阻器
56		滑动触点电位器
57		预调电位器
58		电容器一般符号
59		可变电容器 可调电容器
60		双联同调可变电容器
61	∗	提示仪表（星号应按实际情况，以不同电量符号替代）
62	V	电压表
63	A	电流表
64	A/sinφ	无功电流表电气图形符号
65	W/P_{max}	最大需量指示器（由一台积算仪表操作的）
66	var	无功功率表
67	cosφ	功率因数表
68	Hz	频率表
69	θ	温度计、高温计（$θ$可由t代替）
70	n	转速表
71	∗	积算仪表、电能表（星号必须按规定予以代替）
72	Ah	安培小时计
73	Wh	电能表

（续）

序号	图形符号	说　明
74	varh	无功电能表
75	Wh →	带发送器电能表
76	→ Wh	从动电能表（转发器）
77	→ Wh	从动电能表（转发器）带有打印器件
78		屏、盘、架一般符号 注：可用文字符号或型号表示设备名称
79		列架一般符号
80		人工交换台、中断台、测量台、业务台等一般符号
81		控制及信号线路（电力及照明用）
82		原电池或蓄电池
83		原电池组或蓄电池组
84		直流电源功能，一般符号
85		接地，一般符号
86		功能等电位联结
87		功能接地
88		保护接地
89		保护等电位联结
90		电缆终端头

（续）

序号	图形符号	说　　明
91		电力电缆直通接线盒
92		电力电缆连接盒 电力电缆分线盒
93		控制和指示设备
94		报警启动装置（点式-手动或自动）
95		线型探测器
96		火灾报警装置
97		热
98		烟
99		易爆气体
100		手动启动

参 考 文 献

[1] 陶乃彬. 电气化铁道供变电技术：二次系统［M］. 北京：中国铁道出版社，2007.
[2] 陈海军. 电力牵引供变电技术［M］. 北京：中国铁道出版社，2008.
[3] 宋奇吼，李学武. 城市轨道交通供电［M］. 北京：中国铁道出版社，2010.
[4] 赵兵. 直流系统微机型绝缘监察装置问题的探讨［J］. 广东电力，2009，22（4）.
[5] 丁书文. 变电站综合自动化原理及应用［M］. 北京：中国电力出版社，2003.
[6] 郑瞳炽，张明锐. 城市轨道交通牵引供电系统［M］. 北京：中国铁道出版社，2000.
[7] 于松伟. 城市轨道交通供电系统设计原理与应用［M］. 成都：西南交通大学出版社，2008.
[8] 刘宝贵. 发电厂变电所电气设备［M］. 北京：中国电力出版社，2008.
[9] 人力资源和社会保障部教材办公室，广州市地下铁道总公司. 变电检修工［M］. 北京：中国劳动社会保障出版社，2010.
[10] 张莹，陶艳. 城市轨道交通供电技术［M］. 北京：人民交通出版社，2010.
[11] 方俊峰. 轨道交通中的电力监控系统［J］. 铁道通信信号，2009，45（3）：43.
[12] 李家坤，朱华杰. 发电厂及变电站电气设备［M］. 武汉：武汉理工大学出版社，2010.